U0184266

普通高等教育“十四五”规划教材

城市地下工程

王 勇 主编

北 京
冶 金 工 业 出 版 社
2024

内容提要

随着社会的快速发展，我国城市人口数量急剧增加，直接带来生产、交通等一系列问题，造成城市地面用地严重短缺。在有限的城市地表空间的情况下，开发利用城市地下空间将成为未来城市发展的重要选择。针对如何利用城市地下空间这一热点问题，本书全面阐述了地下空间利用的建筑种类、设计原则、设计方法和施工方法等内容，对于全面了解城市地下空间开发利用现状、实现地下空间的高效规划和利用具有重要意义。

本书可供采矿工程领域、土木工程领域相关技术人员、科研人员以及高校相关专业的师生阅读，也可作为高等院校采矿工程、土木工程等专业的本科生教材。

图书在版编目(CIP)数据

城市地下工程/王勇主编. —北京：冶金工业出版社，2024. 1
普通高等教育“十四五”规划教材
ISBN 978-7-5024-9686-9

Ⅰ. ①城… Ⅱ. ①王… Ⅲ. ①城市建设—地下工程—高等学校—教材 Ⅳ. ①TU94

中国国家版本馆 CIP 数据核字（2023）第 232838 号

城市地下工程

出版发行 冶金工业出版社　**电　话** (010)64027926
地　址 北京市东城区嵩祝院北巷 39 号　**邮　编** 100009
网　址 www. mip1953. com　**电子信箱** service@ mip1953. com

责任编辑 夏小雪 王雨童 美术编辑 吕欣童 版式设计 郑小利
责任校对 葛新霞 责任印制 禹 蕊
三河市双峰印刷装订有限公司印刷
2024 年 1 月第 1 版，2024 年 1 月第 1 次印刷
787mm×1092mm 1/16；12. 75 印张；306 千字；192 页
定价 39. 00 元

投稿电话 (010)64027932 投稿信箱 tougao@cnmip. com. cn
营销中心电话 (010)64044283
冶金工业出版社天猫旗舰店 yjgycbs. tmall. com
(本书如有印装质量问题，本社营销中心负责退换)

前　言

随着社会的快速发展，我国大量人口涌入城市，截至2022年末，我国内地总人口约14.12亿，其中城镇人口约9.21亿，占总人口数量超过65%。伴随着城市人口的急剧增加，直接带来生产、交通等一系列问题，造成城市地面用地严重短缺。因此，城市地下空间的开发利用逐渐引起了人们的重视，且在有限的城市地表空间的情况下，开发利用城市地下空间将成为未来城市发展的重要选择。目前，我国在城市地下空间利用方面的发展十分迅速，提出并完善了许多先进的理论、经验和技术，在该领域达到了国际先进水平。

现如今，该领域内已出版了众多适用于高校本科生的教材。但由于我国的城市地下工程发展迅速，早期部分教材中出现的施工方法和施工案例与当前先进的施工技术存在一定差异，需要及时更新、补充。本着采矿工程专业培养多元化人才的理念，本书参考目前高校现有的教材体系，将近些年来建设成功的地下工程案例及施工方法引入其中，并结合从教多年得来的一些教学经验和研究实践进行编写，对高校相关专业的研究人员及学生具有一定的参考价值。

本教材的主要内容如下：

第一，全面介绍了城市地下工程建筑的分类及设计方法。本教材根据现有城市地下工程，对地下铁道、地下停车场、地下仓库、地下综合管廊等建筑的种类进行了详细介绍，并根据实际施工案例，讲解了以上建筑的规划方法和设计内容。

第二，系统阐释了城市地下工程的施工方法。目前，地下工程常用的施工方法主要包括明挖法、盖挖法、暗挖法等。本教材针对上述方法的施工步骤进行了详细阐述，并更新补充了部分前沿施工技术和工程数据。

第三，罗列了当前地下工程的成功案例。我国在城市地下空间利用方面发展迅速，采用新理论、新技术陆续建成了众多地下建筑。在对地下建筑和施工方法进行介绍时，将这部分施工案例的图表和技术参数引入其中，丰富教材的内容。

第四，总结城市地下工程的灾害防护工作。地下工程的基本属性与地表常规建筑不同，在施工过程中需要着重注意建筑的灾害防护工作。本教材围绕地下工程的赋存环境，根据现有国家标准和法律法规，总结城市地下建筑在施工、日常运行中所需进行的灾害防护工作。

本书得到北京科技大学校级规划教材（讲义）建设项目（JC2021YB008）资助，在此特别感谢北京科技大学教务处在本书出版过程中给予的大力支持。参与本教材编写和校稿工作的还有曹晨、焦江、靳斐、李健、张佳炜、王健、侯鹏等。感谢团队吴爱祥院士、王洪江教授、王贻明教授、王少勇高工、阮竹恩副教授、肖柏林老师、王建栋老师等对教材出版给予的支持。感谢北京科技大学王贻明教授、周鑫教授、中国矿业大学（北京）杨军教授对本教材的审核。感谢在教材编写过程中所有引用文献的专家和学者。

由于编者水平有限，书中如有不当之处，敬请广大读者批评指正！

王　勇

2024 年 1 月

目　录

1 绪　论

本章学习重点

(1) 学习地下工程的发展现状和对人类社会的意义，了解地下工程的特点。

(2) 学习地下工程规划及设计的基本原则及相关内容。

(3) 了解地下建筑的分类及组成。

(4) 学习地下工程的灾害分类及防护原则、对策。

1.1 城市地下工程的意义、特征及基本属性

城市是指以非农业活动和非农业人口为主的人类聚集地，其占地规模大、人口数量大、人口密度较为集中。城市的结构组成较为齐全，主要包括住宅区、工业区、商业区、医院、学校等区域，并且具有行政管辖功能。城市的出现是人类社会走向成熟和文明的标志，是社会分工和生产力发展的产物，是人文、贸易和行政的中心。

据国家统计局数据，截至 2018 年底我国城市总数为 672 个，其中地级以上的城市为 297 个，县级市达到 375 个，常住人口城镇化率达到 59. 58%。2013—2019 年中国城市人口数量及比例如图 1-1 所示。

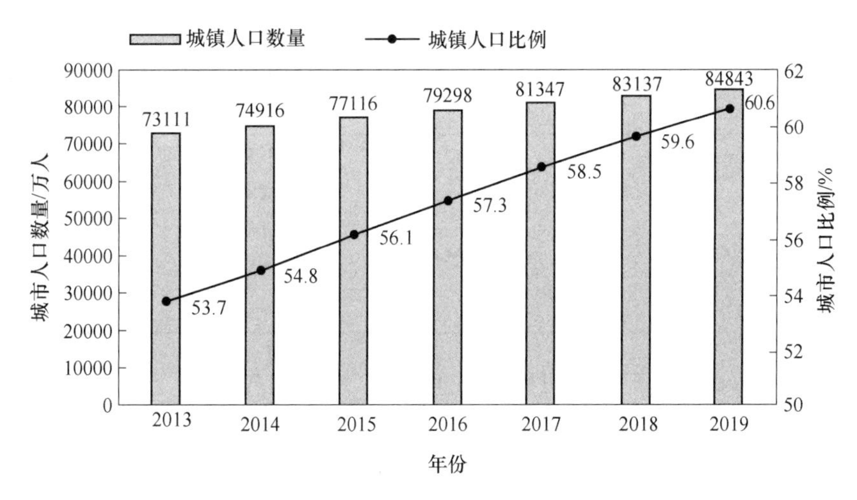

图 1-1　2013—2019 年中国城市人口数量及比例

然而，城市现有的人口容量难以跟上快速增加的人口数量，城市人口的快速增长与现代城市空间增长缓慢、城市功能配置不协调之间的矛盾日益激烈。用地紧张、住房短缺、设施不足、交通堵塞、环境污染等“大城市病”严重影响了城市居民的生活质量，也给城市的发展带来了诸多隐患。当前，城市建设及空间规划方面的专家一致认为，现代城市

的发展主要分为两个方面：一是向空中发展，即建造高层建筑；二是向地下发展，即充分利用城市地下空间。高层建筑能够提高土地利用率，减少占地面积。然而随着高度的不断增加，施工难度大、建设成本高等问题也接踵而来，高层建筑受到了限制。因此，开发地下空间是未来城市发展的必然趋势。

1.1.1 意义

城市地下工程是指在岩层或土层中修建各种工程设施和建筑物或结构物的工程，是土木工程的分支。它涵盖的范围十分广泛，包括地下铁路、公路隧道、地下商业街、地下住宅、地下停车场、地下仓库、地下工厂、地下管道线路及人防措施等。合理地开发利用地下空间，为城市可持续发展提供了新的方向。

（1）提供广阔的生存空间。人口增长过快导致城市空间过度拥挤、住房紧张、医疗教育保障压力过大、基础设施超负荷运转，严重影响了城市人口的生活质量。而城市地下空间是一种巨大而又丰富的自然资源，若能够得到合理的开发，将会给人类提供广阔的生存空间。根据 2019 年数据统计，典型城市地下空间开发总体情况如表 1-1 和图 1-2 所示。

表 1-1　典型城市地下空间开发现状

典型城市	市区面积/km^2	地下空间开发总量/万平方米	主要功能
北京	16410	8000	地下交通、地下综合体、市政管网
上海	6340	8186	地下交通、地下综合体、市政管网、江河隧道
南京	6587	3800	地铁、地下隧道、地下车库和地下室、地下商业设施、综合管廊
成都	14312	3600	地铁、地下车库和地下室、地下商业设施、人防工程、地下管廊
青岛	11282	2227	配建停车、商业及设备
武汉	8569	3000	地下交通、地下商业设施、人防工程与地下市政设施
郑州	7446	2000	地下交通、地下商业设施、人防工程与地下市政设施
惠州	11343	700	地下交通、地下市政设施

由表 1-1 可以看出，地下空间可用于交通线路、公共服务设施、市政公用工程和人防工程等多个方面，在不增加城市用地的基础上提高了土地的利用率，缓解了城市用地紧张的问题。

（2）缓解城市交通拥堵。交通是城市功能中最为重要的部分，是城市健康发展的重要保障。然而城市地表道路的拓展远远跟不上汽车的增长速度，是造成城市交通拥堵的主要原因。因此，发展城市地下交通线路是未来解决城市拥堵的主要手段。截至 2019 年，全国共建成地下铁路长达 5180.6 km。地下交通铁路网与地下通道提高了城市空间的利用率，能够缓解城市中心区的交通压力，提高城市交通运输能力。此外，修建地下停车库也是解决城市道路拥堵的突破口，其拥有容量大、用地少、布局便于接近服务对象的优点。

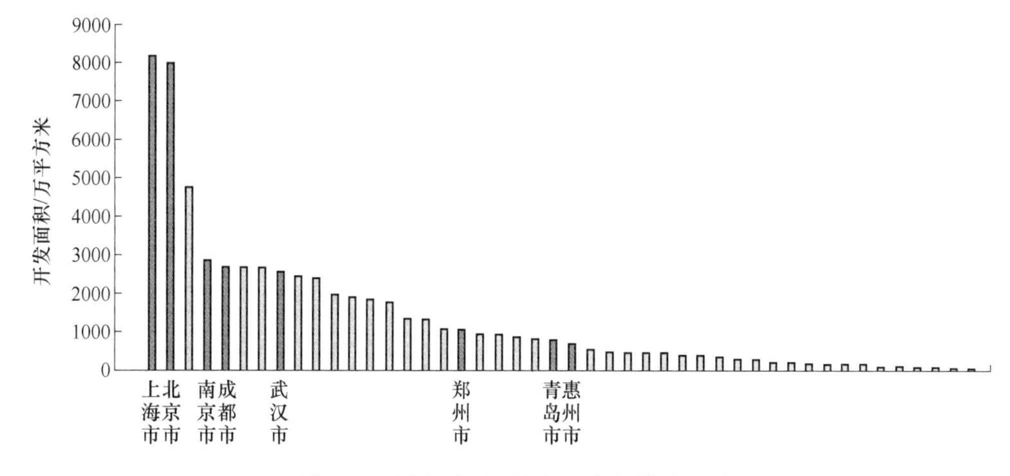

图 1-2 国内城市地下空间开发规模对比图

（3）改善城市环境。当前城市环境形势较为严峻，一是大气污染日益严重，《2018 中国生态环境状况公报》数据显示：2018 年全国 338 个地级及以上城市中，城市环境空气质量超标的城市达到 217 个，占全部监测城市总数的 64.2%。二是水污染影响居民健康，当前我国仅有 40%的城市污水得到了有效的集中处理。三是噪声污染影响居民日常生活，全国 2/3 的城市居民生活在噪声超标的环境中。若能够大力发展城市地下铁路和轻轨等公共交通运输网，同时将部分文娱、仓储和工业场地转移至地下，并利用地下空间建立污水、废弃物的收集、输送和处理的统一设施，既能够节省大量的城市用地，又能够将污水和垃圾等对城市的污染降到最低限度。

（4）保障城市防灾减灾能力。城市的防灾减灾能力是城市发展的重要内容。城市作为人口和经济高度集中的区域，自然灾害或战争破坏都会给城市带来巨大的经济损失和人员伤亡。而地下建筑处于一定厚度的土层和岩层的覆盖之下，具有较强的抗灾特性，可有效抵抗地震、飓风等自然灾害，以及火灾、爆炸等人为灾害，同时可减轻包括核武器在内的空袭、炮击、爆破等带来的破坏。

1.1.2 特征

（1）相对无限性与制约性。地球表面以下的固体外壳被称为岩石圈（地壳），陆地下的岩石圈平均厚度为 33 km，海洋下为 7 km。据估算，在地下 30 m 深度的范围内，开发相当于城市总面积三分之一的地下空间，就等于全部城市地面建筑的容积。由此可以看出，地下空间的资源近乎是无限的。然而，城市地下工程受到诸多条件限制，如地质条件、地表地形与建筑、已有地下设施、施工技术、经济能力和开发后的经济效益等因素。因此地下空间并不能够随意加以利用，需要经过深入的调查、科学的论证和综合的规划。

（2）隔绝性与热稳定性。地下工程处于围岩介质内，与地表大气环境相互隔绝，因此地下空间环境几乎不受地表的影响，可大大降低地表与地下空间的热量、湿度交换，使地下空间环境保持稳定。其次围岩介质的封闭、遮光和防震效果较好，能够满足一些特殊仪器或设施对环境的要求。此外，地表温度受到气候的影响，一年四季中地表温度差异较大，而岩层内的温度主要受地下热源的控制，在相同的埋藏深度下其温度较为恒定。同时，围岩介质能够较好地储存热量，使得热量不易流失。因此，地下空间更容易创造恒温、恒湿和超净的生产、生活环境。

（3）良好的灾害防护性能。地下工程具有高防护性，主要体现在两方面：

1）对自然灾害的防护。建筑物受到破坏的程度主要由其结构的位移变形所控制，建筑物越高，越容易受到自然灾害的破坏。而地下建筑受围岩的保护，变形幅度较小，因此地下建筑对地震、台风、海啸等各类灾害的防御能力远高于地面建筑。

2）对战争的防护。由于地下工程处于岩层之中，其建筑受到岩土的保护，因此具有较好的抵抗外部冲击的能力。其中城市地下人防工程作为地下空间最具防护能力的一部分，是抵抗空袭、保护人员和物资的重要设施。

（4）层次性与不可逆性。一方面，城市地下工程总是从浅层开始，然后根据需求逐步向深部发展。地下 10 m 以内，空间受到地表气候的影响较小，价值最高，因此适合地下商业、文娱等人口密集的建筑；地下 10 m 至 30 m 的空间隔绝性较好，适合交通线路、停车场和城市管路等设施的布置；地下 30 m 以下，几乎不受地表的影响，可布置地下燃料库、垃圾处理厂等地下工程。另一方面，地下工程一旦进行施工将无法复原到原来的地质赋存状态，很难再进行改造或者消除。因此需要综合分析城市现在和未来的发展需求，保证城市地表建设与地下工程协调配合。

1.1.3　基本属性

（1）综合性。城市地下工程会受到地质条件和地表建筑的制约。地下工程是一种在岩石或土层中施工的建筑物，岩层的稳定性直接影响到地下建筑的稳定性，因此其受到岩层分布、地层构造和水文条件的限制。在设计和施工过程中，需要对施工范围内的地质条件进行详细的勘探，以保证施工的安全进行。同时，地下开挖会对地层应力分布造成较大影响，从而影响地表的建筑物。因此要综合考虑地下工程与地表建筑的空间位置关系，使得地下工程与地表建筑协调发展。图 1-3 为某城市地下与地表建筑空间位置示意图。

图 1-3　某城市地下与地表建筑空间位置示意图

（2）社会性。由于地下工程在施工时既要考虑与地面建筑的衔接配合，又要保证地表、地下建筑的安全性，因此其施工技术较为复杂，造价较高。社会的经济能力、科学技术、文化程度决定了地下空间的开发利用能力。现如今，城市地下工程的发展目标是为人类提供更为广阔的生存空间，改善城市居住环境，是人类社会的重要组成部分。

（3）实践性。城市地下工程是一门具有很强实践性的学科。在实际施工过程中发现，岩层的组成和结构十分复杂，地下建筑的施工受到已有建筑、地层的移动变形和地下水等因素的影响，现有的理论分析和实验室测试结果往往和实际情况有一定的出入。同时由于现场环境的限制，导致局部地应力和特殊地层结构难以准确探测，导致传统的以荷载核定支承结构尺寸的设计方法不再适用。因此，现如今的很多地下工程问题的处理，一方面仍然需要依靠借鉴早期已成功的施工经验；另一方面只有通过新的工程实践，才能为城市地下工程积累相应的经验，并在此基础上发展新理论、新技术、新材料和新工艺。

（4）技术、经济、建筑艺术和环境的统一性。城市地下工程要力争创造既安全、经济又舒适的地下生活空间。首先，在工程选址和建筑规划方面，要采用先进合理的施工技术，从而满足地下施工提出的要求。其次，要考虑到施工投资和后期的运营维护是否经济合理，该工程能否给城市带来较好的经济和社会效益。同时，地下空间是城市地表功能的延伸，因此要考虑到地下建筑的宜居因素。最后，由于地下空间的封闭性，要合理布置地下建筑的结构，使人们在生理和心理上感到舒适，同时要保证地下建筑的环境适合居住，达到空气清新、无噪声污染、光线明亮、结构合理。综上，一个宜居的城市地下工程，要在技术、经济、建筑艺术和环境方面实现统一，提高居民的生活质量。

1.2 城市地下工程的规划

城市规划是对一定时期内城市的经济和社会发展、土地利用、空间布局和各项建设的综合部署、具体安排和实施管理。城市规划的主要任务是根据城市经济发展需求和人口、资源及环境的承载能力，确定城市的性质和规模，并统筹安排城市各类用地，合理配置城市各项服务设施，健全城市防灾减灾能力，促进城市健康有序的发展。

1.2.1 基本原则

（1）符合法律法规。为保障地下空间合理利用，实现地下空间有序发展，城市地下工程在开发利用过程中需要遵守国家相应法律法规。2011年施行的《城市地下空间开发利用管理规定》对城市地下空间规划的意义、工程建设要求、工程管理以及罚则等均做出详细规定。2017年施行的《中华人民共和国民法总则》明确了空间权的基本含义和内容。同时还需遵守与城市地下空间规划相关的专项法律，如《城市轨道交通运营管理办法》《关于加强城市地下管线建设管理的指导意见》等。

（2）近期规划与远期规划相结合。为缓解“大城市病”对城市发展的制约，城市地下工程在规划时应该满足当前城市发展的需要。例如：充分利用过去建成的地下空间和地下人防措施；根据城市发展建设的需要在城市中心设置地下停车场、地下商业街、地下交通网络等公共设施，增强城市中心的容纳量等。同时，在规划时应满足城市长远发展的需求。由于城市地下空间资源开发的不可逆性，改造或消除已有的地下空间极为困难，因此应为未来可能建设的地下公共建筑预留好足够的地下空间，使其能够满足城市“百年发展”的大计。

（3）地下空间规划与地上建筑功能协调配合。在进行城市规划时，要将地上与地下空间看作一个有机的整体，使地下空间规划成为城市规划的有机组成部分。在城市规划时要对建筑建在地上与建在地下的优缺点进行评估，在综合考虑利弊后规划地上与地下的设施分布。同时对人的行为模式进行整合，注重地下建筑与地上建筑的功能互补、地下交通与地上交通的结构联通、地下公共空间与地上公共空间的协调配合，使得二者能够合理衔接，提高行人出行效率，满足居民日常生活需求。城市地上地下空间规划结构如图 1-4 所示。

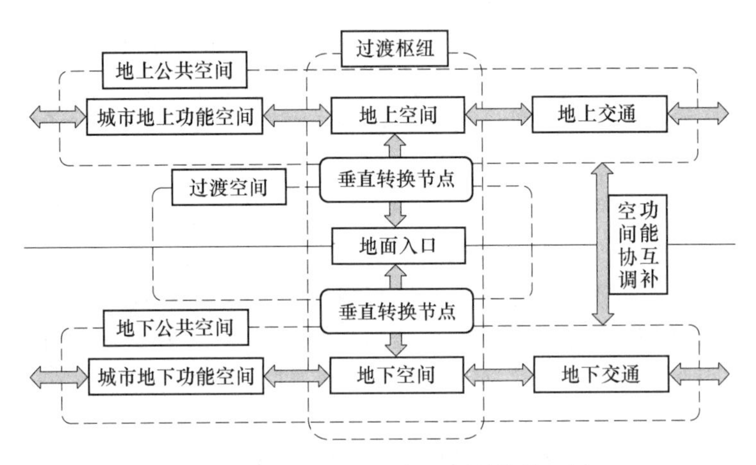

图 1-4 城市地上地下空间规划结构模型图

（4）社会效益、经济效益与环境效益相结合。现代城市规划的目标是创建功能完善、服务一流、环境宜人的现代化城区。因此，城市地下规划需要充分考虑开发方案的社会、经济和环境效益，从而使得地下空间规划方案满足人对城市居住生活的需要，在当前技术条件下能够经济合理地进行开发，将部分原计划在地表布置的设施转移至地下，缓解地表用地压力，从而改善城市环境。

1.2.2 主要任务

城市地下空间规划分为总体规划、控制性详细规划和施工性详细规划三个阶段。

（1）城市地下工程总体规划。城市地下工程总体规划中应包括资源开发现状、原则、期限等，还必须包括开发利用的发展战略和发展目标，明确地下空间开发利用的功能、规模和总平面布局，统筹安排近期和远期地下空间开发项目，确定各个时期空间开发利用的指标体系、保障措施和管理机制。

（2）城市地下工程控制性详细规划。城市地下工程控制性详细规划对城市重要建筑规划区地下空间加以控制，详细规定各项控制指标，对规划范围内用地提出指导性或强制性要求，为城市地下空间建设和运营管理提供科学依据。

（3）城市地下工程施工性详细规划。城市地下工程施工性详细规划根据控制性详细规划中的各项指标，对地下空间的平面布局、空间分布、公共活动、交通组织、景观环境和防灾措施提出具体要求，协调地上地下建筑功能配合，为地下工程进一步设计施工提供依据。

1.2.3 规划内容

1.2.3.1 总体规划主要内容

（1）城市地下空间资源的可开发利用价值分析；
（2）城市地下空间开发利用的现状；
（3）城市发展对地下空间开发利用的需求评估；
（4）城市地下空间开发利用的发展战略；
（5）城市空间开发利用的功能、内容、规模和期限；
（6）城市地下工程的总体布局；
（7）城市地下工程的开发建设顺序；
（8）城市地下工程的分层设计；
（9）地下建筑、地上建筑与环境的功能搭配；
（10）近期城市地下空间的开发规划和长远角度开发规划的协调安排；
（11）地下工程项目的总投资估算。

1.2.3.2 控制性详细规划主要内容

（1）地下工程建筑面积；
（2）地下工程交通组织及配套设施；
（3）和其他建筑的空间位置关系与功能协调；
（4）建设及管理规定。

1.2.3.3 施工性详细规划主要内容

（1）地下工程赋存的地质条件要求；
（2）地下工程建设的技术措施；
（3）地下工程的功能和规模；
（4）地下工程的平面布局；
（5）地下工程的综合技术经济分析和投资估算；
（6）地下工程的灾害防护设施。

1.3 城市地下工程的建筑

1.3.1 城市地下工程的分类

1.3.1.1 按使用功能分类

（1）地下交通设施：地下轨道交通设施、地下车行通道、地下人行通道、地下停车场、地下公交站等。

（2）地下市政公用设施：地下市政管线、地下综合管廊等。

（3）地下公共服务设施：地下商业设施、地下行政办公设施、地下文化旅游设施、地下教育科研设施、地下体育设施、地下医疗卫生设施等。

（4）地下物流设施：地下物流通道、地下货物分拨场、地下货物配送场、地下物流终端场。

（5）地下仓储设施：地下粮库、地下油气库、地下物资库等。

(6) 地下防灾减灾设施：地下消防设施、地下防洪设施、地下避难设施等。

(7) 地下人防设施：人民防空工程、地下军事交通工程等。

1.3.1.2 按开发深度分类

(1) 浅层地下工程：-15~0 m。

(2) 中层地下工程：-50~-15 m。

(3) 深层地下工程：<-50 m。

1.3.1.3 按所处的岩土环境分类

按照城市地下工程所处岩土环境，可将地下工程分为两类，分别是土层中的地下工程和岩层中的地下工程。

(1) 土层地下工程。土层地下工程包括单建式地下工程（图 1-5（a）），即单独建立在土中，地表没有其他建筑物，如地铁等；附建式地下工程（图 1-5（b）），即各种建筑物的地下室部分，如地下仓库、停车场等。

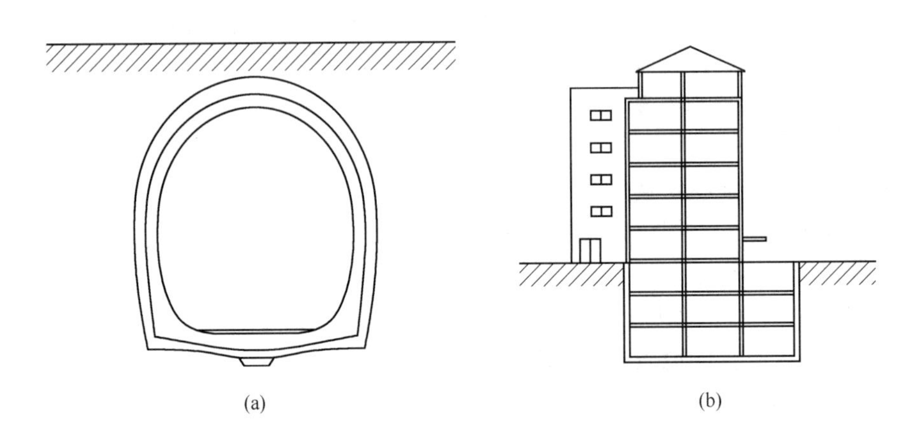

图 1-5 单建式和附建式地下建筑

（a）单建式地下建筑；（b）附建式地下建筑

(2) 岩层地下工程。岩层地下工程包括直接在岩石中开挖的地下工程、利用报废的岩层空间建造的地下工程和利用天然溶洞建造的地下工程。具体岩土环境分类见表 1-2。

表 1-2 城市地下空间所处岩土环境分类

类 别	名 称	说 明
松软土	土层地下工程	坚固系数 0.5~0.6，密度 600~1500 kg/m^3（包括砂土、粉土、冲击砂土层；疏松的种植土、淤泥）
普通土		坚固系数 0.6~0.8，密度 1100~1600 kg/m^3（包括粉质黏土；潮湿的黄土；夹有碎石、卵石的砂；粉质混卵石；种植土；填土）
坚土		坚固系数 0.8~1.0，密度 1750~1900 kg/m^3（包括软及中等密实黏土；重粉质黏土、砾石土；干黄土、含有碎石卵石的黄土、粉质黏土；压实的填土）
砂砾坚土		坚固系数 1.0~1.5，密度 1900 kg/m^3（包括坚硬密实的黏性土或黄土；含碎石、卵石的中等密实的黏性土或黄土；粗卵石；天然级配砾石；软泥灰岩）

续表 1-2

类 别	名 称	说 明
软岩	岩层地下工程	坚固系数 1.5~4.0，密度 1900 kg/m³（包括硬质黏土；中密的页岩、泥灰岩、白垩土；胶结不紧的砾岩；软石灰岩及贝壳石灰岩）
硬岩		坚固系数 4.0~10.0，密度 2200~2900 kg/m³（包括泥岩、砂岩、砾岩；坚实的页岩、泥灰岩、密实的石灰岩；风化花岗岩、片麻岩及正长岩等）

1.3.1.4 按城市地下工程空间布局形式分类

（1）点状地下工程。

（2）线状地下工程。

（3）面状/整体式地下工程。

（4）组合状地下工程（包括网络状地下工程、辐射状地下工程、脊状地下工程等）。

1.3.2 地下建筑的组成

城市地下工程由许多不同的地下建筑组合而成，从而满足工程的各种功能，即使是单个地下建筑大多也是由不同的地下空间组合而成。

1.3.2.1 地下铁路

（1）为乘客提供服务的建筑空间：楼梯、电梯、步行通道、站厅层公共区、站台层公共区、售票厅、公共卫生间等。

（2）车站运营的管理办公用房：车站综合控制室、公安通信室、办公室、会议室、广播室、轨道公务用房、值班室、广播室等。

（3）车站运营的设备用房：通信设备室、变电所、消防泵房、通风设备室、给排水用房、电梯机房等。

（4）地面与车站的连接通道：出入口、楼梯、电梯等。用于沟通地面与车站公共区域的连接通道，供乘客进出车站使用。

（5）风亭：主要用于提供新鲜空气的采集和排风。

1.3.2.2 地下停车场

（1）出入口：进出车用的坡道、地面口部和口部防护等。

（2）停车区：停车间、行车通道、步行道等。

（3）管理服务区：门卫、调度、办公、防灾中心、收费用房、维修用房、充电用房、加油用房等。

（4）辅助区：风机房、送风机房、排风机房、低压配电室、水泵房、器材房、防护用的设备间、卫生间、楼梯间等。

1.3.2.3 地下商业街

（1）地下步行道系统：出入口、连接通道（地下室、地铁车站）、步行街、广场、垂直交通设施。

（2）地下营业系统：商业、文化娱乐、食品店等用于商业用途的空间。

（3）地下机动车运行及存放系统：地下停车场、快速路等。

（4）地下街的内部设备系统：通风空调、配电室、供水及排水设备用房、中央防灾控制室、备用水源及电源用房等。

（5）辅助用房：管理、办公、仓库、卫生间、休息、接待等用房。

地下商业街各个建筑相互连通，承担起地下街的管理、办公、商场、运行和人员流通等功能，地下商业街各个建筑的功能及联系如图 1-6 所示。

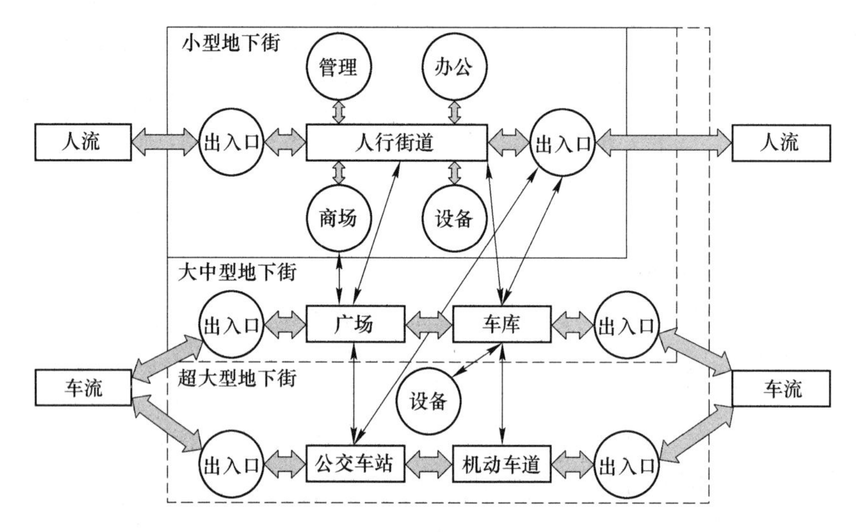

图 1-6 地下商业街各个建筑的功能及联系分析图

1.3.2.4 人防工程

（1）口部建筑（口部房）：建造在室外出入口通道敞开段上部的地表建筑，用于管理和防雨、防堵塞等功能。

（2）通道：用于出入人防工程，包括建造在人防工程上部建筑投影范围以外的出入口和单元间平时的通行口。

（3）主体建筑：包括指挥所、通信所、水库、仓库、供电及通风室、滤毒室、扩散室、洗消室等，主要用于保障人民防空指挥、通信、掩蔽人员等免受或减轻自然灾害和战争的影响。

1.3.3 地下工程的设计要点

1.3.3.1 设计原则

（1）整体性原则。在设计中应与城市规划和地面建筑相适应，需要充分考虑地上和地下两个空间的整合，保证地上和地下的建筑形成一个整体，同时应适当考虑扩建的可能性以及必要的预留空间。

（2）系统性原则。厘清交通、市政、人防等功能系统关系，使得地上、地下各方面形成清晰合理的空间功能体系。

（3）经济性原则。在设计中应使地下建筑功能紧凑，分工合理，在满足使用需求的情况下减少工程量。

（4）宜人性原则。设计应考虑到行走路线、空间布局及建筑风格对人们的影响，应使行走路线便于通行，提高效率；空间布局应合理；装修应简洁、明快。

1.3.3.2 设计内容

地下工程建筑设计根据功能需要和相关标准及规范进行设计，具体内容包括：选址、总平面布置、竖向连接布置、建筑结构设计、施工方案设计、建筑装修设计等。

1.4 城市地下工程的施工

1.4.1 地下工程的结构

城市地下空间用于地下交通、地下市政公用设施、地下公共服务设施、地下物流设施、地下仓储设施、地下人防设施等建筑，其形式多样，形态复杂。地下建筑与地面建筑不同，其与地层接触，两者构成共同的受力体系。因此，地下结构形式的选择受到地质条件、用途和建设方法的影响。城市地下工程结构可按照结构形状分为拱形结构、矩形结构、圆形结构、薄壳结构和异形结构。

1.4.1.1 拱形结构

采用暗挖法施工的地下工程通常采用拱形结构。拱形结构承载轴向压力，并将压力分解为向下的压力和向外的推力，从而维持拱形的稳定性。拱形结构具有以下优点：

（1）承载能力大，弯矩较小，可用于较大跨度的工程；

（2）断面利用率较高；

（3）混凝土、砖等材料的抗拉强度远小于抗压强度，而拱形结构为抗压结构，该结构能够避免材料产生抗拉应力，更为稳定，可节省大量钢材和水泥。

常见的拱形结构有半衬砌拱、厚拱薄墙、直墙拱、曲墙拱、落地拱等，图 1-7 为常见的拱形结构形式。

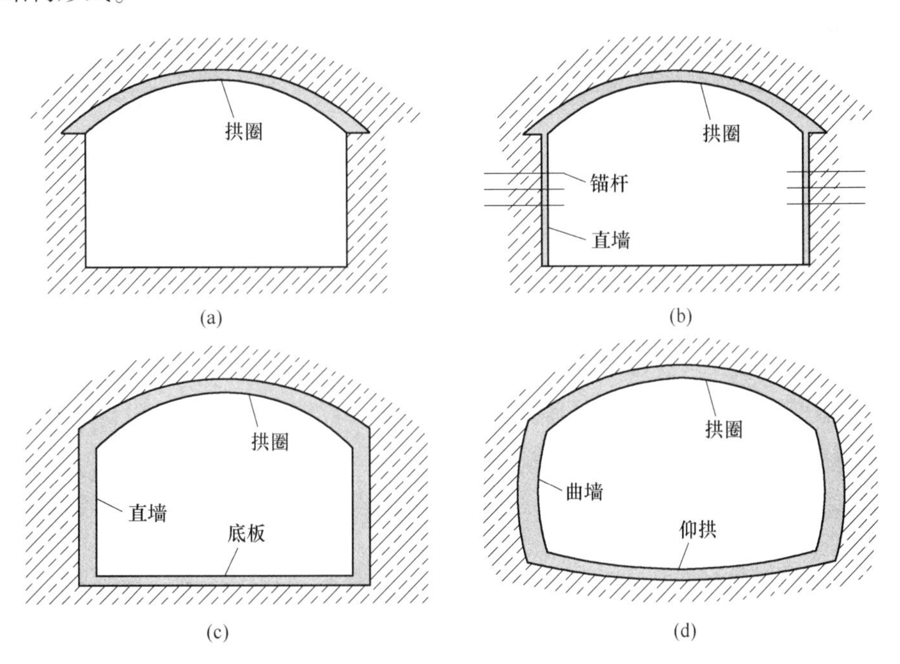

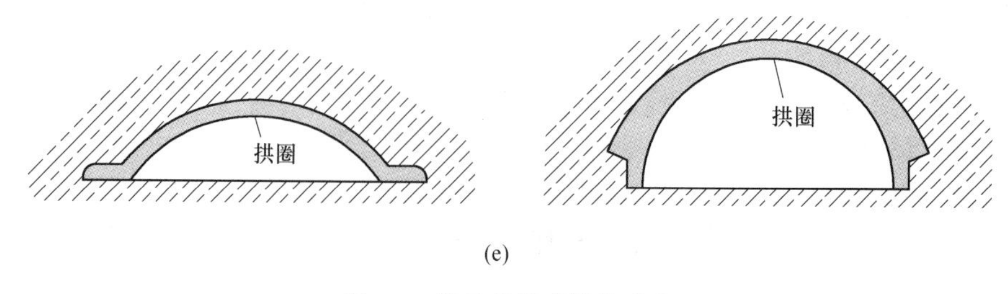

(e)

图 1-7 常见的拱形结构形式

(a) 半衬砌拱；(b) 厚拱薄墙；(c) 直墙拱；(d) 曲墙拱；(e) 落地拱

1.4.1.2 矩形结构

矩形结构由钢筋混凝土组成顶板、底板和侧墙，整体性和抗震性较强，但是抗弯能力较弱。故在荷载较小、地质条件较好或跨度较小时较为适用。矩形断面适用于工业、民用和交通等建筑物的限界，如地下车站、地下厂房或地下指挥所等建筑常采用矩形结构。图1-8为矩形结构形式图。

1.4.1.3 圆形结构

圆形结构的断面为圆形，可以将径向压力转化为沿圆缘部分的轴向压力，当受到均匀径向压力时，圆形截面的弯矩为零，可充分发挥混凝土材料的抗压能力。在软土中的地下铁道或河床中的交通隧道常采用圆管结构，采用盾构法、顶管法和沉管法施工的地下建筑也通常为圆形结构。图 1-9 为圆形结构形式图。

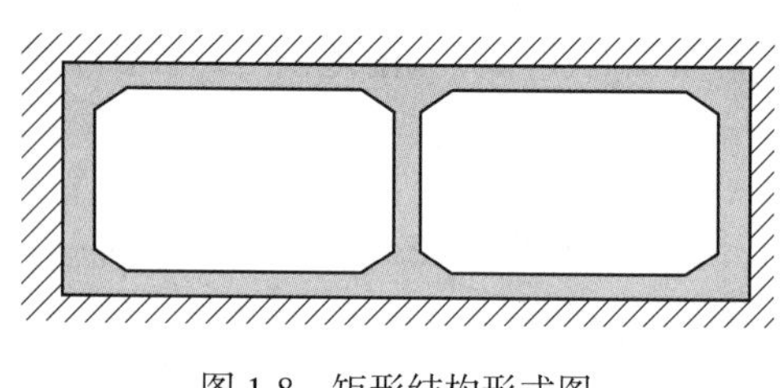

图 1-8 矩形结构形式图

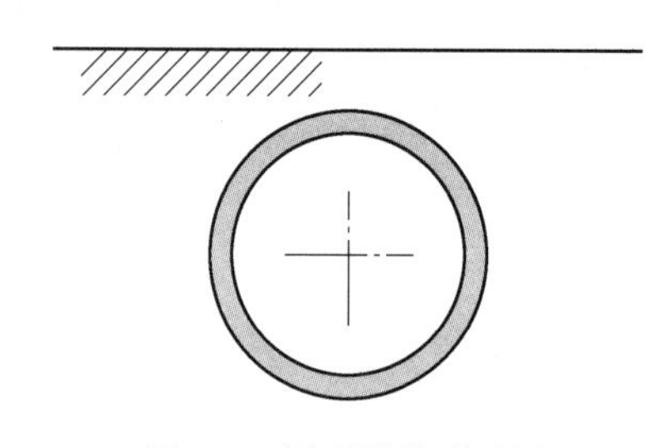

图 1-9 圆形结构形式图

1.4.1.4 薄壳结构

薄壳结构能够充分利用材料强度，但较为费工和费模板，常用形状可分为柱面薄壳、圆顶薄壳、双曲扁壳和双曲抛物面壳。图 1-10 为薄壳结构形式图。

1.4.1.5 异形结构

在实际施工过程中为满足建筑需要，常需要根据具体荷载和尺寸设计地下工程的结构，使其结构形式介于以上四种结构形式之间。

1.4.2 施工方法

施工方法是城市地下工程的重要内容，决定了能否安全、经济、高效地建设地下空间。现有的施工方法有数十种之多，主要分为明挖法、盖挖逆筑法、暗挖法和特殊施工方法四种形式，每种施工方式均有其适用条件和优缺点。表 1-3 为施工方法分类。

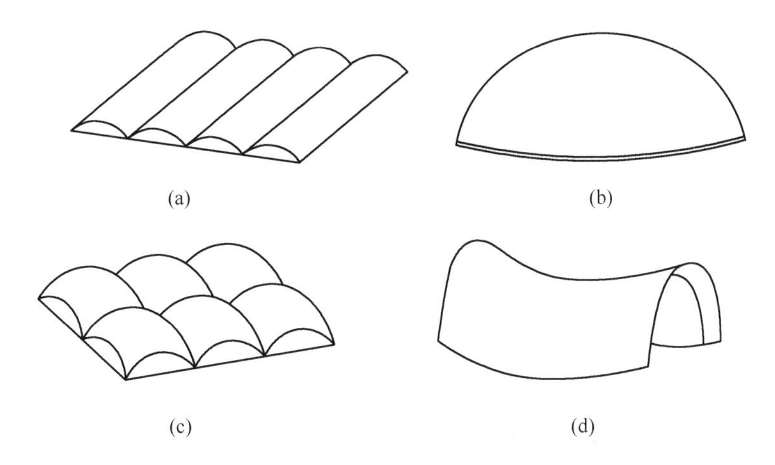

图 1-10 薄壳结构形式图
（a）柱面薄壳；（b）圆顶薄壳；（c）双曲扁壳；（d）双曲抛物面壳

表 1-3 施工方法分类

施工方法	主要工艺	适用条件	优缺点
明挖法	（1）放坡明挖法； （2）悬壁支护明挖法； （3）围护结构加支撑明挖法	建筑物埋深较浅，平面尺寸较大；适用于基坑工程	优点：造价较低，施工快捷；适用于多种地质条件；工艺简单，技术成熟，施工安全；防水方便。 缺点：对周边环境和交通影响大；造成大量拆迁
盖挖逆筑法	先建造地下工程的柱、梁和顶板，以此为主体由上而下进行施工	开挖地点附近有重要结构物；有强大土压或其他水平力作用；土质较为稳定坚固	优点：覆盖快，对交通及周围环境影响较小；建筑结构刚度大，施工较为安全；占地小，施工灵活；设备简单。 缺点：需设临时桩柱，增加施工费用；大型设备难以进入施工场地；对施工计划及质量管理要求高
暗挖法	（1）超前导管法； （2）矿山法； （3）盾构法； （4）顶管法	地面建筑物较为密集的地段；含水量少的地段；开挖面具有一定的自立性和稳定性；埋深较大	优点：施工工序经济、快速、安全，适应性强；可控制地表下陷量；施工灵活。 缺点：对防水技术具有一定要求
特殊施工法	（1）冻结法； （2）沉井法； （3）沉管法； （4）围堰法； （5）注浆加固法	含水量较大的地层；稳固性较差的地层	优点：可在地质条件较差或水下进行施工。 缺点：需要一些辅助性的施工，工序较为复杂

地下工程施工过程中受到多种因素的影响，为满足施工要求，需要与多种基础技术配合完成施工内容。主要基础技术包括：测量技术、爆破技术、地基处理技术、支护技术、衬砌技术、监测技术等。

（1）测量技术。地下工程测量一般是指进行地下、水下具体几何实体的测量描绘和抽象几何实体测量的工程技术措施。在地下工程规划设计阶段，根据工程规模的大小、建筑结构及建筑埋深等设计内容，测量并绘制地形地貌图、地层结构图和水文地质图。在施工阶段，需要配合施工步骤和施工方法进行控制测量和建筑物的定线放样，保证地下工程按照设计要求正确施工。在地下工程竣工阶段，需要制作竣工图和测量必要的数据。在经营管理阶段也需要进行设备安装和维修、地下工程的改建和扩建等各种测量工作。

（2）爆破技术。爆破技术是通过炸药爆炸产生的能量破坏岩石土层和物体的原结构，从而实现工程目的的技术。爆破作业的主要步骤是向需爆破介质中开凿钻孔或炸药硐室，按一定要求布置炸药进而起爆。由于岩石结构、地质构造的复杂性以及爆破介质响应特征各异性，目前的爆破理论还不能准确地描述爆破作用的机理，而在爆破工程设计中，仍然以经验公式为主。在当前的地下工程施工过程中，爆破技术仍然是主要的施工手段。

（3）地基处理技术。地基处理一般是指用于改善支承建筑物的地基（土或岩石）的承载能力或改善其变形性质或渗透性质而采取的工程技术措施。地基处理主要分为基础工程措施和岩土加固措施，地基处理工程的施工质量直接影响到建筑物的安全，若处理不当，往往会产生较大的工程施工，且事后补救较为困难。目前常用的地基处理方法有强夯法、换填垫层法、砂石桩法、振冲法、水泥土搅拌法等。

（4）支护技术。支护技术是在地下工程开挖过程中，为防止围岩坍塌和石块下落采取的支撑和防护等安全措施。支护是地下工程施工的重要环节，只有在围岩十分稳固的情况下才可不加支护。需要支护的地段，应根据地质条件、建筑结构、断面尺寸、开挖方法、围岩暴露面积和时间进行支护设计。

（5）衬砌技术。衬砌是地下建筑物周边构筑的永久性支护结构。它的主要作用分为两种，第一是为了承重，即承担建筑在地下受到围岩压力、地下水压力、建筑结构自重和其他因素造成的荷载；第二是为了建筑防水防潮，在进行衬砌时，要考虑人的健康和设备不受地下环境锈蚀，因此在选择衬砌材料和方法时，需要保证完全防水防潮，同时选材应有利于地下环境整治，不应伴有新污染。根据施工方法不同，可将衬砌技术分为模筑式衬砌、离壁式衬砌、装配式衬砌和锚喷衬砌等方式。

1）模筑式衬砌：在现场立好模具后，采用砂石、混凝土或砖块等材料对空隙进行填充，从而与围岩紧密接触。

2）离壁式衬砌：衬砌与岩壁隔离且其间隙内不做回填的隧道衬砌。其主要作用不是承受围岩压力，而是防水隔潮，使衬砌和岩壁间的空隙能够顺利排出围岩中的渗水，保持干燥。

3）装配式衬砌：是将若干在工厂或者现场预制的构件运入坑道内，用机械拼装而成的衬砌。该衬砌一经装配完成，不需养护即可直接承受围岩压力，机械化程度较高。衬砌形状多为圆形，常用于盾构法施工。

4）锚喷衬砌：采用锚杆、混凝土和钢筋网组合来加固围岩的一种衬砌方式。该方法能够充分利用围岩的自撑能力，是国内常用的衬砌方式，在整治塌方和隧道衬砌裂损时也广泛应用。

（6）监测技术。城市地下工程发展迅速，出现了许多超深基坑、大断面隧道和超接近的地下结构，许多城市的地下空间基本形成了一个网络。然而在复杂的地下条件下，地下建筑可能对周围环境、邻近结构和现有建筑造成不利影响。为准确监测地下岩石的变形，对地下工程的施工进行安全预报，同时验证地下结构设计的合理性，需要对地下工程进行监测。在地下工程监测技术中，力和变形是最基本的组成内容。力的监测主要包括土压力、结构应力等，而变形主要包括地下结构变形、地表沉降和结构应变等。

1.5　城市地下工程的灾害防护

随着越来越多的城市地下工程不断出现，其防灾与安全问题就显得十分突出。地下工程大多属于维系城市正常运转、保障可持续发展的重要基础工程项目，一旦遭到破坏，可能会对城市的经济与社会功能造成严重影响。因此，如何保证地下建筑对各种灾害的抵抗能力，确保地下工程的安全、预防重大事故的发生就显得十分重要。

1.5.1　地下工程灾害分类

城市地下工程在施工和运行期间可能发生的灾害分为两大类：自然灾害和人为灾害。其中自然灾害包括洪涝、台风、泥石流、滑坡、地震、雪灾等；人为灾害包括战争、火灾、有毒物质泄漏、爆炸、工程事故和运营事故等。而大的灾害通常又伴随着多种次生灾害，例如地震会伴随着滑坡和泥石流等灾害，战争常伴随着爆炸和火灾等灾害，地下工程事故常常会造成地表塌陷、环境污染等灾害。图 1-11 为地下工程灾害事故图。

(a)

(b)

图 1-11　地下工程灾害事故图
(a) 自然灾害——洪涝；(b) 人为灾害——火灾

从灾害发生的空间位置，可将地下建筑的灾害分为发生在建筑外部和发生在建筑内部两种灾害。由于地下建筑处于岩石介质的包裹中，因此对外部发生的各种灾害一般具有较强的防护能力，如战争中各种武器带来的影响与破坏、台风造成的破坏等。但是地下建筑处于狭小的空间内，地下建筑与外部联系的通道较少，气热交换困难，因此会造成散热排烟速度慢、人员疏散困难、营救作业难度大等问题，从而导致对内部发生的灾害的抵御能力差，特别是火灾、爆炸、建筑坍塌等灾害，因此要重点加强地下建筑内部的防灾减灾能力。

1.5.2　防灾减灾的基本原则

(1) 严格执行国家法律法规及相关技术规范，严格执行国家、地方、行业颁布的防火、防水、抗震、安全施工及运营、环境保护方面的规章制度和规范，积极学习国外先进的经验。

（2）贯彻国家“预防为主，防治结合”的地下工程防灾减灾基本方针。在地下工程规划及施工过程中，应建立完善的灾害预测及报警系统，定期进行灾害预警及防灾可靠性的检查，保障其稳定性。

（3）防灾减灾系统的规划及设备配置应符合国家防灾要求，应该做到系统可靠、功能合理、结构完善、设备稳定、技术先进和经济适用。

（4）建立联防机制，将地下防灾系统归入城市整体防灾体系中，成为城市防灾体系的一部分，便于各种灾害发生信息的传递，也可调动城市力量控制地下灾害造成的破坏。

（5）地下工程发生灾害造成的损失一般会很大，因此要根据各种灾害的成因和特点，做好灾害防护工作。首先需要做好防灾规划和设计，对于大中城市的地下防灾规划应设置高起点，坚持综合规划，坚持长期建设、稳步发展的原则；其次要做好防灾的管理工作，包括平时维护制度、防灾管理体系建立，着眼于城市防灾的整体功能，提高灾后、战后城市功能的稳定性和恢复能力。

1.5.3 防灾减灾的主要内容

城市地下工程防灾减灾工作应在总原则的基础上制定相应的防范措施。本部分主要介绍规划与设计阶段防范措施，施工中的技术措施将在第 8 章详细讲述。

1.5.3.1 火灾防范

A 防范难点

地下工程火灾与地面建筑火灾相比具有不同特点，其危害程度更大。

（1）由于地下建筑密封性较好，发生火灾时散热较为困难，在高温的持续作用下，会使建筑结构发生破坏甚至倒塌，也会严重威胁地下工程内人员的人身安全。

（2）地下工程直接联系地表的通道较少，通风和排烟能力较差，当火灾发生时烟气无法快速排出，极易造成人员窒息或中毒。

（3）地下工程火灾除了会造成烧伤、窒息、中毒及高温热辐射外，火灾烟气与人员疏散方向一致，能见度低，更容易迷失方向，影响疏散和救援工作。

B 主要对策

（1）合理规划建筑布局，明确各层地下工程的功能。例如：地下商业场所不得布置在地下一层以下；地下文娱场所不得布置在地下二层以下，如布置在地下一层，深部不得超过 10 m；地下工程的布局应尽可能简洁、规整，地下通道布置简洁明了，尽可能短、直，每个通道的弯折处尽量少于 3 处，方便辨别和人员疏散。

（2）设置防烟防火分区。每个防火防烟区不少于两个通往地面的出入口，其中不少于一个直接通往室外的出入口。在防火防烟分区之间的连通部位应设置防火墙、防火卷帘和水幕或者防火闸门等设施。

（3）合理设置出入口的位置和数量。出入口的空间位置应均匀，数量应足够人员快速通往地面。地下商业空间的任何一处到最近的地下出入口距离不应超过 30 m，每个出入口的大小应与建筑日常容纳人员数量相匹配，保证人员快速疏散的能力。

（4）完善火灾应急系统。根据相关规定配备一定数量的应急照明系统、疏散指示标志、火灾自动报警系统，并配置适当数量的手动报警按钮，同时需要配备一定数量的灭火器材。选择合适的排风设备，能够在发生火灾时快速排烟，提供新鲜气体。

(5) 选择合适的建筑材料。地下建筑的装修应选择不燃或难燃的材料，禁止使用易燃和燃烧时会产生烟气和有毒物质的材料，如石棉、塑料和玻璃纤维材料。出入口连接处墙壁及顶板的耐火极限必须达到3 h以上，常开门的耐火极限应在2~3 h。

1.5.3.2 洪灾防范

A 防范难点

洪水灾害具有季节性和地域性的特点，往往具有水量大、持续时间长等特点。对于一般水灾，形成高水位倒灌入地下建筑往往需要一定的时间，可及时采取措施处理，但毫无征兆或突发性的水灾可能会对建筑造成极大危害。

B 主要对策

(1) 根据国家现行标准《地下工程防水技术规范》（GB 50108—2008）相关内容，地下工程防水的设计和施工应遵循“防、排、截、堵相结合，刚柔并济，因地制宜，综合治理”的原则。

(2) 合理布置地下工程与地表联通的通道的位置。根据当地历年降雨资料和最高洪水位，确保地下工程出入口和通风口等结构布置在高于最高洪水位的位置。

(3) 设置防、排水措施。建筑物本体和建筑物的施工缝、伸缩缝等接缝处采用合理可靠的防水技术。在出入口安置防淹门，发生洪涝灾害时及时关闭，防止洪水倒灌入地下工程中。在地下工程出入口布置排水沟和台阶，减少入侵水量。设置集水井和泵房，将侵入的洪水集中并泵送至地表。

(4) 做好洪水预报和抢险措施。根据暴雨洪水等灾害预报及时开展防洪措施，地下商业空间、地下交通应及时停止营业，疏散群众，关闭防淹门，减少洪涝灾害造成的损害。

1.5.3.3 地震防范

地下工程对地震的抵抗能力较强，但是地下建筑结构仍然存在被地震破坏的可能，因此在建筑设计中应考虑地震带来的风险，采取相应的措施。根据国家现行标准《建筑抗震设计规范》（GB 50011—2010）相关内容，地下建筑应适当限制侧墙、顶板和楼板的开孔面积并辅以必要的措施加强孔口；其次应尽量避免软弱土、液化土、地质条件剧烈变化的地段，若必须通过此类地段，应通过注浆加固、换土和加强地下结构强度等措施减少地震造成的破坏；根据汶川地震中公路隧道的震害调查，要求断层破碎带中采用钢筋混凝土内衬结构。

1.5.3.4 战争防范

A 防范难点

地下空间的建设是城市发展到一定阶段的必然产物，由于其建于地下岩层之中，因而具有较好的抵抗外部破坏的能力。但是城市地下空间容易成为恐怖袭击的对象，一方面地下工程的人员较为密集，疏散难度和救援难度大；另一方面地下工程应对内部爆炸的能力较弱，在爆炸冲击波的作用下地下建筑物的结构容易产生不同形式的破坏，严重的可能造成地下建筑的倒塌，加重灾害的损害。

B 主要对策

（1）完善避难场所及急救措施。地下公共空间应在防火防烟分区布置一定数量的避难场所，集警务、调度、医疗、维修一体化。避难场所应耐火、抗震，具有独立的通风管道，人防面积达到5000 m^2时应配备电站，确保战时可作为可靠的临时避难场所。

（2）规划重要设施平战功能转换。民用地下工程在设计规划时应考虑具备作为战时临时避难场所的功能，平时安装好各类人防门和悬板活门，确保能够完成紧急转换（3 天内）；妥善放置封堵材料，保障临战时能够快速完成封堵设施的安装（15 天内）。

复习思考题

（1）城市地下空间的特征有哪些？

（2）城市地下工程的属性有哪些？

（3）城市地下工程规划的基本原则是什么？

（4）城市地下工程规划的内容有哪些？

（5）城市地下工程的种类有哪些？

（6）城市地下工程的施工方法有哪些？

（7）城市地下工程防灾减灾的原则是什么？

（8）城市地下空间火灾的防范难点及对策是什么？

2 地 下 铁 道

本章学习重点

(1) 了解地铁的优缺点及国内外地铁的发展历史。

(2) 了解地铁线路规划的原则、内容及设计标准，掌握地铁限界的含义、制定原则及设计要求。

(3) 了解线路的分类、作用及线路选线的内容，掌握线路平面设计、纵断面设计的步骤，了解地铁轨道的组成及设计方法。

(4) 了解地铁车站的种类与空间分布，掌握站台、站厅层、出入口与通道的设计方法，了解车站风亭和无障碍设施的作用及设计规定。

(5) 了解地铁设备系统的组成、作用及设计规范。

2.1 概　　述

2.1.1 引言

由于城市人口的不断增加，机动车数量增长迅速。据不完全数据统计，2020 年全国机动车保有量已达 3.72 亿辆，其中私家车保有量达 2.17 亿辆，成为居民出行的主要选择，图 2-1 为 2015—2020 年全国汽车保有量统计图。庞大的机动车数量和高频率的出行次数，带来市区交通流量猛增，交通压力急剧增加。目前城市地表用地日渐减少，在城市中规划新的道路较为困难，导致城市道路面积增长的速度无法赶上城市机动车数量增长的速度。因此，城市交通拥堵日益严重，成为全世界各大城市必须面对的问题。为满足居民高速增长的出行量的需要，现代城市必须优先发展公共交通。

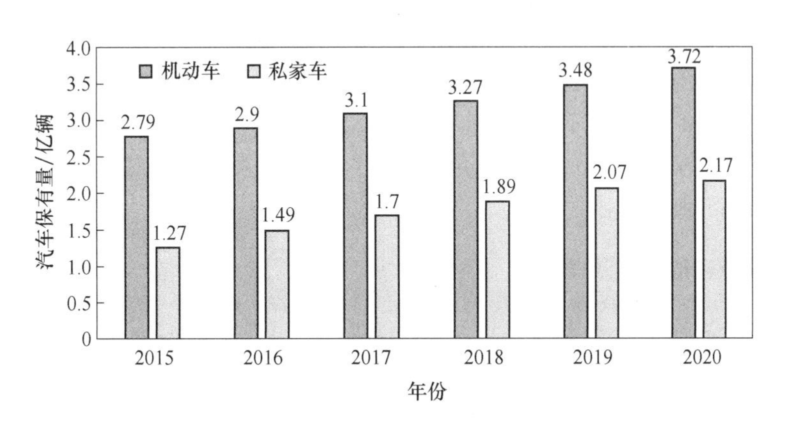

图 2-1　2015—2020 年全国汽车保有量统计图

在这样的背景下，地下铁道这种具有突出优势的新型交通运输方式逐渐成为城市交通建设的重点。地下铁道简称地铁，是指在地下修筑隧道，铺设轨道，以电动快速列车运送乘客的现代公共交通体系。

地下铁道的优点如下：

（1）速度快，载客量大。国内已开通地铁城市的列车运行速度最高可达 160 km/h，平均速度为 36 km/h，乘坐地铁一般要比地面交通工具节省 1/2~2/3 的时间，运输能力是公交车的 4~8 倍。

（2）不受人流、车辆的影响。地铁的运行线路与人流、车流的运行空间分离，不存在复杂的交通组织问题，也不会受到城市高峰期车辆拥堵的影响。

（3）不占用城市地表用地。地铁能够节省城市地表用地，缓解城市用地紧张的问题。

（4）便捷、安全、正点率高。地铁可建设在繁华的街区或者大型百货商场以及其他公共建筑内部，方便乘坐；多条线路交叉处常设置垂直电梯，换乘较为方便。列车运行不受路面交通及天气的影响，安全性较高。列车运营采用自动控制系统，严格保证列车行车间隔，正点率高。

（5）对城市环境影响较小。列车采用电力驱动，能够减少地铁运行带来的废弃污染，运行时产生的噪声较小，为建设宜人的城市环境创造了条件。表 2-1 为各种交通方式的能源消耗和环境污染比较（以城郊铁路为基准）。

表 2-1　各种交通方式能源消耗和环境污染比较

交通方式	城郊铁路	航空	城市道路	城市轨道交通
能源消耗	1.0	5.3	4.6	0.8
人均 CO_2	1.0	6.3	4.6	1.0
人均噪声	1.0	1.5	1.7	0.4

由于施工地点、施工要求与地表建筑不同，地铁也存在一定的不足：

（1）建设费用高、周期长。由于地铁需要开挖岩土层，相比于地表建设多了许多辅助工序，造成地下工程的建设成本急剧上升。同时，由于地铁的建造需要经过政府审批和详细规划，导致建设的前期时间变长，短则几年，长则十几年，建设周期大于地表建设周期。

（2）施工难度大。地铁建设受到地层的影响，岩层性质变化、软弱围岩、地下含水层等地质条件都会给地铁施工造成一系列工程问题。同时要考虑地铁隧道开挖对地表建筑物的影响，施工困难。

（3）养护管理较为困难。地下建筑对通风、照明和安全防灾措施的要求较高，因此需要额外投入设备维护费用。

2.1.2　地下铁道交通的发展概况

2.1.2.1　世界地铁的发展历史

1863 年 1 月 10 日，世界上第一条地铁在英国伦敦建成通车。在 20 世纪最初的 24 年内，欧洲和美洲有 9 座大城市陆续修建了地下铁路。从第一条地铁建成后的一百年间，世界上共有 26 座城市建有地铁。截至 2020 年底，全球共有 77 个国家和地区的 538 座城市开通了城市轨道交通，运营里程超过 33346 km。其中，57 个国家和地区的 178 个城市开通了地铁，总里程达 17584.77 km。表 2-2 为 2020 年世界国家或地区地铁运营里程汇总。从表 2-2 中可看出，中国内地地铁里程占全球地铁总里程的 38%，排名世界第一。

表 2-2 2020 年世界国家或地区地铁运营里程汇总

国家/地区	地铁里程/km	国家/地区	地铁里程/km
中国内地	7283.19	匈牙利	38.20
德国	391.00	保加利亚	48.00
俄罗斯	611.50	丹麦	38.20
美国	1325.90	葡萄牙	44.20
法国	350.90	白俄罗斯	37.30
乌克兰	112.80	泰国	129.30
日本	788.50	智利	140.00
波兰	35.50	芬兰	35.00
韩国	863.30	埃及	89.40
西班牙	455.90	希腊	88.70
英国	523.90	阿尔及利亚	18.50
印度	682.27	朝鲜	22.00
意大利	220.10	菲律宾	50.30
荷兰	141.80	阿联酋	74.60
罗马尼亚	78.50	委内瑞拉	67.20
比利时	39.90	卡塔尔	76.00
捷克	65.20	阿根廷	56.70
奥地利	83.30	乌兹别克斯坦	50.10
巴西	372.50	印度尼西亚	15.70
加拿大	227.10	巴拿马	36.80
土耳其	192.60	阿塞拜疆	36.60
瑞典	108.00	哥伦比亚	31.30
中国台湾地区	258.71	秘鲁	34.60
澳大利亚	36.00	多米尼加	31.00
新加坡	202.40	巴基斯坦	27.10
墨西哥	254.40	格鲁吉亚	27.10
挪威	85.00	沙特阿拉伯	18.10
伊朗	242.30	波多黎各	17.20
瑞士	5.90	亚美尼亚	13.40
马来西亚	142.50	哈萨克斯坦	11.30

2.1.2.2 中国地铁的发展历史

2020 年，中国地铁运营里程达 7541.90 km，全国提供地铁运营服务的城市达到 43

个，相比于2019年，新开通城市地铁交通线路约1175.04 km。中国地铁运营里程排名前十的城市的总里程数达到4077.90 km，占比达54.07%。其中，上海、北京、成都、广州的地铁网络线路较为完善，里程规模均超过500 km，明显领先于其他城市地区，而里程超过200 km的城市大多分布在长江沿岸和珠三角地区。

2.2 线路网规划

2.2.1 地铁线路网规划的原则与内容

在修建地铁之前，城市大部分土地都已用于高楼大厦、公路、城市公共设施等建设需要，对地铁线路规划造成了限制。地铁作为一个投资巨大的工程，若在建成后发现需要改建，将会造成巨大的损失。因此，需要在前期对可能影响地铁建设的各个因素进行充分考虑和周密规划。在具体的线路网规划时，应遵循如下原则：

(1) 线路网走向应与城市交通主客流方向一致。居民每天的出行交通流向与城市布局有着密切的关系，地铁线路只有沿着城市主流交通方向布设，才能满足居民快速出行的需求。

(2) 线路布置要均匀，密度要适量，便于乘坐。地铁线路网密度、换乘条件及换乘次数与出行时间的关系极为密切，直接影响客流的吸引程度。根据国内外的建设经验，两平行线间的距离在市区一般在1400 m左右为宜，同时要考虑街道布局。除特殊情况外，两线路间的距离最好不少于800 m，不超过1600 m。

(3) 线路网规划要与城市发展规划紧密结合，并留有适当的发展空间。地铁交通规划是城市总体规划的重要组成部分，其目的是根据城市规模、城市用地性质与功能，城市对内对外交通情况，经过详细的调查与研究，合理规划线路，力求出行距离最短、出行时间最短。而且随着城市的发展，城市会向外不断扩张。因此在制定地铁线路网规划时，要保留适当的空间，以确保城市向外发展的交通拓展需求。

(4) 地铁线路网应与城市公共交通网衔接配合。地铁作为城市大运量交通体系，因其投资巨大、施工周期长，短时间内无法形成密度适中的交通网络。因此，大城市交通发展规划应以轨道交通为骨干，常规公共交通为主体，并辅以其他公共交通，构成城市立体化交通体系，做好地铁交通与其他公共交通的衔接。

(5) 应考虑国力、地方财政、技术水平等实际情况，充分研究施工中可能出现的问题，制定经济合理的规划方案。

线路网规划的主要内容如下：

(1) 线路走向。线路走向是地铁线路网络规划的主要内容。地铁应结合城市实际客流情况，沿城市主干道和主客流方向进行线路布置，同时经过大型客流聚集点、居民住宅区、文娱中心等地点。

(2) 线路网基本结构。地铁线路网基本结构一般要与城市道路的结构形式与地理条件相适应。从几何图形上看，线路网基本结构主要分为放射状、放射网状、棋盘状和综合状。图2-2为不同地铁线路网基本结构。

(3) 线路网规模。线路网规模包括线路数量和线路总长度两部分。线路数量可根据

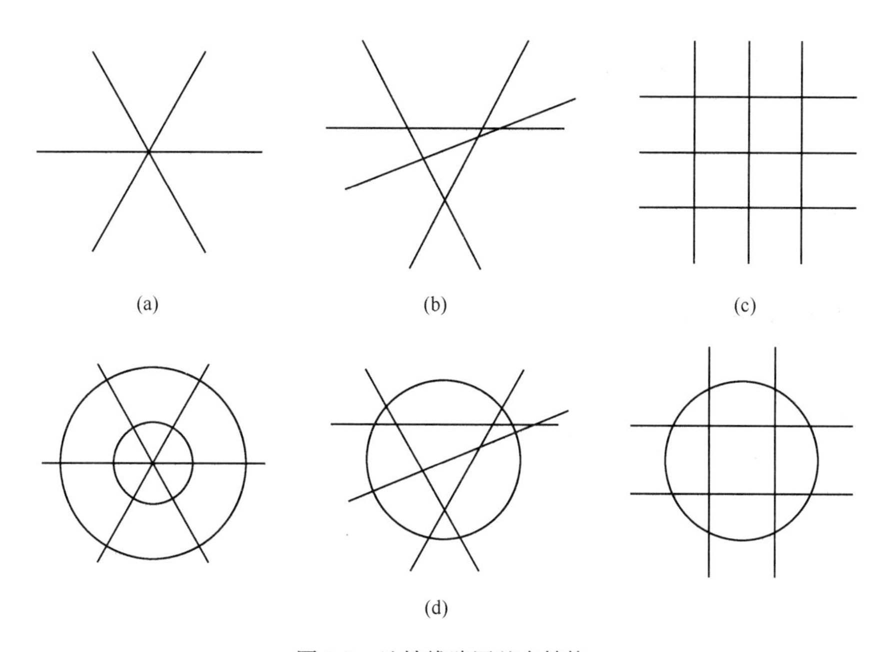

图 2-2 地铁线路网基本结构
（a）放射状；（b）放射网状；（c）棋盘状；（d）综合状

城市的主干道路情况和主客流方向确定，线路长度可由以下方法确定。

以城市公共客流总量计算：

$$L_{总} = \frac{\alpha Q}{q} \tag{2-1}$$

式中 $L_{总}$——线路网规划总长度，km；

Q——远期公共交通预测总客流量，万人次/a；

α——地铁交通分担公共交通客流量的比重，一般取 0.3~0.6；

q——线路负荷强度，万人次/(km · a)。

以城市用地面积计算：

$$L_{总} = A\delta_1 \tag{2-2}$$

式中 A——城市市区用地面积，km^2；

δ_1——路网密度指标，km/km^2，一般取 0.25~0.35 km/km^2。

以城市人口总数计算：

$$L_{总} = M\delta_2 \tag{2-3}$$

式中 M——城市人口数，百万人；

δ_2——路网密度指标，km/百万人，一般取 25~30 km/百万人。

（4）车站分布。车站分布一般与线路走向、规模的规划同时进行。车站分布是否合理，直接影响到地铁对客流量的吸引程度和乘客出行的便捷程度。车站一般分布在大型客流聚集点、线路交界处等地，给乘客提供方便的乘车、换乘条件。

（5）联络线。地铁运输系统中的每一条线路都是独立运行的，为保证城市地铁线路形成一个统一的整体，需要进行联络线的规划，保证线路建成后能够灵活地调动各线的车辆。

（6）线路埋设方式。线路埋设方式分为地面线、地下线和高架线，三者各有优缺点。一般来说，在市中心常采用地下线的埋设方式，在市郊常采用地上线的埋设方式（地面线和高架线）。

2.2.2 限界

限界是一种限制车辆运行及轨道区周围构筑物超越的轮廓线。地铁限界分为车辆限界、设备限界和建筑限界。限界的主要功能是保障地铁的安全运行，限制车辆和沿线设备的尺寸，确定建筑结构的有效断面积。图 2-3 为限界示意图，车辆横断面的垂直中心线与平直轨道横断面的垂直中心线相重合设为纵坐标轴 y，平轨道轨顶连线设为横坐标轴 x，两坐标轴垂直相交的交点为坐标原点 O。限界设计是否合理一般根据有效面积进行衡量，有效面积值由隧道断面积除以车辆断面积得到。当比值为 2~3 时，认为该限界设计是比较经济合理的。

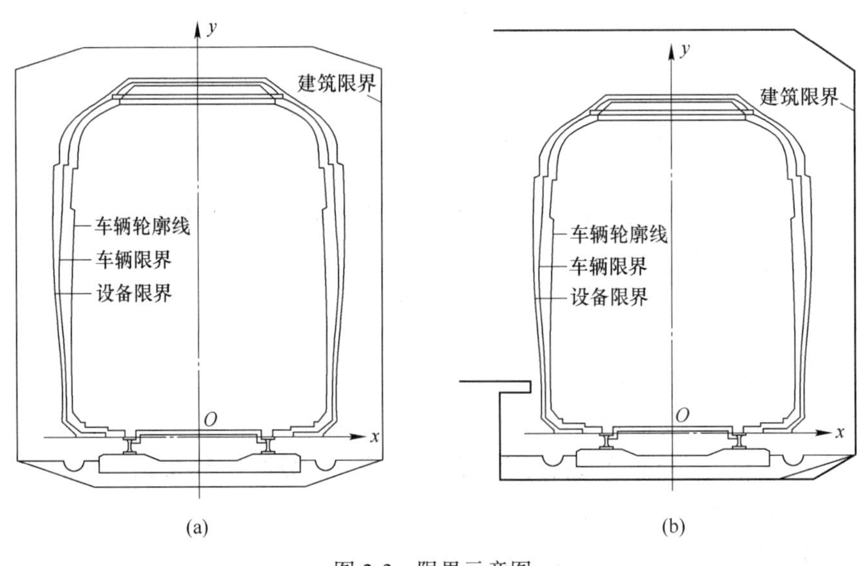

图 2-3 限界示意图
（a）隧道限界；（b）车站限界

2.2.2.1 车辆限界

车辆限界指列车在平直线路上正常运行状态下形成的最大动态包络线，车辆任何部位不得超过这个界限，用以控制车辆制造以及制定站台和站台门的尺寸。车辆限界按照隧道内外区域，分为隧道内车辆限界和隧道外车辆限界；也可按列车运行区域，分为区间车辆限界、站台计算长度内车辆限界和车辆基地内车辆限界；按所处地段分为直线车辆限界和曲线车辆限界。

2.2.2.2 设备限界

设备限界指车辆限界以外，隧道中各种设备（照明、通风、集成电路等）与车辆限界之间必须保持一定距离的控制点所连成的轮廓线。设备限界可按所处地段分为直线设备限界和曲线设备限界。《地铁设计规范》（GB 50157—2013）对 A 型、B_1型、B_2型车限界图，包括隧道内、地面及高架直线地段的上部和下部受电车辆的轮廓线、车辆限界、设备限界与坐标值进行了详细规定，此处不再赘述。

2.2.2.3　建筑限界

建筑限界指在车辆限界和设备限界的基础上，满足车辆运行、设备和管线安装尺寸后的最小有效断面。它决定隧道内的轮廓尺寸，建筑结构的任何部位均不得超过这个限界(包括施工误差、测量误差及结构的永久变形)。建筑限界分为隧道建筑限界、高架建筑限界和地面建筑限界；按工程结构形式分为矩形隧道建筑限界、圆形隧道建筑限界和马蹄形隧道建筑限界。

A　矩形隧道建筑限界

矩形隧道建筑限界应符合以下规定：

(1) 直线地段矩形隧道建筑限界，应在设备限界的基础上按照下列公式计算确定。

$$\left.\begin{aligned} B_S &= B_L + B_R \\ B_L &= Y_{S(max)} + b_L + c \\ B_R &= Y_{S(max)} + b_R + c \\ H_1 &= h_1 + h_2 + h_3 \\ H_2 &= h_1' + h_2' + h_3 \end{aligned}\right\} \tag{2-4}$$

式中　B_S——建筑限界宽度，mm；

B_L——行车方向左侧墙至线路中心线净空距离，mm；

B_R——行车方向右侧墙至线路中心线净空距离，mm；

H_1——A 型车和 B_2 型车自结构底板至隧道顶板建筑限界高度，mm；

H_2——B_1 型车自结构底板至隧道顶板建筑限界高度，mm；

$Y_{S(max)}$——直线地段设备限界最大宽度值，mm；

b_L，b_R——左、右侧的设备、支架或疏散平台等最大安装宽度值，mm；

c——安全间隙，mm，一般取 50 mm；

h_1——受电弓工作高度，mm；

h_2——接触网系统高度，mm；

h_3——轨道结构高度，mm；

h_1'——设备限界高度，mm；

h_2'——设备限界至建筑限界安全间隙，mm，一般取 200 mm。

(2) 曲线地段矩形隧道建筑限界，应在曲线地段建筑限界的基础上加宽和加高，可按照下列公式计算确定。

$$\left.\begin{aligned} B_a &= Y_{Ka}\cos\alpha - Z_{Ka}\sin\alpha + b_R(\text{或 } b_L) + c \\ B_i &= Y_{Ki}\cos\alpha + Z_{Ki}\sin\alpha + b_L(\text{或 } b_R) + c \\ H_3 &= h_1 + h_2 + h_3 \\ H_4 &= Y_{Kh}\sin\alpha + Z_{Kh}\cos\alpha + h_3 + 200 \\ \alpha &= \arcsin(h/s) \end{aligned}\right\} \tag{2-5}$$

式中　B_a——曲线外侧建筑限界宽度，mm；

B_i——曲线内侧建筑限界宽度，mm；

H_3——A 型车和 B_2 型车曲线建筑限界高度，mm；
H_4——B_1 型车曲线建筑限界高度，mm；
h——轨道超高值，mm；
s——滚动圆间距，mm，取值 1500 mm；
$(Y_{Kh}、Z_{Kh})$，$(Y_{Ki}、Z_{Ki})$，$(Y_{Ka}、Z_{Ka})$——曲线地段设备限界控制坐标值，mm。

（3）全线矩形隧道建筑界限高度，宜统一采用曲线地段最大高度。

B　圆形隧道建筑限界

单线圆形隧道的建筑限界，应按照全线盾构施工地段的平面曲线最小半径和最大轨道超高确定。

C　马蹄形隧道建筑限界

单线马蹄形隧道的建筑限界，宜按照全线采用矿山法施工地段的平面曲线最小半径确定。

D　曲线超高地段下的圆形或马蹄形隧道

圆形或马蹄形隧道在曲线超高地段，应采用隧道中心向线路基准线内侧偏移的方法解决轨道超高造成的内外侧不均匀位移量。

按半超高设置时，应按照下列公式计算：

$$y' = \frac{h_0 h}{s} \tag{2-6}$$

$$z' = -h_0(1 - \cos\alpha) \tag{2-7}$$

按全超高设置时，应按照下列公式计算：

$$y' = \frac{h_0 h}{s} \tag{2-8}$$

$$z' = h/2 - h_0(1 - \cos\alpha) \tag{2-9}$$

式中　y'——隧道中心线对线路基准线内侧的水平位移量，mm；
z'——隧道中心线竖向位移量，mm；
h_0——隧道中心至轨顶面的垂向距离，mm；
h——轨道超高值，mm；
s——滚动圆间距，mm，取值 1500 mm。

E　道岔区建筑限界

道岔区的建筑限界，应在直线段建筑限界的基础上，根据不同类型的道岔和车辆技术参数计算加宽量。道岔曲线范围内加宽量计算公式见下：

$$\left.\begin{aligned} e_{内} &= \frac{l_1^2 + a^2}{8R_0} \\ e_{外} &= \frac{L_0^2 - (l_1^2 + a^2)}{8R_0} \end{aligned}\right\} \tag{2-10}$$

式中　$e_{内}$，$e_{外}$——内、外侧加宽量，mm；
l_1——车辆定距，mm；
L_0——车体长度，mm；

a——车辆固定轴距，mm；

R_0——道岔导曲线半径，mm。

F 竖曲线地段建筑限界

竖曲线地段的建筑限界加高量计算公式见式（2-11）：

$$\left.\begin{aligned}\Delta H_1 &= \frac{l_1^2 + a^2}{8R_1} \\ \Delta H_2 &= \frac{L_0^2(l_1^2 + a^2)}{8R_2}\end{aligned}\right\} \tag{2-11}$$

式中 ΔH_1，ΔH_2——凹、凸形竖曲线建筑限界加高量，mm；

R_1，R_2——凹、凸形竖曲线半径，mm。

G 车站直线地段建筑限界

站台面不应高于车厢地板面，站台面距轨顶面的高度，A 型车应为 1080 mm±5 mm，B_1、B_2型车应为 1050 mm±5 mm。

H 车辆段库外连续建筑物至设备限界净距离

车辆段库外连续建筑物至设备限界净距离，当有人行道时取 100 mm；车辆段库外非连续建筑物（长度小于 2 m）至设备限界净距离，当有人行道时取 600 mm。

2.2.3 设计标准

根据《地铁设计规范》（GB 50157—2013）内容，对地铁线路设计标准作出规定。

（1）设计年限。设计年限分为初期、近期和远期，其中初期可按照建成后第 3 年确定，初期高峰断面客流大，运量线不应小于 1 万人次/天，中运量线不应小于 0.6 万人次/天。近期按建成通车后第 10 年确定，远期按建成通车后第 25 年确定。

（2）设计行车速度。列车的设计运行速度应根据列车技术性能、线路条件、车站分布和客流特征综合确定，在设计运行速度的基础上应留有一定余量。设计最高运行速度为 80 km/h 的系统，平均速度不宜低于 35 km/h；设计最高运行速度大于 80 km/h 的系统，列车运行速度应适当提高。

（3）列车运行间隔。列车运行间隔应根据预测客流量、列车数、列车定员及系统运行效率进行考虑。初期高峰时段最小运行间隔不宜超过 5 min，平时最大运行间隔不宜超过 10 min。远期高峰时段最小运行间隔不宜超过 2 min，平时最大运行间隔不宜超过 6 min。

2.3 线路设计

对每一条线路所进行的勘探、规划和设计工作统称为线路设计。线路设计的任务是在线路网规划和预可行性研究的基础上，对拟建设的地下铁道的平面和竖向位置由浅及深地进行研究与设计，通过不断修正线路平面、纵剖面和纵坡、线路与车站的关系，从而得到地下铁路在城市中的最佳位置。根据地铁线路在运营中的作用，将其分为正线、配线和车场线。

（1）正线即地铁列车载客运行的线路。对于南北走向的线路，常将由南向北的方向定为上行方向，反之为下行方向；对于东西走向的线路，将由西向东的方向定义为上行方向，反之为下行方向；对于环形线路，将列车在外侧轨道线的运行方向定为上行方向，内侧轨道线的运行方向称为下行方向。图 2-4 为地铁运行方向示意图。

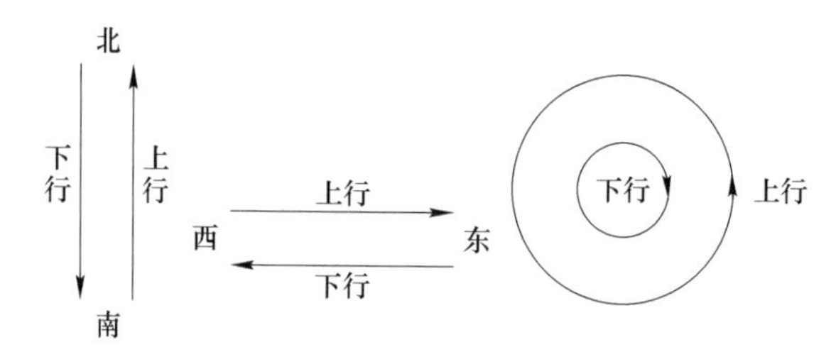

图 2-4　地铁运行方向示意图

（2）配线是指除正线外，为车辆提供折返、停放、检查及出入段作业的线路，包括车辆基地出入线、联络线、折返线、存车线、渡线和安全线。配线的最高运行速度限制在 35 km/h 以下。

（3）车场线是指场区内的作业线路。

线路设计一般分为 4 个阶段，包括可行性研究阶段、总体设计阶段、初步设计阶段和施工设计阶段。

（1）可行性研究阶段：通过对比多个线路方案，确定线路走向、线路形式（地面、地下和高架线路）、位置、长度、车站和配线等，进而提出设计指导思想和主要技术指标，并确定线路的大致位置。

（2）总体设计阶段：根据可行性报告，初步选出线路平面位置、车站位置、配线形式、线路形式等内容。

（3）初步设计阶段：根据总体设计阶段文件，完成线路设计原则、技术标准等内容的确定，确定线路平面位置、纵剖面位置及车站位置。

（4）施工设计阶段：根据初步设计阶段文件和有关专业对线路平、纵剖面提出的要求，对部分线路数据及车站位置进行微调，对线路平、纵剖面进行精确计算和详细设计，进而完成施工图纸和相关说明文件。

2.3.1　线路选线

线路选线属于可行性研究阶段的内容，包括线路走向、路由、车站分布、配线分布、线路交叉形式、线路敷设方式等内容。

（1）线路走向及路由选择。线路走向及路由选择应考虑到的主要因素包括：线路的作用、客流分布及客流方向、城市道路网络分布状况、隧道施工方法、城市经济实力、大型客流集散点分布状况等。

地铁线路对地铁建设和城市发展影响十分重大，因此应设计多个线路选线方案进行比较。比较内容包括吸引客流的条件、线路条件、施工条件、施工干扰、对城市的影响、工程造价和运营效益等。每条线路长度不宜大于 35 km，也可按照每个交路（列车担当运输任务的固定周转区段）运行时间不大于 1 h 为目标。当采用分期建设时，初期建设线路长度不宜小于 15 km。

（2）配线布置。每条线路的起始点或每期工程的起止点为满足列车转线返回的需要，必须设置折返线或渡线。折返线用于列车掉头转线和夜间存车，存车线用于停放故障列车和夜间存车。折返线和存车线一般布置形式相同，功能可互换。常见的折返线形式如图 2-5 所示。靠近车辆段的一端一般不设折返线而设渡线，利用正线完成折返。用道岔将上行线、下行线及折返线连接起来的线路是渡线，分为单渡线和交叉渡线。当渡线单独使用时，能够用于临时停车，增加列车调度的灵活性；在与其他配线组合使用时，能完成并增强其他配线的功能。

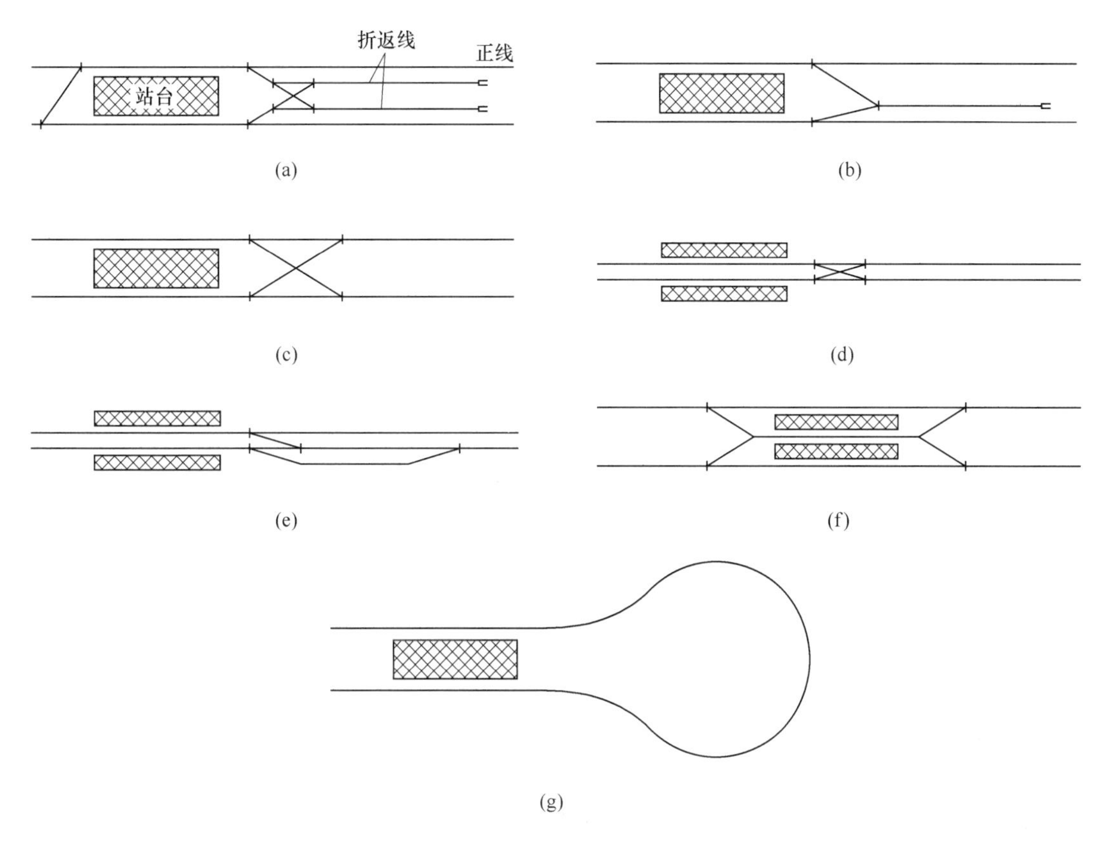

图 2-5 常见的折返线形式
（a）双向折返式；（b）单向折返式；（c）双列折返式；（d）侧向双列折返式；
（e）侧线折返式；（f）综合折返式；（g）环线折返式

联络线是为了沟通两条单独运营线路而设置的连接线，用于两线车辆过线。联络线一般采用单线，设置地点由路网规划研究统一安排。设置的位置应满足工程简单、施工工作量小等原则。联络线的使用频率较低，一般每月仅使用 1~2 次。

为了使得故障列车能够及时退出正线，应该每隔 3~5 个车站设置存车线，以供故障车辆临时停靠和检修；起点、终点及区段折返线应该有供故障列车存放的能力，不另设存车线。远离车辆段的终端折返线，若列车折返次数多，没有停放故障车辆的能力，应在邻近车站设置存车线。

2.3.2 线路平面设计

2.3.2.1 线路位置的选择

（1）地下线平面位置。地下线平面位置按照其与城市道路规划之间的空间关系可分为两种，即位于城市道路规划范围以内及位于城市道路规划范围以外。

位于城市道路规划范围以内：地铁线路在道路中心，对两侧建筑物的影响较小，地下管路拆迁较少，有利于地铁线路取直，但不适合采用明挖法施工；地铁线路在慢车道和人行道下方，对道路交通的影响较小，但地下管网迁移的难度较大；地铁线路在待拆的已有建筑物之下，对道路交通的影响极小，地下管网较为稀疏，但房屋拆迁及安置量较大。

位于城市道路规划范围以外：在地质条件较好且地表建筑较少的地区，可减少拆迁量，进而降低初期投资。若需从高层建筑下方通过，线路施工难度大，造价高，应尽量避免。

（2）高架线平面位置。高架线路一般沿城市主干道平行布置，桥墩位置要与道路相互配合，一般置于道路分隔带上。若高架线路位于城市道路中心线上，能够减小噪声对两侧房屋的影响。但是若线路所处的道路无分隔带，会产生大量的道路改建工程，因此高架线应尽量利用道路分隔带。

（3）地面线平面位置。当地面线平面位置在道路线内时，可充分利用道路分隔带减少道路改移的工程量，缺点是增加了道路交通管理的复杂程度，乘客上下车较为不便。

当地面线平面位置在道路范围外不能用于居住的地段（山坡、岸滩等）时，施工不用考虑线路对地表建筑的影响，但应充分考虑地层的稳定性与安全性。

（4）地铁线路与地面建筑物之间的安全距离。为了确保地下线施工时地面建筑物的安全，地铁与地面建筑物之间应留有一定的安全距离，它与施工方法和施工技术水平有密切关系。采用明挖法施工时，其距离应大于土层破坏棱体宽度。上海地铁一期工程施工中，无论采用盾构法，还是采用连续墙支护的明挖法，隧道（连续墙）外缘至建筑物间的距离一般不小于2 m。由于施工过程中采取了严格措施，从施工结果看，房屋基本上没有受到损坏。

（5）地铁高架线与建筑物之间的安全距离。由防火安全距离与防止物体坠落地铁线路内的安全距离确定。前者参照建筑物防火与铁路防火规范执行，后者暂无规范、可视具体情况考虑。

（6）地面线与道路、建筑物之间的最小安全距离。目前规范未作出规定，建议暂按下列值考虑：地铁围护栏杆外缘至机动车道道牙内缘最小净距，在无防护挡墙时取1.0 m，有防护挡墙时取0.5 m；地铁围护栏杆外缘至非机动车道道牙内缘最小净距取0.25 m；地铁围护栏杆外缘至建筑物外缘最小净距，在无机动车出入时取5.0 m，有机动车出入时取10.0 m。

2.3.2.2 最小曲线半径的确定

在确定平面位置之后，需要进行线路平面设计。理想的地铁线路由直线和少量曲线组合而成，每一条曲线应尽可能采用较大半径，小半径曲线有许多缺陷，如需要更大的建筑限界来容纳转弯时列车顶端的偏移，增加轨道与车轮的磨损，并且需要在曲线处限速。

在正线上选择曲线时，首先根据地形条件和对地面建筑物的影响来确定，另外需要考虑车辆通过曲线时的运行条件，如运行速度、轮轨噪声、车辆性能和地铁线路的性质等。列车以一定速度经过曲线路段时，需要选定合理的最小曲线保证列车行驶时的安全性和乘客的舒适性，因此最小曲线半径是修建地铁的一个主要技术参数。

当列车以求得的“平衡速度”通过曲线时，能够保证列车安全、稳定运行的圆曲线半径的最低限值，称为最小曲线半径，其计算公式为：

$$R_{min} = \frac{11.8v^2}{h_{max} + h_{qy}} \quad (2\text{-}12)$$

式中 R_{min}——满足欠超高要求的最小曲线半径，m；

v——设计行车速度，km/h；

h_{max}——最大超高，mm，取 120 mm；

h_{qy}——允许欠超高，一般取 $153a$，其中 a 为当速度要求超过设置最大超高值时，产生的未被平衡的离心加速度，一般取 $a=0.4\ m^2/s$。

列车在曲线上运行会产生离心力，通常设置超高 h 来产生向心力进而平衡离心力，当 R 一定时，速度 v 越大要求设置的超高值就越大，但规定 $h_{max}=120$ mm。因此当速度超过设置的最高值时，就会产生未被平衡的离心加速度 a。

目前，国内外地铁线路最小曲线半径并无统一标准：纽约地铁最小曲线半径为 107 m,芝加哥和波士顿地铁为 100 m；东京、大阪等城市地铁最小曲线半径大多小于 200 m；巴黎地铁的最小曲线半径仅为 75 m。我国地铁最小曲线半径应符合表 2-3 的规定。

表 2-3 最小曲线半径 (m)

线路	车型			
	A 型车		B 型车	
	一般地段	困难地段	一般地段	困难地段
正线	350	300	300	250
出入线、联络线	250	150	200	150
车场线	150	—	150	—

注：除同心圆曲线外，曲线半径应以 10 m 的倍数取值。

车站站台宜设置在直线上。当设在曲线上时，其站台有效长度范围的线路曲线最小半径，应符合表 2-4 的规定。

表 2-4 车站最小曲线半径 (m)

车型		A 型车	B 型车
曲线半径	无站台门	800	600
	设站台门	1500	1000

正常情况下未被平衡的离心加速度 $a=0.4\ m/s^2$，最高速度（km/h）限制应按照式（2-13）计算：

$$v_{0.4} = 3.91\sqrt{R} \quad (2\text{-}13)$$

瞬间情况下，允许短时间内 $a=0.5\ m/s^2$，最高速度（km/h）限制应按照式（2-14）

计算：

$$v_{0.5} = 4.08\sqrt{R} \tag{2-14}$$

2.3.2.3 缓和曲线的确定

缓和曲线是线路的要素之一，它是在直线与曲线之间、半径相差较大的两个同向圆曲线之间设置的曲率连续变化的曲线，如图 2-6 所示。缓和曲线长度内应完成直线到曲线之间的曲率变化，包括轨距加宽和超高的过渡，便于养护维修。当曲线较短和超高值较小时，可不设缓和曲线，但是曲线超高应在曲线外的直线段内完成过渡。

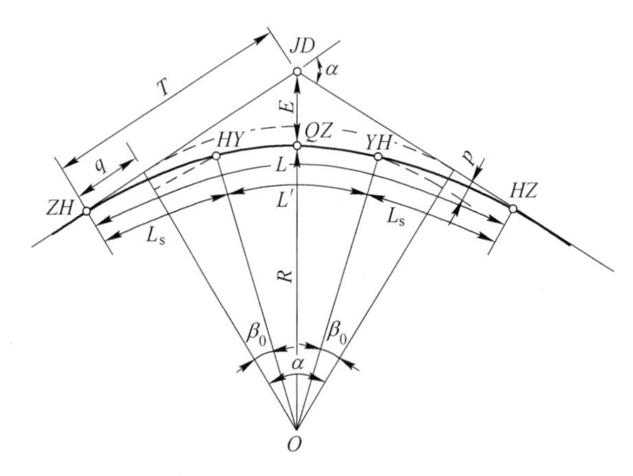

图 2-6 缓和曲线示意图

A 缓和曲线线型计算

线路平面圆曲线与直线之间应设置三次抛物线型的缓和曲线。其方程式为：

$$y = \frac{X_3}{6C} \tag{2-15}$$

式中 C——缓和曲线的半径变化率，$C = \dfrac{Sva^2}{gi} = \rho L = Rl_0$；

S——两股钢轨轨顶中心间距，mm，取 1500 mm；

v——设计速度，km/h；

g——重力加速度，m/s²，取 9.8 m/s²；

i——超高顺坡率，‰；

ρ——相应于缓和曲线长度为 L 处的曲率半径，m；

L——缓和曲线上某一点至终点的长度，m；

R——曲线半径，m；

l_0——缓和曲线全长，m。

B 缓和曲线长度计算

从超高顺坡率的要求方面计算：一般超高顺坡率不宜大于 2‰，困难地段不应大于 3‰，根据此要求，缓和曲线最小长度可由式（2-16）计算。

$$L_1 \geqslant \frac{H}{3} \sim \frac{H}{2} \tag{2-16}$$

式中 L_1——缓和曲线长度，m；

H——曲线实设超高，m。

从限制超高时变率、保证乘客舒适度方面计算：根据地铁运行监测，发现超高时变率过快，会使乘客感到不适，因此超高时变率必须满足乘客舒适乘坐的要求。

$$L_2 \geqslant \frac{Hv}{3.6f} \tag{2-17}$$

式中 L_2——缓和曲线长度，m；

v——设计速度，km/h；

f——允许的超高时变率，mm/s，通常取 40 mm/s。

将 $f=40$ mm/s 和最大超高 $h_{max}=120$ mm 代入式（2-17）得到 $L_2 \geqslant 0.84v$ 。

根据超高顺坡的要求，在一定时速范围内，缓和曲线长度的计算方法为：当 $v \leqslant$ 50 km/h 时，缓和曲线 $L=H/3 \geqslant 20$ m；当 50 km/h < $v \leqslant$ 70 km/h 时，缓和曲线 $L=H/2 \geqslant$ 20 m；当 70 km/h < $v \leqslant 3.2\sqrt{R}$ km/h 时，$L=0.007vh \geqslant 20$ m。取值方法按照“2 舍 3 进，进 5 取整倍数”处理。缓和曲线 L 值的最小长度为 20 m，这是由于我国地铁车辆的全轴距（指一节车厢第一位轴至最后位轴之间的距离）最大不超过 20 m，缓和曲线长度要大于一节车厢的全轴距。

C 曲线半径的确定

缓和曲线是为了满足乘客舒适度要求而设置的，是否设置则视曲线半径 R、时变率 β 是否能符合不大于 0.3 m/s^3 的规定而确定。当设计速度 v 确定后，按照允许的时变率 β 值，可由式（2-18）确定不设缓和曲线的曲线半径 R。

$$R \geqslant \frac{11.8v^3g}{1500 \times 3.5L\beta + Lvig/2} \tag{2-18}$$

式中 v——设计行车速度，km/h；

g——重力加速度，m/s^2，取 9.8 m/s^2；

L——车辆长度，m，取 19 m；

β——未被平衡离心加速度的时变率，mm/s^3，取 0.3 mm/s^3；

i——超高顺坡率,‰，取 2‰~3‰。

假设最高速度为 $v=90$ km/h，取 $i=3‰$时，$R=2817$ m。即当最高速度为 90 km/h 时，$R \geqslant 2817$ m 就不再需要设置缓和曲线。

D 路线平面曲线和夹直线长度的确定

线路内曲线的长度越短，越有利于改善行驶条件，减少行车阻力和养护作业量，但不能小于车辆的全轴距。《地铁设计规范》（GB 50157—2013）对曲线及夹直线长度作出如下规定：

（1）正线、联络线及车辆基地出入线的曲线最小长度，A 型车不宜小于 25 m，B 型车不宜小于 20 m；在困难情况下，不得小于一节车辆的全轴距；车场线不应小于 3 m。

（2）新建线路尽量不采用复曲线，有充分技术依据时可采用复曲线。复曲线的曲率差大于 1/2500 时$\left(即 \frac{1}{R_1} - \frac{1}{R_2} > \frac{1}{2500}\right)$，曲线之间应设置缓和曲线，其长度不应小于 20 m，并满足超高顺坡率不大于 2‰的要求。

（3）两相邻曲线间的直线段，称为夹直线。正线、联络线及车辆基地出入线上两相邻曲线间的夹直线长度，A 型车不应小于 25 m，B 型车不应小于 20 m；道岔缩短渡线，其曲线间夹直线可缩短为 10 m。

2.3.3 线路纵断面设计

2.3.3.1 纵断面坡度

地铁线路因排水的需要和各站台线路的高程不同，需要设置坡度，线路的坡度用千分率表示。地下铁道线路纵断面的最大坡度值，不包含曲线阻力、隧道内空气阻力等附加当量坡度，与我国城际铁路设计中的限制坡度值有区别。各段线路上的坡度应该满足下列要求：

（1）正线最大坡度。正线最大坡度是根据地铁机车最大启动力、载客重车和行驶在大坡道以及列车行驶在最不利地段（如坡度大、处于小半径的曲线处）启动的情况下作出的规定。正线的最大坡度宜采用 30‰，困难地段可采用 35‰。联络线、出入线、特殊地形地区的最大坡度可采用 40‰。

（2）最小坡度。为了满足排水需要，线路的最小坡度与隧道排水沟的坡度是一致的。区间隧道的线路最小坡度宜采用 3‰；困难条件下可采用 2‰；区间地面线和高架线，当具有有效排水措施时，可采用平坡。

（3）站台段线路坡度。地下车站站台的纵坡应尽量平缓，站台段线路纵坡宜采用 2‰，在困难条件下可设在不大于 3‰的坡道上，当具有有效排水措施时可采用平坡。站台段线路应只设在一个坡道上，设计、施工较为简单，也有利于排水。地面和高架线的车站站台段线路应设置在平道上，在困难地段可设在不大于 8‰的坡道上。

（4）配线坡度。车场线坡度不应大于 1.5‰，防止坡度较大造成停车不稳、溜车等事故；为便于养护与维修，道岔宜设在不大于 5‰的坡道上，困难条件下可设在不大于 10‰的坡道上；隧道内折返线和存车线，既要满足隧道内的最小排水坡度，又要满足停放车辆和检修作业的要求，一般选取 2‰。

2.3.3.2 竖曲线半径

为了缓和坡度的急剧变化，使列车通过变坡点时产生的附加加速度不超过允许值，当坡度差大于或等于 2‰时，应设置竖曲线。地下铁道为钢筋混凝土的整体道床，其弹性变形量比地面铁路碎石道床小得多，因此地铁设置竖曲线的要求更高。竖曲线 R_v 不应小于表 2-5 的规定，R_v、v 和 a_v 之间的关系如式（2-19）：

$$R_v = \frac{v^2}{12.96a_v} \tag{2-19}$$

式中 R_v——竖曲线半径，m；

v——行车速度，km/h；

a_v——列车通过变坡点产生的附加加速度，m/s^2；一般情况下取 0.1 m/s^2，困难情况下取 0.17 m/s^2。

表 2-5 竖曲线半径 (m)

线别		一般情况	困难情况
正线	区间	5000	2500
	车站端部	3000	2000
联络线、出入线、车场线		2000	

线路纵向坡段的长度有最小长度限制，一般情况下，不宜小于远期列车长度，又不宜过长，满足相邻曲线间的夹直线长度要求即可，相邻竖曲线间的夹直线长度不小于 50 m。车站站台有效长度内和道岔范围内不再设置竖曲线，竖曲线与正线道岔端部的最小距离为 5 m，与车场线道岔端部的最小距离为 3 m。

2.3.4 轨道

轨道是轨道交通运营的基础设备，它直接承载上部列车的荷载并引导车辆运行。因此，轨道应具有足够的强度、稳定性、耐久性、绝缘性及适量弹性。在满足使用功能的前提下，轨道应实现少维修、标准化、系列化，且宜统一全线轨道部件。轨道结构是地铁的重要组成部分，一般由钢轨、轨枕、道床、扣件及道岔组成。

2.3.4.1 轨道组成

(1) 钢轨。钢轨起直接承受车轮压力并引导车轮运行方向的作用，此外钢轨还兼作轨道牵引电力回流的作用。钢轨的类型和强度以 kg/m 表示。表 2-6 为国内外城市轨道交通系统所用钢轨的类型。

表 2-6 国内外城市轨道交通系统钢轨类型

城市	巴塞罗那	布加勒斯特	纽约	东京	伦敦
钢轨重量/$kg \cdot m^{-1}$	54	49	49.5	50	47.54
城市	鹿特丹	马尼拉	汉堡	新加坡	中国香港
钢轨重量/$kg \cdot m^{-1}$	46	50.1	49	60	45.6

(2) 轨枕。轨枕是钢轨的支座，起着保持钢轨位置、固定轨距和方向、承受钢轨传来的压力并将其传递给道床的作用，因此轨枕必须具有坚固性、弹性和耐久性。轨枕类型根据轨距、道床种类及使用场所进行选择。地铁正线隧道内线路一般采用短轨枕或无轨枕的整体钢筋混凝土道床，车场线采用普通预应力钢筋混凝土轨枕，在少数道岔范围区段内采用木枕。隧道正线及配线的直线段和半径 $R \geq 400$ m 的曲线段，每千米铺设 1680 根短轨枕；半径 $R<400$ m 的曲线段和大坡道上，每千米铺设 1760 根轨枕；地面碎石道上铺轨枕数同为 1760 根；车场线每千米铺设 1440 根。

(3) 道床。道床铺设在路基与轨枕之间，一般分为有砟道床和无砟道床两种。

有砟道床施工简单，防噪声性能好，但因轨道建筑高度较高，造成结构底板下降，增大了开挖断面，同时轨道排水设施复杂，维修工作量较大，一般不在轨道正线中使用。

无砟道床结构形式较多，普遍采用整体道床。目前整体道床主要形式有混凝土整体道床、钢筋混凝土短枕式整体道床、新型轨下基础和轨枕整体碎石道床等。隧道内采用混凝土整体道床，地面线和车场线道岔可采用木枕或钢筋混凝土轨枕碎石道床，高架线一般采用新型轨下基础。混凝土整体道床与碎石道床相连时，衔接处应设置弹性过渡段。

（4）扣件。扣件是钢轨与轨枕或其他轨下基础连接的重要连接件，它的作用是固定钢轨，防止钢轨的横向与纵向位移，防止钢轨倾斜，并提供适当的弹性，将钢轨承受的力传递给轨枕或道床承载台。扣件由钢轨扣压件和轨下垫层两部分组成。

我国地铁线路使用的扣件为DT系列，其中主要有DTⅠ、DTⅡ、DTⅢ、DTⅣ、DTⅤ、DTⅥ和DTⅦ等型号。图2-7为DTⅠ型扣件结构。

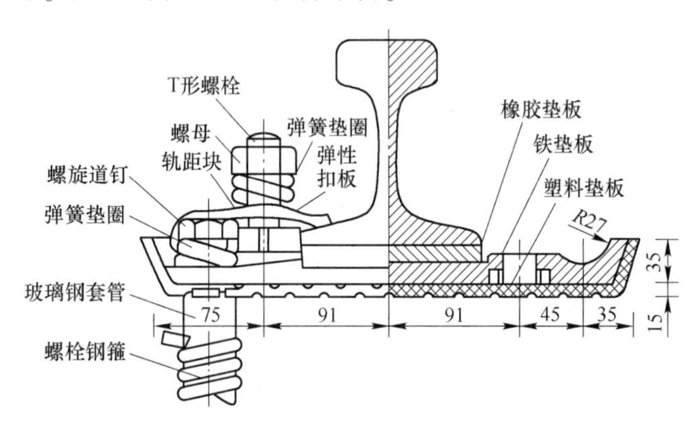

图2-7 DTⅠ型扣件结构

（5）道岔。道岔是线路连接设备之一，它的作用是将机车、车辆由一股道转入另一股道内。常见的道岔型式有单开道岔、对称道岔及三开道岔。道岔号数为撤叉角余切的取整值，常用的道岔号数有9、12、18号等。号数越大，允许侧向通过的列车速度越大。正线道岔型号不宜小于9号。车站端部接轨宜采用9号道岔，其道岔前端，道岔中心至有效站台端部距离不宜小于22 m；其道岔后端，道岔警冲标或出站信号机至有效站台端部距离不应小于5 m。

2.3.4.2 轨距

轨距是轨道上两根钢轨头部内侧间在线路中心线垂直方向上的距离，应在轨顶下规定的部位量取。国内标准轨距是在两钢轨内侧顶面下16 mm处测量，为1435 mm。各国地铁的轨距宽度不尽相同，但考虑到有条件时地铁线路与地面铁路或地面轻轨线路接轨，因此一般地铁的轨距和地面铁路、轻轨交通线路的轨距相同。

2.3.4.3 轨距加宽

为了保证列车能够平顺地通过曲线部分线路，需要对轨距进行一定的加宽，一般轨距加宽是指内侧轨向曲线里侧移动。地铁曲线的轨距加宽是按照车辆在静力自由内接条件下所需轨距来进行计算，加宽值受到车辆固定轴距、曲线半径、轨与轮缘的间隙、轮缘的高度、轮距等因素的影响，图2-8为轨距加宽示意图。

线路曲线半径$R\leqslant200$ m时，需要对标准轨距进行加宽，见式（2-20）。

$$\left.\begin{aligned}\Delta S &= f_0 - \delta_{\min}\\ \delta_{\min} &= S_0 - g_{\max}\\ f_0 &= \frac{a^2}{2R}\times 1000\end{aligned}\right\}\qquad(2\text{-}20)$$

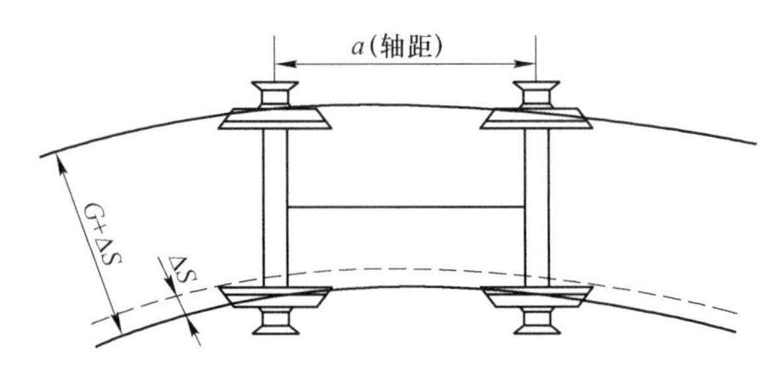

图 2-8 轨距加宽示意图

式中 ΔS——轨距加宽，mm；
f_0——外轨矢距，mm；
δ_{min}——最小游间，mm；
S_0——直线轨道轨距，mm；
g_{max}——最大轮对宽度，mm；
a——固定轴距，m；
R——曲线半径，m。

目前，地铁车辆的固定轴距尚未统一。因此，用上述公式计算出的同一半径的加宽值会有出入。表 2-7 为《地铁设计规范》（GB 50157—2013）对不同半径的曲线地段轨距加宽值作出的规定。

表 2-7 曲线地段轨距加宽值

曲线半径 R/m	加宽值/mm	
	A 型车	B 型车
$250>R\geqslant200$	5	—
$200>R\geqslant150$	10	5
$150>R\geqslant100$	15	10

2.3.4.4 外轨超高

地铁车辆在平面圆曲线上行驶时，对轨道会产生离心力，使外轨承受较大的压力。为此在设计时必须抬高外轨，用车体向内倾斜产生的重力分力来平衡离心力。外轨抬高的数值即为超高值。超高值计算公式见式（2-21）。

$$h=\frac{11.8v^2}{R} \tag{2-21}$$

式中 h——超高值，mm；
v——列车通过速度，km/h；
R——平面圆曲线半径，m。

超高值以 5 mm 取整数，计算值不小于 10 mm 时可不设置超高，设置的最大超高应为 120 mm。当设置的超高值不足时，一般允许存在不大于 61 mm 的欠超高，困难时不应大于 75 mm。车站站台有效长度范围内的曲线超高应小于 15 mm。曲线超高值应在缓和曲线内递减顺接，无缓和曲线时，在直线段递减顺接。超高顺坡率不应大于 2‰，困难地段不应大于 2.5‰。对于混凝土整体道床，可采用外轨抬高超高值的一半、内轨降低超高值的一半来保证曲线超高的要求，而碎石道床很难通过抬高、降低各一半超高的方法保证曲线超高，只能通过曲线外侧道床抬高全超高的方法实现。

2.4 地 铁 车 站

地铁车站就是建在城市地下的铁路车站，是地铁交通中一种重要的建筑物。地铁车站的作用是供旅客上下车、候车、换乘的场所，应保证乘客能够方便、安全、快捷地进出车站，并有良好的通风、卫生和防火设备等，给乘客提供舒适而清洁的环境。同时地铁车站也是容纳技术设备和运营管理设备的场所，保证列车的安全运营。在整个地铁系统中，车站是最为复杂的部分，也是投资比重最大的部分，造价通常是同长度区间隧道的 3～10 倍。

地铁车站总体设计包括车站的类型与分布、站台的类型及尺寸设计、站厅层平面布局、出入口布置及其他设施的设计等内容。它通常由交通部门根据城市各区、各点的客流量及多种因素进行分析。

车站建筑一般包括供乘客使用、运营管理、技术设备和生活辅助四个部分。

（1）乘客使用空间。乘客使用空间是车站建筑组成中的重要部分，主要由地面出入口、站厅、售票厅、检票处、站台、通道和楼梯等组成。

（2）运营管理用房。运营管理用房是为保证车站具有正常运营条件和营业秩序而设置的办公用房，包括站长室、行车值班室、业务室、广播室、会议室、公安保卫、清扫员室等。运营管理用房与乘客关系密切，一般布设在邻近乘客使用空间的区域。

（3）技术设备用房。技术设备用房是为保证列车正常运行，保证车站内具有良好的环境条件和在事故灾害情况下能够及时排除灾情而不可或缺的设备用房，主要包括环控室、变电所、综合控制室、防灾中心、通信机械室、信号机械室、自动售检票室、泵房、冷冻站、机房、配电以及上述设备用房所属的值班室等。技术设备用房是维持整个车站正常运营的核心。这些用房与乘客没有直接的联系，因此，一般可布设在离乘客较远的区域。

（4）生活辅助用房。生活辅助用房是为保证车站内部工作人员正常工作、生活所设置的用房，是直接供站内工作人员使用的房屋，主要包括更衣室、休息室、茶水间、储藏室、盥洗间等。这些用房均设在站内工作人员使用的区域内。

以上四个部分之间有一定的联系，又服务于不同的功能。图 2-9 为地铁车站的主要功能分析图。图 2-10（a）和（b）分别为典型地铁车站平面布局与透视图。

2.4.1 车站类型与分布

2.4.1.1 车站类型

按照车站与地面的相对位置划分，可将车站分为地下车站、地面车站、高架车站和半地下车站（路堑式车站），如图 2-11 所示。

（1）地下车站：车站结构设置于地面以下的岩层或土层当中。

（2）地面车站：车站结构设置于地面。

（3）高架车站：车站结构设置于地面高架桥上。

（4）半地下车站或路堑式车站：一部分设施在地下，另一部分结构设置在地面以上，形成半地下车站。

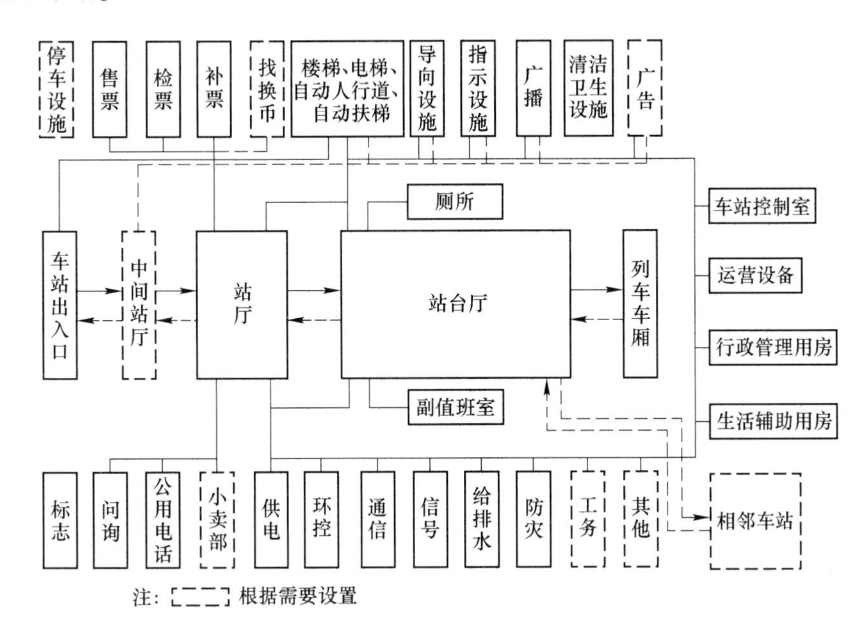

图 2-9 地铁车站的主要功能分析图

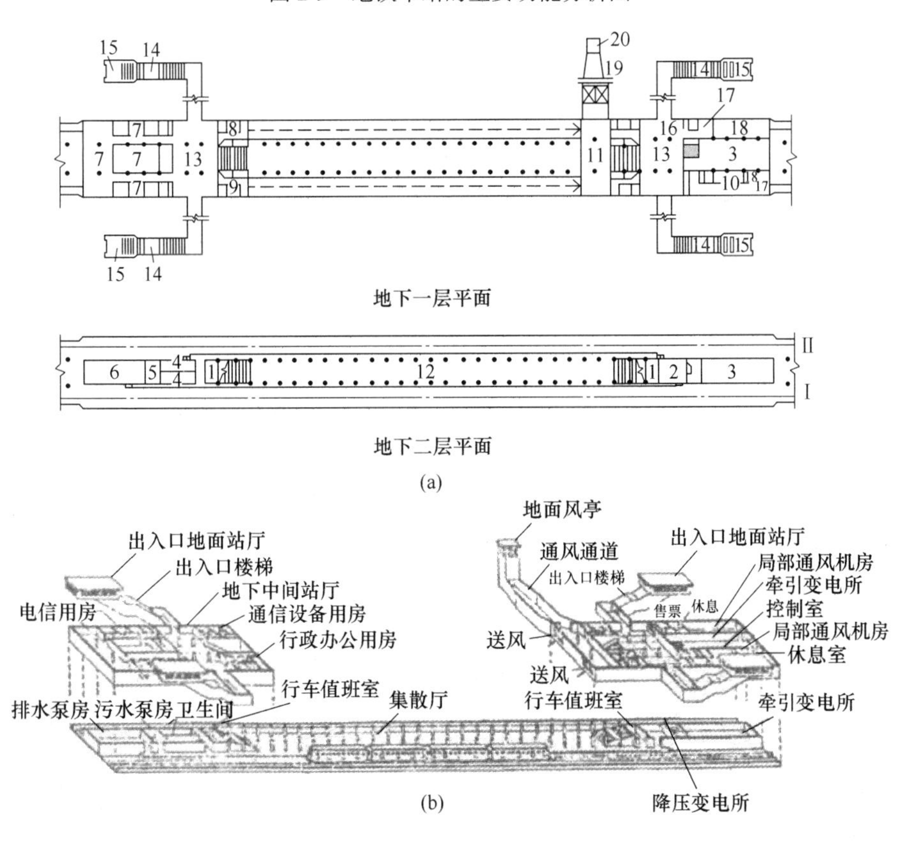

图 2-10 地铁车站建筑平面与透视图

（a）平面图；（b）透视图

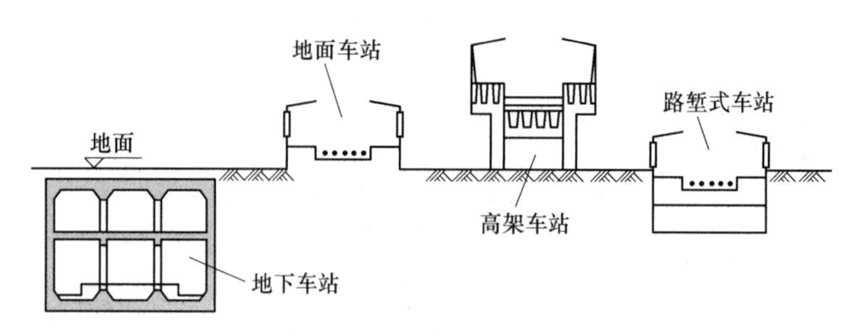

图 2-11 按照车站与地面的相对位置划分车站

按照运营性质的不同，可将车站划分为终点站、中间站、区间站、换乘站和枢纽站，如图 2-12 所示。

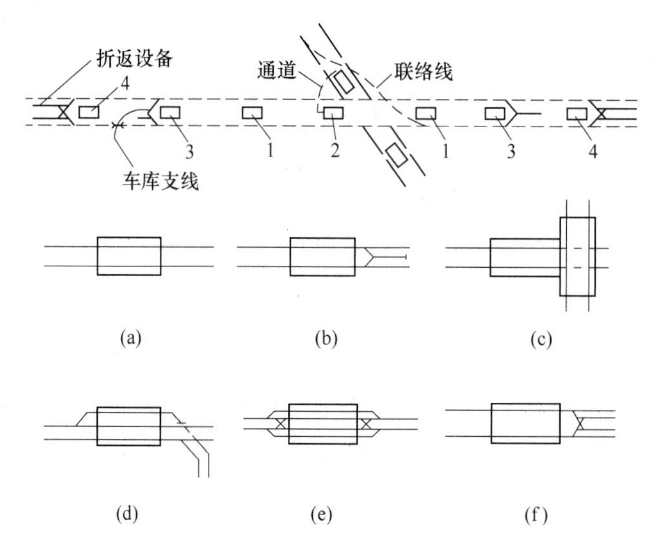

图 2-12 按照运营性质分类的车站

（a）中间站；（b）折返站；（c）换乘站；（d）枢纽站；（e）联运站；（f）终点站

（1）终点站：设在线路两端的车站，设有可供列车全部折返的折返线和设备，也可供列车临时停留检修。如果线路延长，此终点站即变为中间站。

（2）中间站：主要用于乘客上、下车。中间站的功能单一，是地铁最常用的车站。

（3）区间站：设在 2 种不同行车密度交界处的车站。站内设有折返线和设备，根据客流量大小，合理组织列车运行，兼有中间站的功能。

（4）换乘站：位于 2 条及 2 条以上线路交叉点上的车站。该车站具有中间站的功能，更主要的是乘客可以从一条线上的车站通过换乘设施转换到另一条线路上。

（5）联运站：可以同时供一条停车较多的运输线及一条快车线使用，是单向具有一条以上停车线的中间站。一般在线路上每隔几个中间站便设一个联运站。

（6）枢纽站：是由此车站分出另一条线路的车站。该站可接、送 2 条线路上的乘客。目前枢纽站开始向综合交通枢纽站转化，集地铁、地面公交和铁路、机场等枢纽于一体。

按站间换乘形式划分，若两条线路垂直相交且层间距较小时，可采用垂直换乘方式，如图 2-13 所示。两条线路呈锐角相交时，其换乘方式如图 2-14 所示。当上、下两条线路不相交时，其换乘方式如图 2-15 所示。

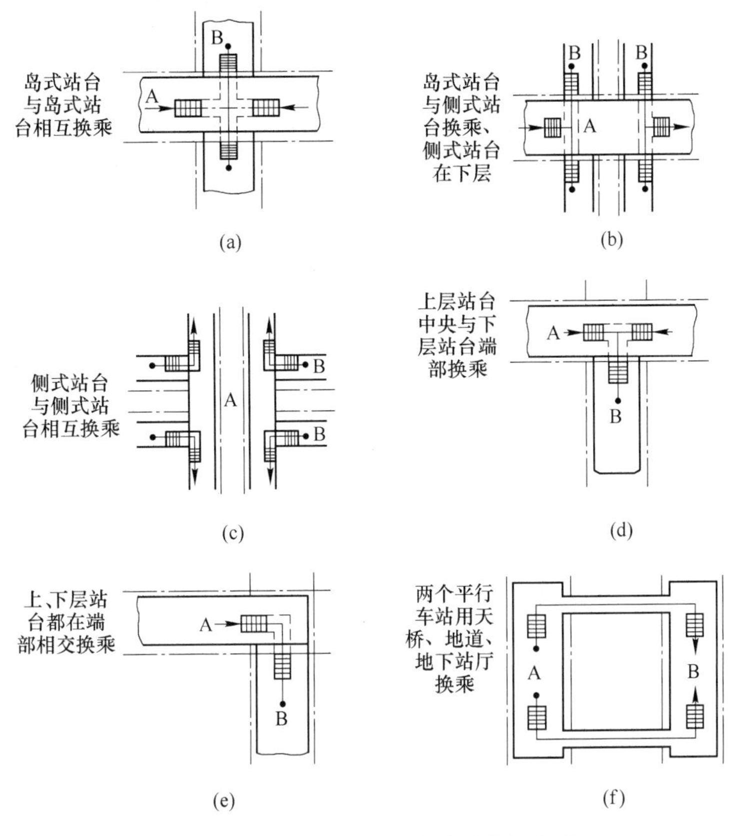

图 2-13 换乘站示意图（线路垂直相交时）
（a）十形换乘（Ⅰ）；（b）十形换乘（Ⅱ）；（c）十形换乘（Ⅲ）；（d）T 形换乘；（e）L 形换乘；（f）双通道

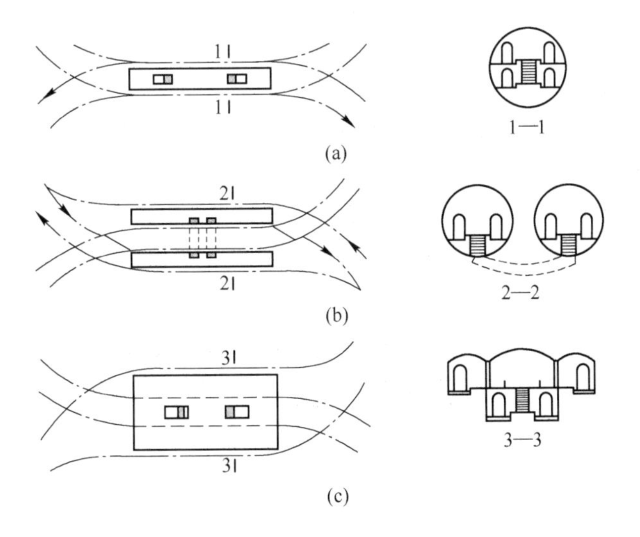

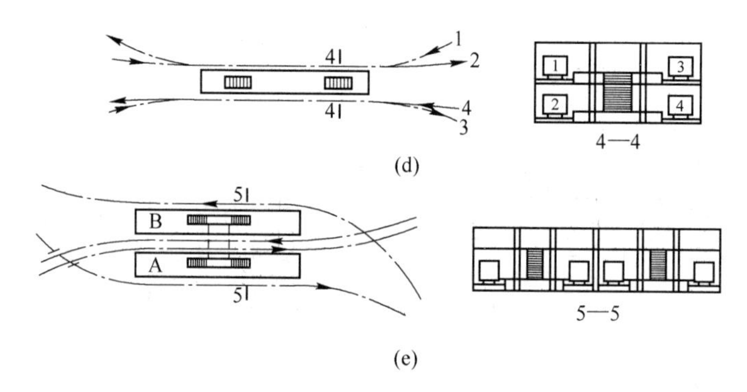

图 2-14 换乘站示意图（线路锐角相交时）

（a）同一站内同断面上下平行线路换乘；（b）水平平行线路换乘；（c）双层空间平行线路换乘；
（d）双层重叠同站台、同方向水平换乘；（e）单层双站台同站台、同方向水平换乘

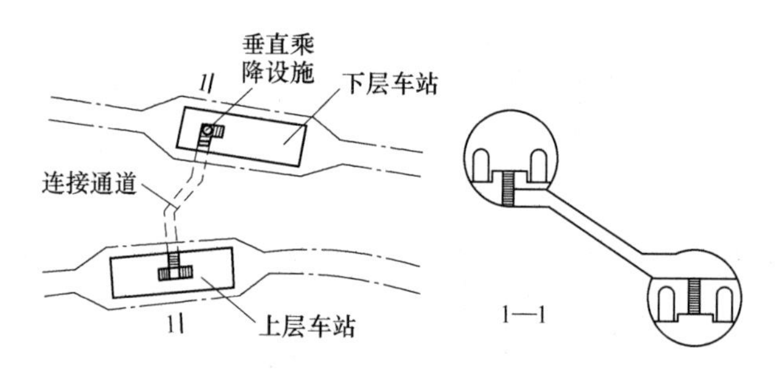

图 2-15 换乘站示意图（线路不相交时）

2.4.1.2 分布

车站的水平分布受到大型客流集散点、城市规模、人口密度、线路长度、车站周围土地使用情况和地质条件等因素的影响，因此需要经过详细调研和认真比对后确定。站间距应根据具体情况确定，站间距太小会降低列车运行速度，增大能耗，增加工程投资量；站间距太大不便于乘客乘坐，增大车站的负荷。《地铁设计规范》（GB 50157—2013）对车站分布提出以下规定：

（1）车站分布应以规划线网的换乘节点、城市交通枢纽点为基本站点，结合城市道路布局和客流集散点分布确定。

（2）车站间距在城市中心区和居民聚集区为 1 km 较为合适，城市外围区为 2 km 较为合适，超长线路的车站间距可适当增加。我国部分城市已建成的地铁平均站点间距见表 2-8。

表 2-8 部分城市地铁平均站点间距

城市名	线 路	线路总长度/km	车站数/个	平均站点间距/m
北京	1 号线	30.44	22	1383.64
广州	2 号线	31.80	24	1325.00
成都	4 号线	43.30	30	1443.33
深圳	6 号线	49.35	27	1827.78
上海	17 号线	35.30	13	2715.38

(3) 车站的总体布局应符合城市规划、城市综合交通规划、环境保护和城市景观的要求，并应处理好与地面建筑、城市道路、地下管线、地下构筑物及施工时交通组织之间的关系，选择经济合理的车站布局方式。同时，车站设计应满足客流需求，并应保证乘降安全、疏散迅速、布置紧凑、便于管理，同时应具有良好的通风、照明、卫生和防灾等设施。

2.4.2 站台设计

2.4.2.1 站台形式

站台是用于乘客上、下车，分散人流的场地，是车站最主要的部分。站台按照与正线之间的位置关系，可将其分为岛式站台、侧式站台和岛侧混合式站台。图 2-16 为站台与正线的位置关系图。

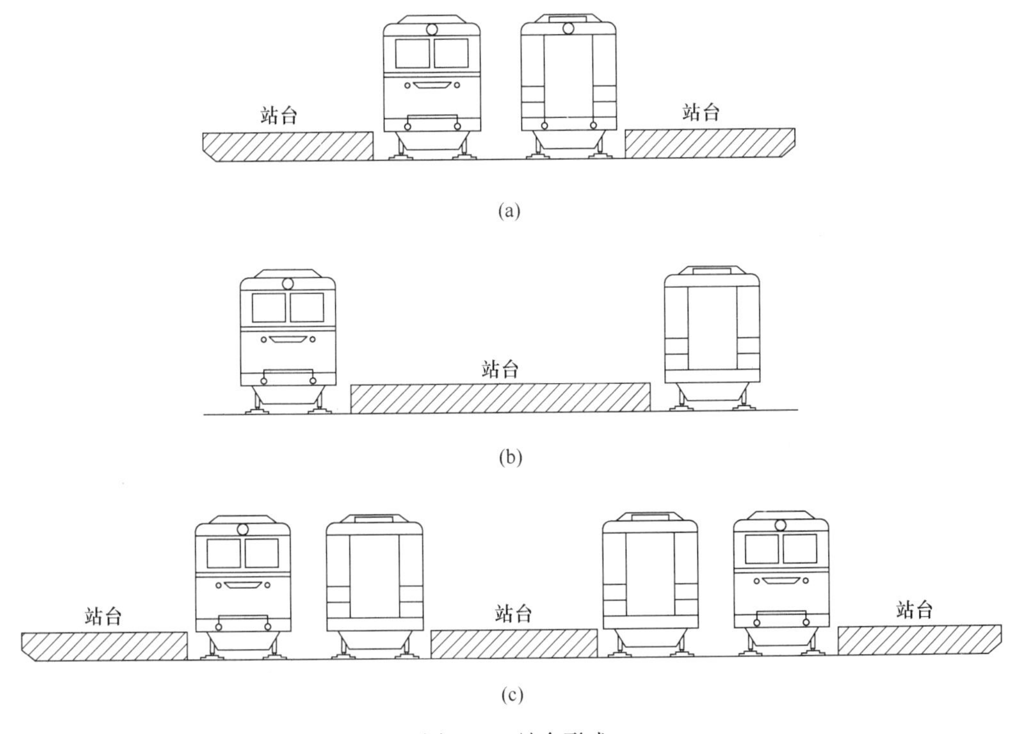

图 2-16 站台形式
(a) 岛式站台；(b) 侧式站台；(c) 岛侧混合式站台

岛式站台将线路设置在两旁，站台在两条线路中间，又被称为中央站台、中置式站台，是地铁站台最常用的一种形式。岛式站台适用于客流量较大的车站，如终点站和换乘站，具有站台面积利用率高、能调剂客流、乘客中途改变乘车方向方便、车站管理集中、站台空间宽阔等优点。缺点是容易造成人员拥挤，不易扩建。

侧式站台将站台设置在线路的一侧，由于常常对称使用，因此又被称作对向式站台。侧式站台适用于规模较小的车站，如中间站，可避免上、下车乘客相互干扰，造价低，改建较为方便。缺点是站台面积利用率低，不能调剂客流，若想中途改变乘车方向需要经过地道或者天桥，车站管理分散，站台空间不如岛式站台宽阔。

岛侧混合式站台是两种站台的集中体现，可根据实际情况更好地利用车站站台，多用于比较复杂的车站，如大型换乘站。

2.4.2.2 站台尺寸

站台层尺寸设计内容包括站台的长度、宽度和高度，需要与本站的客流量、位置和功能相协调，而且要为一定时期内的发展留有足够的余地。

（1）站台长度。站台的长度是站台设计、布置最主要的因素。站台长度分为站台总长度和站台计算长度两种。站台总长度包含了站台计算长度和设备、管理用房及迂回风道等的总长度。站台计算长度采用列车最大编组数的有效长度与停车误差之和，当无站台门时有效长度为列车首末两节车辆司机门外侧之间的距离；有站台门时应为列车首末两节车辆尽端客室门外侧之间的长度。站台计算长度按式（2-22）计算。

$$L = sn + \delta \tag{2-22}$$

式中 L——站台有效长度，m；

s——每节列车长度，m；

n——列车节数；

δ——停车误差，m，无站台门时取 1~2 m，有站台门时取±0.3 m 之内。

（2）站台宽度。站台宽度主要根据车站远期预测高峰小时客流量大小、列车运行间隔时间、结构横断面形式、站台形式、站房布置、楼梯及自动扶梯位置等因素综合考虑确定。

岛式站台宽度包含沿站台纵向布置的楼梯或自动扶梯的宽度、结构立柱或墙的宽度和侧站台的宽度，计算公式见式（2-23）。

$$B_d = 2b + nz + t \tag{2-23}$$

式中 B_d——岛式站台宽度，m；

b——侧站台宽度，m；

n——横向柱数；

z——纵梁宽度（含装饰层厚度），m；

t——每组楼梯与自动扶梯宽度之和，m。

侧式站台宽度包含侧站台的宽度、纵梁宽度和每组楼梯与自动扶梯宽度之和，计算公式见式（2-24）。

$$B_c = b + z + t \tag{2-24}$$

式中 B_c——侧式站台宽度，m；

式（2-23）与式（2-24）中的侧站台宽度有两种情况，取二者中的较大值作为侧站台宽度。

$$\left.\begin{aligned} b &= \frac{Q_{上}\rho}{L} + b_{\alpha} \\ b &= \frac{Q_{上、下}\rho}{L} + M \end{aligned}\right\} \tag{2-25}$$

式中 $Q_{上}$——远期或客流控制期每列车超高峰小时单侧上车设计客流量，人；

$Q_{上、下}$——远期或客流控制期每列车超高峰小时单侧上、下车设计客流量，人；

b_{α}——站台安全防护带宽度，m，取0.4 m，有站台门时用M替代b_{α}；

ρ——站台上人流密度，m^2/人，取0.33~0.75 m^2/人；

L——站台有效长度，m。

M——站台边缘至站台门立柱内侧距离，m，无站台门时，取0 m。

为了保证车站安全运营和安全疏散乘客的基本需要，我国《地铁设计规范》（GB 50157—2013）中对车站站台的最小宽度尺寸进行了规定，按照式（2-23）和式（2-24）计算所得结果应符合表2-9的要求。

表2-9　车站站台的最小宽度尺寸

<table>
<tr><th colspan="2">名　称</th><th>站台最小宽度/m</th></tr>
<tr><td colspan="2">岛式站台</td><td>8.0</td></tr>
<tr><td colspan="2">岛式站台的侧站台</td><td>2.5</td></tr>
<tr><td colspan="2">侧式站台（长向范围内设梯）的侧站台</td><td>2.5</td></tr>
<tr><td colspan="2">侧式站台（垂直于侧站台开通道口设梯）的侧站台</td><td>3.5</td></tr>
<tr><td rowspan="2">站台计算长度不超过100 m且楼、扶梯不伸入站台计算长度</td><td>岛式站台</td><td>6.0</td></tr>
<tr><td>侧式站台</td><td>4.0</td></tr>
</table>

站台边缘与静止车辆车门处存在安全间隙，一般在直线段为70 mm（内藏门或外挂门）或100 mm（塞拉门）；曲线段应在直线段规定值基础上加不大于80 mm的放宽值，尺寸应满足限界安装公差要求。

（3）站台高度。站台高度是指线路行走轨顶面至站台地面的高度。站台台面应低于车厢底板面，高差不得大于50 mm。站台面距钢轨顶面的高度对A型车应为1080 mm±5 mm，对B_1和B_2型车应为1050 mm±5 mm。车辆地板面距钢轨顶面高度对A型车通常取1130 mm，对B_1和B_2型车一般取1100 mm。《地铁设计规范》（GB 50157—2013）中对车站各部位的最小高度进行了规定，见表2-10。

表2-10　车站各部位的最小高度

名　称	最小高度/m
地下站厅公共区（地面装饰层面至吊顶面）	3
高架车站站厅公共区（地面装饰层面至吊顶面）	2.6
地下车站站台厅公共区（地面装饰层面至吊顶面）	3
地面、高架车站站台公共区（地面装饰层面至风雨棚底面）	2.6
站台、站厅管理用房（地面装饰层面至吊顶面）	2.4
通道或天桥（地面装饰层面至吊顶面）	2.4
公共区楼梯和自动扶梯（踏步面沿口至吊顶面）	2.3

2.4.3　站厅层布局

站厅是地铁用于售票、检票和布置部分设备房间的场所，站厅的作用是将出入口进入的乘客迅速、安全、方便地引导到站台乘车，或将下车的乘客引导至出入口出站。对乘客来说，站厅是上、下车的过渡空间，乘客在站厅内需要办理上、下车手续。站厅内设有地铁运营、管理用房，同时需要设置售票、检票、问询等为乘客服务的各种设施。站厅的位置与车站埋深、客流集散情况、所处环境条件等因素有关，站厅的分布有 4 种，如图 2-17 所示。

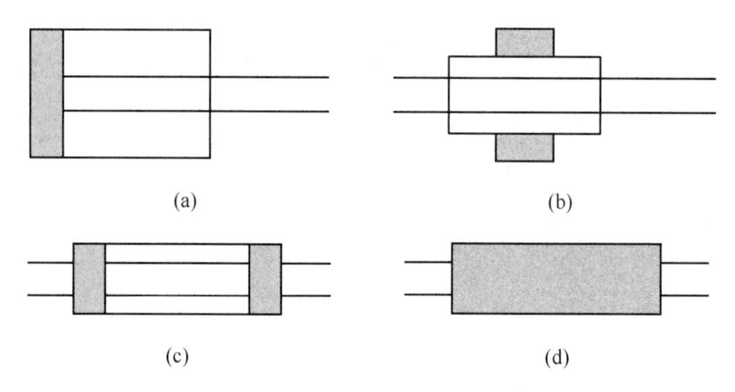

图 2-17 车站站厅分布示意图

（a）站厅位于车站一端；（b）站厅位于车站两侧；（c）站厅位于车站两端的上层或下层；（d）站厅位于车站上层

（1）站厅位于车站一端时，通常用于终点站，且车站一端靠近城市主要道路的地面。

（2）站厅位于车站两侧时，常用于客流量不大的侧式车站。如沈阳地铁七号街站为侧式站台，其站厅设置在车站两侧。

（3）站厅位于车站两端的上层或下层时，常用于地下岛式车站及侧式车站站台的上层、高架车站站台的下层，客流量较大时多采用。

（4）站厅位于车站上层时，常用于地下岛式车站及侧式车站，客流量很大时多采用。

设备管理用房基本分布在车站的两端，并呈一端大、另一端小的现象，中间作为站厅公共区，有利于客流均匀地通向站台候车。在设备用房中占面积最大的是环控机房，其中包括冷冻机房、通风机房及环控电控室。

管理用房主要包括车站控制室及站长室、消防疏散兼工作楼梯、工作人员厕所等。车站控制室要求视野开阔，能观察站厅中运行管理情况，一般设于站厅公共区的端部和中部，室内地坪高出站厅公共区地坪 600 mm。站长室紧连车站控制室，便于快速处理应变情况。消防疏散兼工作楼梯位于管理用房的中部，照顾到该梯与站台的位置，避免与其他楼梯发生冲突。厕所位置只能设于管理用房的中部，因为它与设于站台的污水泵房有管道直接连通。

站厅层公共区主要解决客流出入的通道口、售票、进出站检票、付费区与非付费区的分隔等问题。根据车站运营及合理组织客流路线的需要，公共区划分为付费区和非付费区。付费区是指乘客需要经过购票、检票后才能进入的区域；乘客可在区域内自由通行的区域被称为非付费区。

站厅层内划分为付费区和非付费区以后，限制了地铁车站不同出入口人员的穿行。由于地铁车站一般修建在城市主要道路下面，站厅还具有过街通道的功能。因此，为了便于各个出入口的联系和穿行，可以在站厅的一侧或双侧设置通道。由此，也可以将站厅层分为 3 类，如图 2-18 所示。

（1）站厅层不能穿行；

（2）站厅层单侧可以穿行；

（3）站厅层双侧可以穿行（附客流方向）。

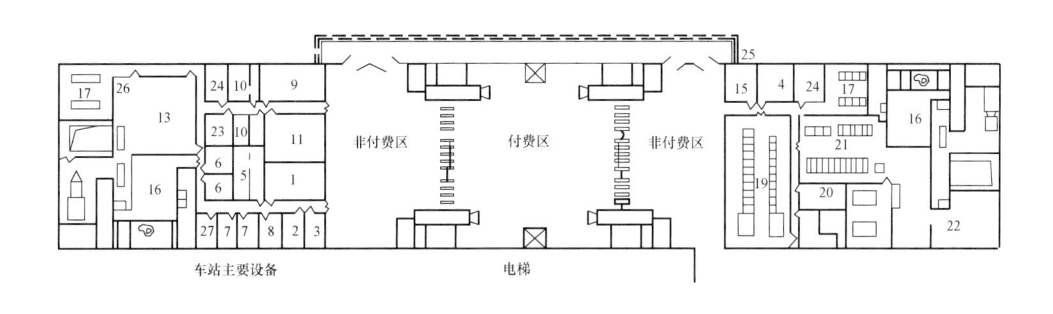

(a)

有效站台中心线

消防专用通道

付费区

上行

下

上行

下

非付费区

非付费区

隧道风道

排风道

透风道

透风道

排风道

隧道风道

(b)

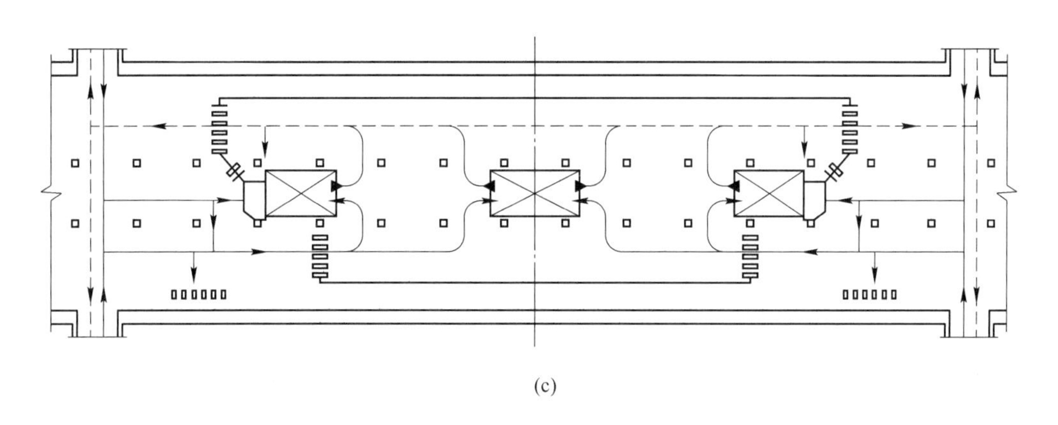

(c)

图 2-18　站厅布置形式

（a）站厅层不能穿行；（b）站厅层单侧可以穿行；（c）站厅层双侧可以穿行

两个区域之间需要设置高度不小于 1.1 m 的隔离栅栏。在付费区与非付费区之间靠近进、出站闸机处应设置客服中心。站厅两端公共区的非付费区宽度不宜小于 16 m；置于站厅两端公共区的非付费区宜采用通道连通，最小宽度不应小于 2.4 m，如果兼具过街功能，通道宽度不应小于 4 m。站厅公共区地面装饰层至吊顶面最小高度为 3 m。

售票设施分为人工售票、自动售票以及半人工半自动售票，表 2-11 为各种售票和检票设施的最大通过能力，根据旅客进站数可计算售票设施的数量。

当只设自动售票机或人工售票口时，所需数量见式（2-26）。

$$N_1 = \frac{M_1 K}{\mathrm{m}_1} \tag{2-26}$$

式中 N_1——自动售票机或人工售票口的数量，个；

M_1——高峰小时进站客流量，人/h；

K——超高峰小时系数，取 1.1～1.4；

m_1——自动售票机或人工售票口的通过能力，见表 2-11。

当采用半人工半自动售票时，应考虑客流分流比例，分别计算人工售票口和自动售票机的数量。

检票设施的数量计算公式见式（2-27）。

$$N_2 = \frac{M_2 K}{m_2} \tag{2-27}$$

式中 N_2——检票设施的数量，个；

M_2——高峰小时进站客流量，人/h；

m_2——人工检票口或自动检票机的通过能力，见表 2-11。

表 2-11 售票和检票设施的最大通过能力

设施名称		最大通过能力/人·h^{-1}
人工售票口		1200
自动售票机		300
人工检票口		2600
自动检票机	三杆式	1200
	门扉式	1800
	双向门扉式	1500

进出站检票机旁边需要设置一定宽度的人工开启闸门，以便解决检票过程中出现的特殊情况，也有利于站内工作人员的进出。在检票口周围需要设置具有隔离作用的栏板，用来区分付费区和非付费区，一般非付费区的面积要大于付费区，因为乘客检票后会快速到达站台候车，很少在付费区停留。非付费区应能够连接通道口，以便乘客出站后能够自由地选择出站通道通向地面。在非付费区还应该设置一定的服务设施，如洗手间等。

2.4.4 出入口与通道

地铁车站出入口的主要作用是吸引和疏散客流。出入口所处位置的好坏直接影响客流的数量，影响地铁的运行效率，同时出入口还是地铁系统由地下向地上逃生疏散的最主要通道。每个公共区直通地面的出入口数量不得少于两个，每个出入口宽度应按照远期预测客流量乘以 1.1～1.25 不均匀系数计算确定。出入口分为独建式和附建式两种形式，图 2-19为出入口地面建筑形式图。

(a)

(b)

图 2-19　出入口地面建筑形式图
（a）独建式；（b）附建式（与高楼结合）

地铁车站出入口按平面形式可分为一字形、L 形、T 形、U 形和 Y 形等。一字形（图 2-20（a））出入口占地面积小，结构和施工较为简单，布置比较灵活，人员进出方便。L 形出入口（图 2-20（b））人员进出方便，结构及施工稍复杂。T 形出入口（图 2-20（c））人员出入方便，结构及施工稍显复杂，造价比前两种高。当出入口布置受到环境条件影响时，可采用 U 形出入口（图 2-20（d））。Y 形出入口（图 2-20（e）和（f））常用于一个出入口通道有两个及两个以上出入口的情况，该形式布置较为灵活，具有较强的适应性。

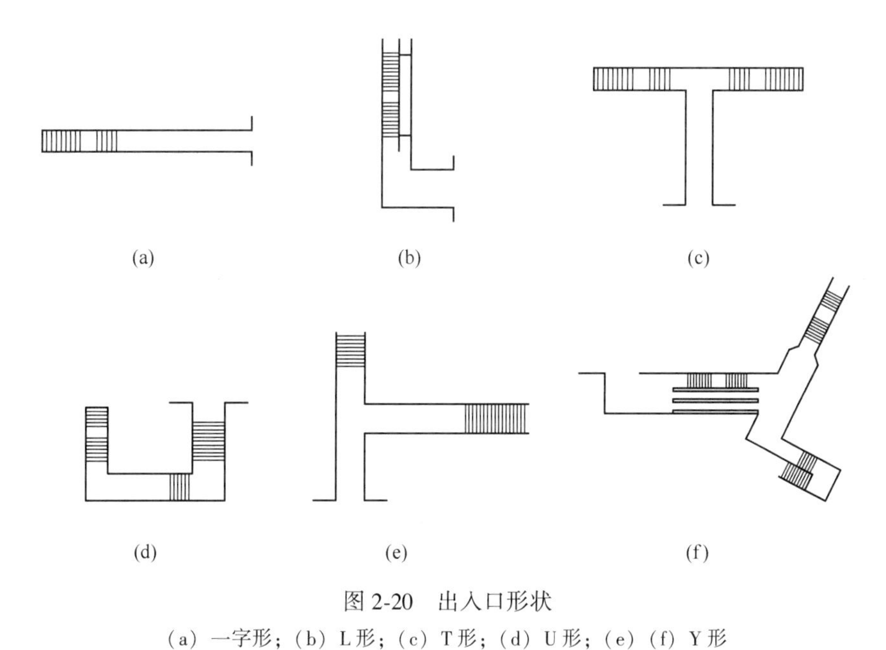

图 2-20　出入口形状
（a）一字形；（b）L 形；（c）T 形；（d）U 形；（e）（f）Y 形

2.4.4.1　出入口位置

在选择出入口的位置时，应该注意以下几个方面的问题：

（1）出入口的位置一般都选在城市道路两侧、交叉路口及有大量客流的广场附近。出入口应分散均匀布置，其间距应尽可能大一些，使其能够最大限度地吸引客流，方便乘客进入车站。如位于街道的十字交叉口处客流量较大的情况下，出入口数量以 4 个为宜。图 2-21 为车站出入口与路口关系图。

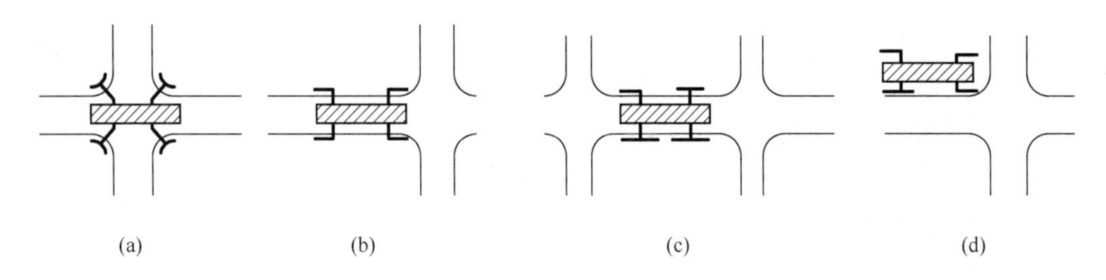

图 2-21　车站出入口与路口关系图
（a）均匀设置；（b）偏路口设置；（c）远离路口设置；（d）城市广场内设置

（2）单独修建出入口时，其位置应符合城市规划部门的要求，一般都设置在建筑红线以内。如有困难不能建在建筑红线以内，应经城市规划部门的同意，再选定其他位置，地面出入口的位置不应妨碍行人交通。

（3）出入口宜设在火车站、公共汽车站、电车站附近，便于乘客换车。不宜设在主要客流集散处，应尽量避免相互交叉和干扰，以减少出入口被堵塞的可能。

（4）应该在地铁出入口明显的位置，设置地铁的统一标志。

（5）出入口和无障碍电梯的地面标高应高于室外地面 300～400 mm，满足防洪需要。出入口与地面建筑物之间的距离应满足防火距离的要求。同时，出入口也不应设在易燃、易爆、有污染源并挥发有害物质的建筑物附近。

（6）地铁主要出入口应朝向地铁的主客流方向，如大型商场、大型公交车站、大中型企业、大型文体中心、大型居住区等。有条件时，出入口可以与附近的地下商场等建筑物相连通，方便乘客购物和进出车站。

（7）地铁出入口通道应尽量保证短、直，通道的弯折数不宜超过三处，弯折角度不宜小于 90°。地下出入口通道长度不宜超过 100 m，当超过时应采取能满足消防疏散要求的措施。

2.4.4.2　出入口通道尺寸

A　出入口宽度计算

出入口宽度计算方式如图 2-22 所示，其中单向（二侧）宽度计算公式见式（2-28a）：

$$B_1 \geqslant b_1 \tag{2-28a}$$

双向（二侧）宽度计算公式见式（2-28b）：

$$B_2 \geqslant \frac{b_1 \times 2}{2} \tag{2-28b}$$

双向（二侧，四支）宽度计算公式见式（2-28c）：

$$B_3 \geqslant \frac{b_2 \times 2}{4} \tag{2-28c}$$

式中　B_1，B_2，B_3——出入口宽度，m；

b_1，b_2——通道宽度，m。

B　通道宽度计算

通道宽度计算方式如图 2-23 所示，其中单支宽度计算公式见式（2-29a）：

$$b_1 = \frac{M \times a}{C_1 \times 2} \tag{2-29a}$$

双支宽度计算公式见式（2-29b）：

$$b_2 = \frac{M \times a}{C_1 \times 4} \tag{2-29b}$$

式中　M——超高峰客流量，人/h；

a——不均匀系数，一般取 1~1.25；

C_1——通道双向混行通过能力，见表 2-12。

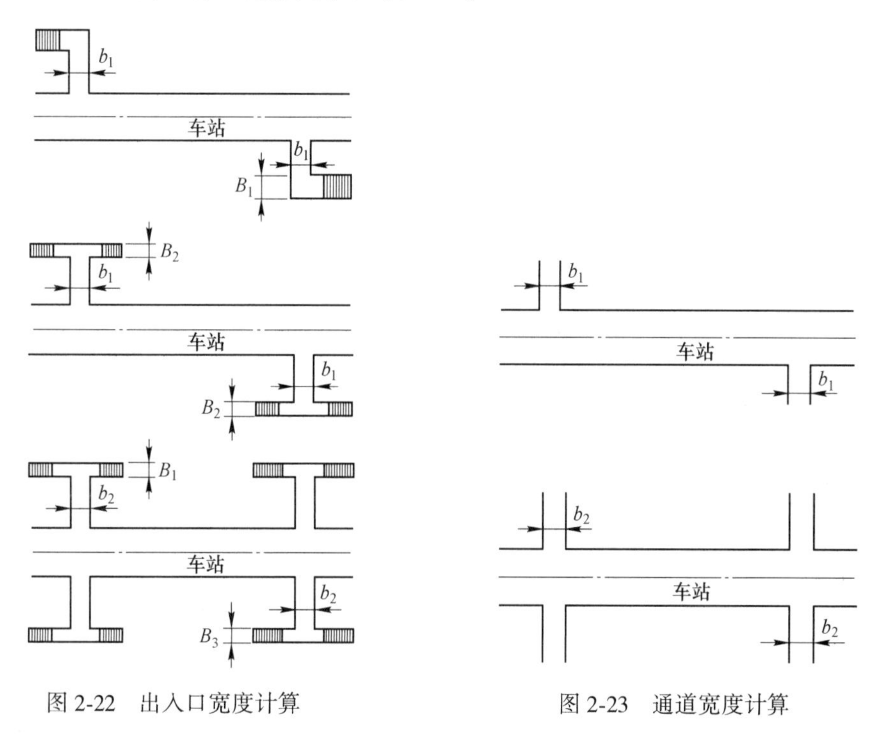

图 2-22　出入口宽度计算　　图 2-23　通道宽度计算

C　楼梯宽度计算

楼梯宽度计算公式见式（2-30）：

$$\xi = \frac{N'K}{n_1 n} \tag{2-30}$$

式中　ξ——楼梯宽度，m；

N'——预测客流量，人/h；

K——超高峰系数，取 1.1~1.4；

n_1——输送能力，人/(h·m)，见表 2-12；

n——利用率，取 0.7。

表 2-12　车站各个部位的最大通过能力

部位		最大通过能力/人 · h^{-1}
1 m 宽楼梯	下行	4200
	上行	3700
	双向混行	3200
1 m 宽通道	单向	5000
	双向混行	4000
1 m 宽自动扶梯	输送速度 0.5 m/s	6720
	输送速度 0.65 m/s	8190
0.65 m 宽自动扶梯	输送速度 0.5 m/s	4320
	输送速度 0.65 m/s	5265

表 2-13 对出入口、楼梯和通道的最小尺寸作出了规定。

表 2-13　出入口、楼梯和通道的最小尺寸

名称		最小尺寸	
		最小宽度/m	最小高度/m
出入口		2.5	2.4
楼梯	单向楼梯	1.8	2.3
	双向楼梯	2.4	2.3
通道或天桥		2.4	2.4

D　自动电梯台数计算

自动电梯台数计算公式见式（2-31）：

$$\tau = \frac{NK}{n_2 n} \tag{2-31}$$

式中　τ——自动电梯台数，台；

N——预测上客流量，人/h；

K——超高峰系数，取 1.1~1.4；

n_2——每小时输送能力，人/h，见表 2-12；

n——利用率，取 0.8。

根据《地铁设计规范》（GB 50157—2013）中规定，公共区中的步行楼梯宽度不得小于 1.8 m。另外，设计的楼梯总宽度（包括自动电梯）应保证在远期高峰小时客流量时发生火灾的情况下能够满足在 6 min 之内将列车和站内的乘客及工作人员疏散。

站台层疏散时间计算公式见式（2-32）：

$$T = 1 + \frac{Q_1 + Q_2}{0.9[A_1(N-1) + A_2 B]} < 6 \tag{2-32}$$

式中　T——疏散时间，min；

Q_1——列车乘客人数，人；
Q_2——站台上候车乘客及工作人员人数，人；
A_1——自动扶梯通过能力，人/(min·m)；
A_2——楼梯通过能力，人/(min·m)；
N——自动扶梯台数，台；
B——楼梯总宽度，m。

2.4.5 风亭布置

地下车站处于封闭空间，客流量大，机电设备多，湿度较大，容易造成站内空气污浊。为改善车站内的空气质量，创造较为舒适的环境，需要在车站内设置通风系统。

在早期修建的地铁工程中，大多采用自然通风的方式。随着科学技术的发展，地铁车站逐步采用机械通风的方法，使得地下空气环境得到了明显的改善。近年来，国内外修建的地铁普遍采用环控设备，环控设备包括通风机、冷冻机组、控制设备、通风管道及其附属设备，一般分为两层布置。

(1) 通风道。通风道的数量根据当地的气候条件、车站规模和温湿度标准等因素计算决定。地下车站一般设置 1~2 个车站通风道。车站通风道的平面形式及长宽高尺寸应根据车站结构、所在地环境条件等因素综合考虑。

车站的送风方式有端部纵向送风、侧面横向送风、顶部纵向送风、顶部横向送风及混合式送风等方式。车站的通风管道可设在车站吊顶及站台板下的空间内。

(2) 通风亭。地面通风亭是指通风道在地面口部所设的有围护结构的建筑物，简称地面风亭。为防止雨雪、灰砂、地面杂物等被风吹入通风道内，并从安全考虑，地面通风亭一般均设有顶盖及围护墙体。通风亭上部设通风口，风口外面可设或不设金属百叶窗。

地面通风亭设计应注意以下问题：

1) 地面通风亭位置应选在地势较高、平坦且通风良好无污染的地方。地面通风亭的大小主要根据风量及风口数量决定，同时还要考虑运送设备的方便。

2) 地面通风亭尽量与地面开发建筑合为一体，淡化风井的存在，将风井建设与地面开发建筑统一规划。地面通风亭可设计成独建式或合建式，减小通风亭的体积，结合地面绿化及城市景观，使其建筑处理尽量与周围环境协调。

3) 在大片绿地中或城市车道中间绿化带中的风井，可采用独特的造型，也可压低风井高度，风口朝天开设，使其隐没于绿化丛中，但需妥善解决井底雨水的排放问题。

4) 地面通风亭的设置应符合防火安全的规定，城市道路旁边的地面通风亭一般设在建筑红线以内，地面通风亭和周围建筑物的距离应符合防火间距的规定，其间距不应小于 6 m。进风及排风口之间应保持一定距离，如进风及排风口之间的水平距离小于 5 m，其高差不应小于 3 m，防止排风倒灌入进风口；如进风及排风口之间的水平距离大于 5 m，其高差可不作规定。

5) 通风口距地面的高度一般不小于 2 m，最低不小于 0.5 m。位于低洼及临近水面的通风亭，应考虑防水淹设施，防止水倒灌至车站通风道内。

车站与风亭的位置关系如图 2-24 所示。

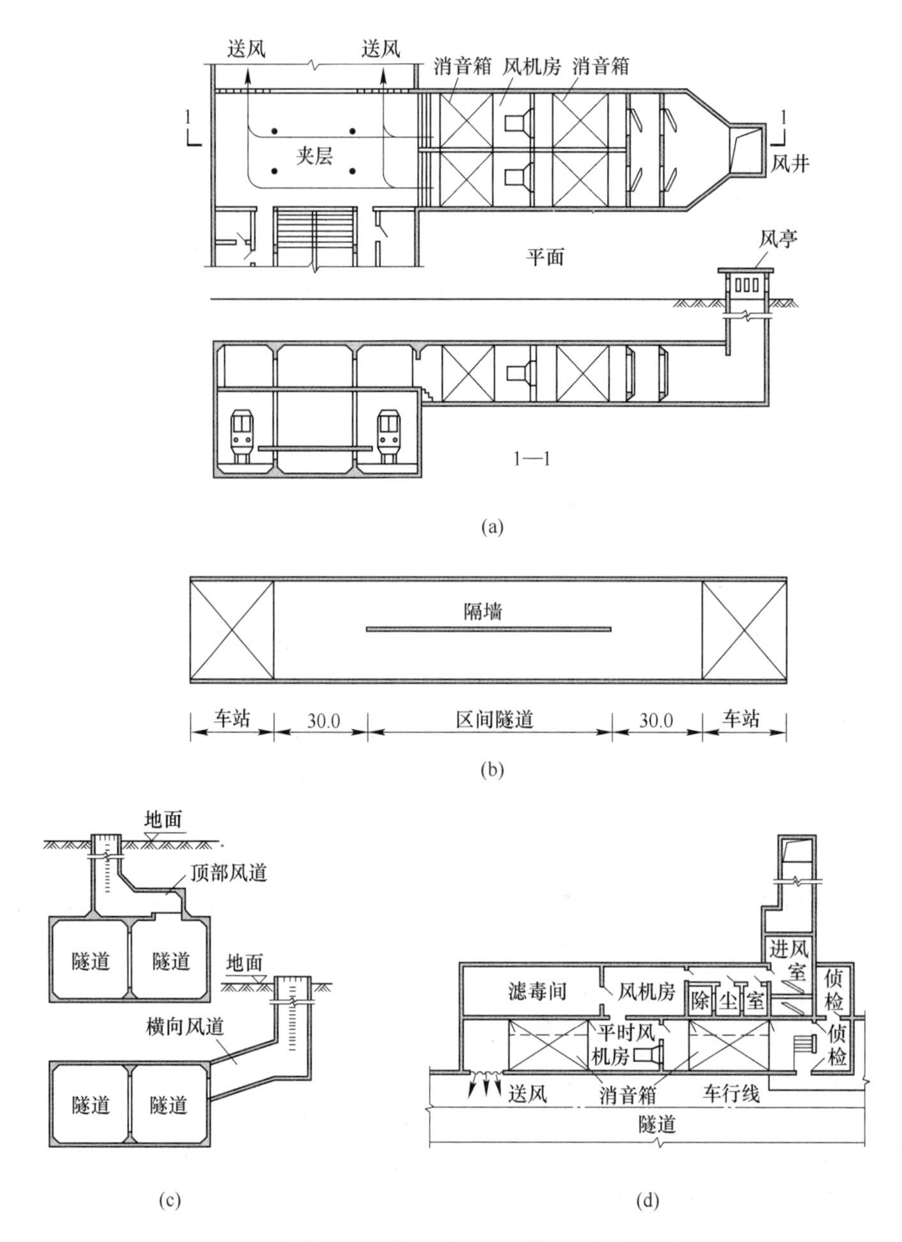

图 2-24　车站与风亭的位置关系

(a) 车站风机房及风亭；(b) 车站与区间隧道间的隔墙布置；
(c) 自然通风的风道及风口示意；(d) 通风系统的平行式布置

2.5 设备系统

2.5.1 通信与信号

2.5.1.1 通信

地铁应设置独立的内部通信网，并能够适应列车运输效率，保证行车安全，提高现代化管理水平和传递语音、数据、图像等各种信息的需要，并做到系统可靠、功能合理、设备成熟、技术先进、经济适用。在满足新建线路运营和管理的要求后，还应与已建成线路的通信系统实现互联互通，为今后其他线路的接入预留条件。

地铁通信系统可分为专用通信系统、民用通信系统和公安通信系统。地铁应设置不同水平的通信系统，满足地铁的运营需要，实现专用通信系统、民用通信系统和公安通信系统的资源共享。

(1) 专用通信系统。在地铁日常运营时，为运营管理提供各类信息；当发生灾害时，应为防灾、救援和事故处理的指挥提供保障。

(2) 民用通信系统。该系统应满足地铁内的公共通信服务。如今，电信运营商将移动通信系统布置在地铁线路中，实现了信号全覆盖。

(3) 公安通信系统。该系统应满足公安部门在地铁范围内的通信需求，并在发生突发事件时，为公安部门在紧急调度指挥中心提供保障。

地下铁道通信线路在设计时应全面考虑，统一规划，建成多功能、多用途、集中维护、统一管理的综合传输网，且通信电缆应与强电电缆分开敷设。隧道内托板托架、线缆的设置严禁侵入设备限界；车载台无线天线的设置严禁超出车辆限界。通信光、电缆管道的埋深不宜小于 0.8m，特殊地段不应小于表 2-14 的规定。

表 2-14　特殊地段管道埋深

管道种类	路面至管顶的最小深度/m		路面（或基面）至管顶的最小深度/m	
	人行道下	车行道下	电车轨道下	铁路下
混凝土管或塑料管	0.5	0.7	1.0	1.3
钢管	0.2	0.4	0.7（加绝缘层）	0.8

2.5.1.2　信号

地铁信号系统应由行车指挥和列车运行控制设备组成，并应设置故障监测和报警设备。信号系统必须确保列车运行安全，能够满足运营及行车组织的要求，并且该系统需严格按照预定的时刻表组织列车运行。控制中心需要能够对全线列车集中监控，实现自动或人工运行调整。

信号系统主要包括 ATC 系统及车辆基地信号系统，其中 ATC 系统应包括 ATS（列车自动监控）子系统、ATP（列车自动保护）子系统和 ATO（列车自动运行）子系统。

(1) ATS 子系统功能：列车自动识别、跟踪、车次号显示；时刻表编制及管理；进路自动/人工控制；列车运行调整；列车运行和设备状态自动监视；操作与数据记录、回放、输出及统计处理；辅助调度员管理；系统故障复原处理；列车运行模拟及培训。

(2) ATP 子系统功能：检测列车位置，实现列车间隔控制和进路控制；监督列车运行速度，实现列车超速防护控制；防止列车误退行等非预期移动；为列车车门、站台门的开闭提供安全监督信息；实现车载信号设备的日检；记录司机操作。

(3) ATO 子系统功能：站间自动运行；列车运行自动调整；车站定点停车；ATO 或无人驾驶自动折返；列车车门、站台门控制；列车节能控制。

信号系统的车载设备严禁超出车辆限界，信号系统的地面设备严禁侵入设备限界。

2.5.2 供电

地铁是城市交通系统的重要组成部分，为满足其正常运行需要，供电应保证安全可靠，同时应满足节能、环保和经济适用的需求。供电应包括外部电源、主变电所（或电源开闭所）、牵引供电系统、动力照明供电系统、电力监控系统。牵引供电系统应包括牵引变电所与牵引网；动力照明供电系统应包括降压变电所与动力照明配电系统。

地铁外部电源方案应根据城市轨道交通线网规划、城市电网现状及规划、城市规划进行设计，可采用集中式供电、分散式供电或混合式供电。供电设计应根据建设程序，从可行性研究阶段开始会同城市电力部门协商确定下列内容：

（1）外部电源方案及主变电所设置；

（2）供电系统的一次接线方案；

（3）近、远期外部电源容量及电压偏差范围；

（4）电能计量要求；

（5）城市电网近、远期的规划资料及系统参数；

（6）城市电网变电所出线继电保护与地铁供电系统进线继电保护的设置和时限配合；

（7）调度的要求及管理分工。

供电设备设计内容主要包括变电所、牵引网及电缆设计。

2.5.2.1 变电所

变电所分为主变电所、电源开闭所、牵引变电所和降压变电所。变电所的数量、容量及其在线路上的分布应经过计算分析比较后确定。变电所应尽量靠近负荷中心，便于电缆线路的连通和设备运输，避免设置在经常积水区域的正下方。变电所设备的具体布置应符合国家标准《3~110 kV 高压配电装置设计规范》（GB 50060—2008）的有关规定。

牵引负荷应根据运营高峰小时行车密度、车辆编组、车辆类型及特性、线路资料等计算确定，牵引机组的容量宜按远期负荷确定。牵引整流机组的负荷能力应保证在100%额定电流时能连续运行，在150%额定电流时持续运行2 h，在300%额定电流时持续运行1 min。牵引变电所应设置两套整流机组，以保证列车正常运行。牵引机组规格应尽量一致，便于运营管理。直流牵引供电系统的电压及其波动范围应符合表2-15的规定。

表2-15 直流牵引供电系统的电压及其波动范围

标称值/V	最高值/V	最低值/V
750	900	500
1500	1800	1000

2.5.2.2 牵引网

牵引网由接触网与回流网组成，接触网馈电形式可按照安装的位置和接触导线的不同分为接触轨和架空接触网。接触网带电部分与混凝土结构体、轨旁设备和车体之间的最小净距应符合表2-16的规定。

表2-16 接触网带电部分与混凝土结构体、轨旁设备和车体之间的最小净距

标称电压/V	静态/mm	动态/mm	绝对最小动态/mm
直流750	25	25	25
直流1500	150	100	60

地上线路接触线与轨面之间的高度宜为4600 mm，困难地段不应低于4400 mm；车辆基地的地上线路接触线距轨面高度宜为5000 mm。隧道内接触线距轨面高度不应小于4040 mm。架空接触线的布置应保证受电弓磨耗均匀：在直线区沿受电弓中心两侧，柔性架空接触网接触线应呈“之”字形布置；在曲线段，柔性架空接触网应根据曲线半径、超高值、风偏量、接触悬挂跨距等选取拉出值，拉出值方向宜向曲线外布置。

2.5.2.3 电缆

地铁需要在火灾时也能保证供电，因此配电线路应采用耐火铜芯电缆或矿物绝缘耐火铜芯电缆。电缆在车辆基地及控制中心建筑物内敷设时，应符合国家现行标准《电力工程电缆设计标准》（GB 50217—2018）。

单洞单线隧道内的电力电缆适合布置在沿车辆行驶方向的左侧；单洞双侧隧道内的电力电缆适合布置在隧道两侧。若电缆穿越轨道，可采用轨道下穿硬质非金属管材敷设，也可采用刚性固定方式沿隧道顶部敷设。电力电缆与通信、信号电缆并行明敷时的间距不应小于150 mm；电力电缆与通信、信号电缆垂直交叉的间距不应小于50 mm。

2.5.3 通风、空调与供暖

在地铁运营过程中，列车和设备的运行及乘客的流动会产生大量的热量及废气，包括二氧化碳、水蒸气等。而地铁建筑大部分位于地下，其自然通风换气能力较差，需要在地铁内部设置通风、空调与供暖系统保持地铁内部的空气质量、温度、湿度和压力等要求。

2.5.3.1 区间隧道通风系统

区间隧道通风系统的进风应直接采用大气，排风直接排出地面。区间隧道内的二氧化碳日平均浓度应小于1.5‰，每个乘客每小时所需的新鲜空气量不应小于12.6 m^3。隧道内空气总压力变化值超过700 Pa时，其压力变化率不得大于415 Pa/s。

若需要设置区间通风道，应该设置于隧道长度的1/2处；在困难情况下，可设置在距站台端部不小于隧道长度的1/3处，但不宜小于400 m。

2.5.3.2 车站公共区通风系统

采用通风系统开式运行时，每个乘客每小时所需的新鲜空气量不应少于30 m^3；当采用通风系统闭式运行或空调系统时，每个乘客每小时所需的新鲜空气量不应小于12.6 m^3，且系统的新风量不应少于总送风量的10%。站厅和站台的瞬时风速不应大于5 m/s。

地下车站公共区内二氧化碳日平均浓度应小于1.5‰，可吸入颗粒物的日平均浓度应小于0.25 mg/m^3。表2-17为地下车站内不同用房的温度与换气次数。

表2-17 地下车站内用房温度与换气次数

房间名称	计算温度/℃		小时换气次数/次	
	冬季	夏季	进风	排风
站长室、站务室、值班室、休息室	18	27	6	6
车站控制室、广播室、控制室	18	27	6	5
售票室、票务室	18	27	6	5
自动售检票机房	16	27	6	6

续表 2-17

房间名称	计算温度/℃		小时换气次数/次	
	冬季	夏季	进风	排风
通信设备室、通信电源室、信号设备室、信号电源室、综合监控设备室	16	27	6	5
降压变电所、牵引降压混合变电所	—	36	按排除余热计算风量	
配电室、机械室	16	36	4	4
更衣室、修理间、清扫员室	18	27	6	6
公共安全室、会议交接班室	18	27	6	6
蓄电池室	16	30	6	6
茶水室	—	—	—	10
盥洗室、车站用品间	—	—	4	4
清扫工具间、气瓶室、储藏室	—	—	—	4
污水泵房、废水泵房、消防泵房	5	—	—	4
通风与空调机房、冷冻机房	—	—	6	6
折返线维修用房	12	30	—	6
厕所	>5	—	—	排风

2.5.4 防灾减灾

地铁具有运量大、快速、正点和低能耗等优点，对缓解城市地面交通拥堵具有重要作用。然而地铁建于地下，又具有封闭性强、客流量大、疏散救援难度大等特点，一旦遭受火灾、水淹、地震等灾害，将对乘客的人身安全造成较大威胁。因此，地铁需要在设计、施工中考虑到建筑抵抗自然灾害和人为灾害的能力，解决好防灾减灾问题。

2.5.4.1 地铁防火设计

（1）平面布局。出入口、消防出入口、风亭等附属建筑，车场出入段敞口段等与周围建筑物、储罐等之间的防火间距应符合建筑设计防火规范要求。地铁车站每个站厅公共区安全出口数量不少于 2 个，采用侧式站台车站时，每侧站台安全出口数量不少于 2 个。安全出口应分散设置，且 2 个安全出口通道口之间净距不应小于 10 m。

（2）耐火设计。地铁建设装修时不得使用石棉、玻璃纤维、塑料类等制品，公路和铁路隧道要选用耐高温、耐潮湿环境的防火涂料，所有的灯具、电话箱、灭火设施箱体均要求用非燃烧材料制作。隧道结构耐火设计应考虑其内部可能达到的最高温度、升温特性以及结构体的火灾行为，保证隧道结构在所规定类型火灾条件下的完整性与稳定性。车站或隧道结构的耐火保护措施可在混凝土内衬下安装防火绝热保护层，或者在隧道内安装自动喷水灭火系统。

（3）安全疏散设计。地铁车站站台公共区的楼梯、自动扶梯、出入口通道的宽度应具备在火灾发生 6 min 之内，将高峰期时一列进站列车所载的乘客及站台上的候车人员全部疏散至安全区的能力。对于双孔隧道，建议沿隧道长度方向设置通向相邻隧道的安全疏散人行横洞和车行横洞，或在双孔中间设置直通隧道外的人行或车行安全通道。对于山岭隧道，其车行横洞间隔宜为200~300 m；车行横洞可兼作人行横洞。

2.5.4.2 地铁防淹设计

地铁设计时本身已在地面出入口标高确定时考虑到了防水淹的问题，但是仍然需要防止在暴雨雨水涌入、地震导致地表水沿结构裂隙进入地铁等情况的发生。主要措施如下：

(1) 插板防水灌入（图2-25）。通常在出入口内侧墙短处留凹槽，有灾情时将板插入，起到临时挡水的作用，出入口周围构筑0.9~1.2 m高的钢筋混凝土外墙。

(2) 设双道防水门（图2-26）。当存在大规模涨水地区的出入口，如近海城市的车站出入口，应设置两道铁质防水门。有灾情时密闭管牢，乘客从其他地面安全出入口疏散。

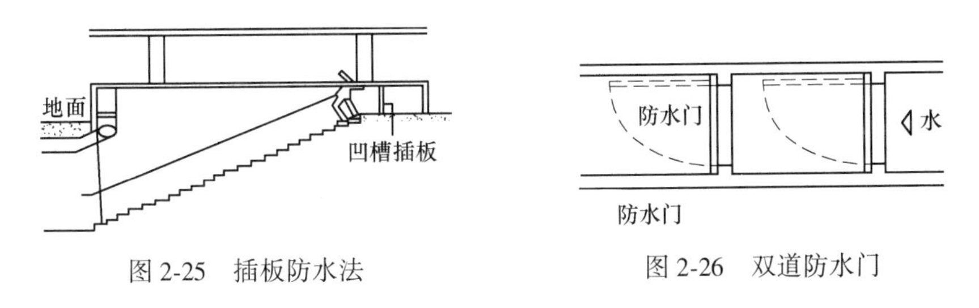

图2-25 插板防水法　　图2-26 双道防水门

(3) 抬高标高（图2-27）。将出入口抬高至周围路面满潮水位的高度，并设置防潮铁门。

(4) 设置防水盖（图2-28）。当通风口和人行道路面齐高时，一般由集水坑用泵将雨水泵出，但为防止大量水灌入，可在通风口设置翻转电动防水盖，平时呈垂直状态，有灾情时则关闭。

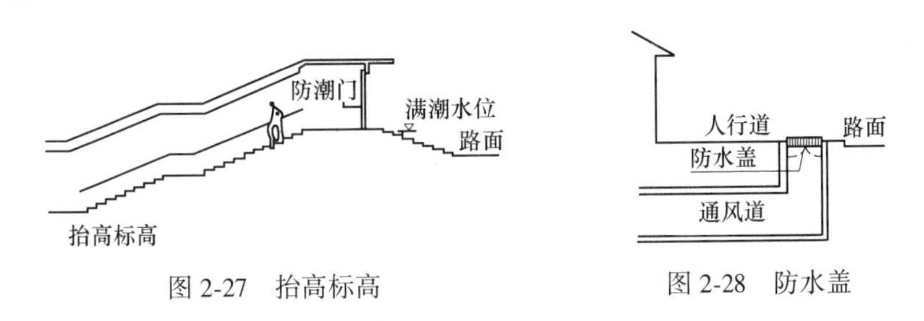

图2-27 抬高标高　　图2-28 防水盖

(5) 修筑防水壁（图2-29）。地铁开口部位处于低洼地区时容易遭受水害，如地铁从地下向高架过渡的开口部位。在此处应修筑钢筋混凝土防水壁，使壁高高于可能发生水害的最高水位。

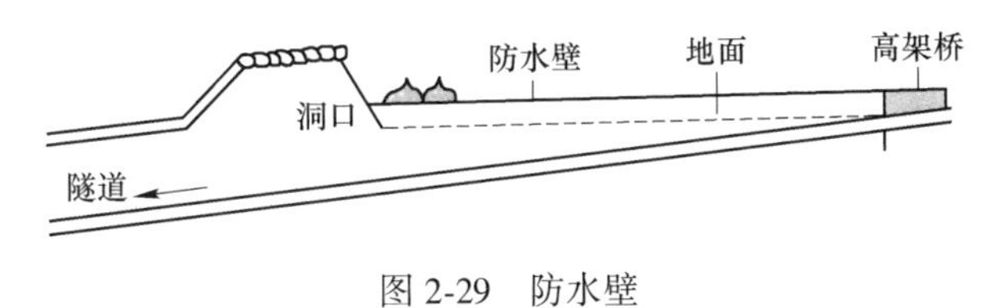

图2-29 防水壁

（6）作防水隔断门（图2-30）。地铁作为多条隧道连通的建筑物，若某局部出入口出现灌水现象，将会影响整个地铁系统。因此在隧道内应设置防水隔断门，把可能灌水的区间限制在最小范围内。

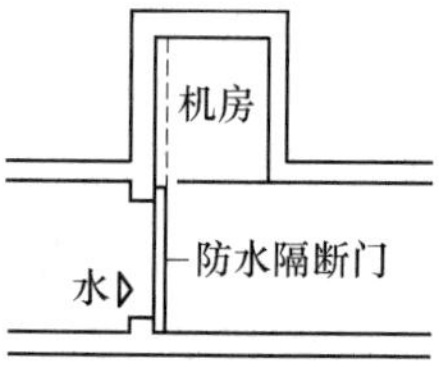

图2-30　防水隔断门

2.5.4.3　防灾报警与监控系统

地铁可能发生的所有灾害中，危害性最强的是火灾，因此预报火灾是地铁防灾报警与监控系统的首要任务。

火灾自动报警系统由火灾探测器、区域火灾自动报警控制装置、信号传输通道、集中火灾自动报警控制装置以及其他辅助功能的装置组成。该系统用于及时发现和通报火灾，及时控制和扑灭火灾。消防栓系统、自动喷水灭火系统、气体灭火系统、自动防火门、防火卷帘、排烟风机、空调机及电动阀门、自动扶梯、电梯、广播系统等消防设备及联动控制设备必须具有自动或手动控制装置。

火灾自动报警系统的保护对象应根据其使用性质、火灾危险性、疏散和扑救难度等分为两级：地下车站、区间隧道和控制中心的保护等级应为一级；设有集中空调系统或每层封闭的建筑面积超过2000 m^2但不超过3000 m^2的地面车站、高架车站，保护等级应为二级；面积超过3000 m^2的空间的保护等级应为一级。

2.6　地铁施工对周围环境的影响

2.6.1　现状

大部分地铁建筑建于地表以下，在建筑施工过程中需要对土体进行开挖。这些地下工程经常会引起地表沉降，同时会造成地下水和孔隙水压发生变化。由于地铁往往建设在市区繁华地段，这种地层的变形和地下水的变化会对周围建筑、管线、道路造成一定程度的影响，严重时可能导致道路沉陷、管线破裂、建筑物倒塌，造成重大的经济损失和恶劣的社会影响。而已建成的地铁交通是城市客运交通的大动脉，承担城市公共交通的巨大客流运输任务，在地铁车站及隧道附近进行土方开挖、顶管、盾构推进和打桩等工程活动，处理不当可能对已建成的地铁工程产生危害。因此，各个地铁工程公司均制定相应的地铁沿线建筑物保护规程，对施工活动加以限制。首先，应以预防为主，即采取合理的施工工艺和技术方案，将产生的地面沉降、深层土体扰动降低到工程变形允许范围内。其次，对既有建筑物和地下管线进行监测、托换、补强、加固等工程措施，保证在施工扰动发生后不产生大的残余变形。在开工前，对沿线建筑物及管线做好详细的记录，包括摄影和录像。根据不同的结构形式、不同的使用功能和不同的地质环境条件，采取不同的保护对策。对建筑物和管线的施工环境保护程序如图2-31所示。

2.6.2　地铁施工对周围环境影响的分类

地铁施工对周围环境影响的主要表现为基坑开挖，常见的影响形式如下。

（1）基坑坍滑与变形。基坑开挖形成人工边坡，开挖后期边坡在自身重量、地下影响及其他外力作用下，基坑土体产生坍塌滑移的趋势，若土体失去平衡，就会产生坍滑。

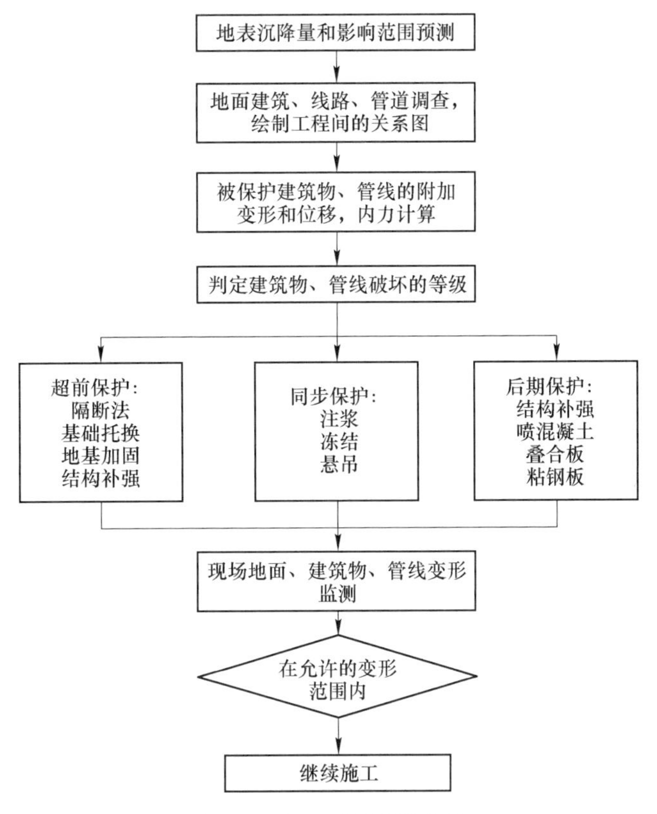

图 2-31 施工环境保护程序

(2) 地表沉降变形。降水引起地面附加沉降（影响范围大）；护坡结构侧向变形引起地面沉降变形（影响范围较小）；一般基坑周边地面沉降变形是两种变形叠加的结果。

(3) 流砂和管涌。当基坑底部附近为砂性土层时，坑底若存在水向上的渗透压力，当水力坡降大于临界坡降时，砂土颗粒就会处于悬浮状态，或者向上涌出，造成大量流砂，引起基坑失稳。

(4) 基底隆起。由于土体挖除卸荷，坑底土向上回弹；土体松弛与蠕变的影响使土隆起；支挡结构向基坑内变位时，挤推土体引起基底隆起；某些黏性土及膨胀土吸水使土体的体积增大而隆起；基坑的隆起量与基坑开挖后搁置的时间长短有关。

(5) 支挡结构变形。支挡结构的承载力或刚度不能抵抗基坑侧土压力而发生破坏或产生大的变形。

(6) 周围管线损坏。当管线周边的岩土体发生的变形大于允许变形时，管线可能发生断裂。

(7) 周围建筑物倾斜、开裂、倒塌。不均匀沉降引起建筑物倾斜，当倾斜值大于建筑物允许的临界值时，建筑物会发生明显的倾斜、开裂甚至倒塌。

根据基坑、隧道对周围环境影响程度的大小，可将基坑、隧道周边划分为强烈影响区、显著影响区和一般影响区 3 个区域。基坑、隧道周边影响分区见表 2-18 和图 2-32。

表 2-18 基坑、隧道周边影响分区表

受基坑影响程度分区	区 域 范 围
强烈影响区（Ⅰ）	基坑周边 0.7*H* 范围内
显著影响区（Ⅱ）	基坑周边 0.7~1.0*H* 范围内
一般影响区（Ⅲ）	基坑周边 1.0~2.0*H* 范围内
受隧道影响程度分区	区 域 范 围
强烈影响区（Ⅰ）	基坑周边 0.7*H* 范围内
显著影响区（Ⅱ）	基坑周边 0.7~1.0*H* 范围内
一般影响区（Ⅲ）	基坑周边 1.0~1.5*H* 范围内

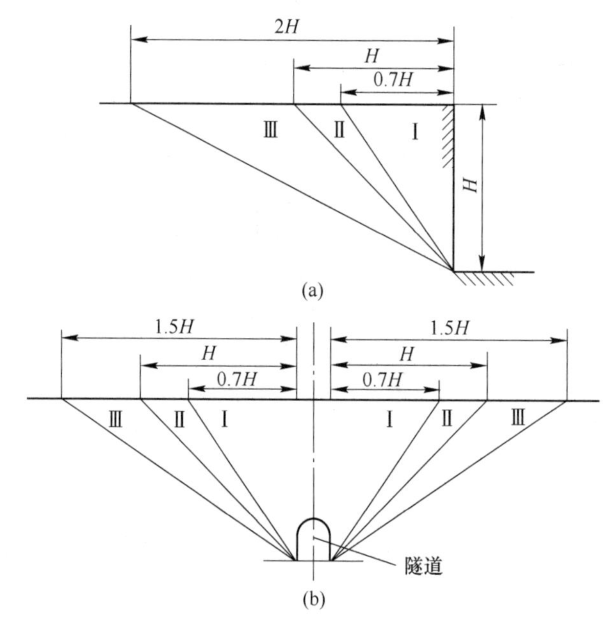

图 2-32 基坑、隧道周边影响分区图

（a）受基坑影响分区；（b）受隧道影响分区

2.6.3 建筑及管道破坏的预测及评价方法

预测地铁隧道施工沉降影响的方法有：经验公式法、随机介质理论法、弹塑黏性理论解析法、数值方法（有限元、边界元法、有限差分法、数值半解析法）等。以 Peck 公式为基础的经验公式法成为研究地面沉降的基础，随机介质理论方法广泛用于矿山地表沉降预测分析。目前，用单一的预测方法准确地预测出不同施工阶段的地层移动较为困难，应根据隧道施工不同阶段的地层变形特性，选择合适的预测方法。

2.6.3.1 建筑物

建筑物的破坏程度及特征见表 2-19。

表 2-19　建筑物损坏程度和破坏特征

破坏程度	典型破坏程度和破坏特征	近似裂缝宽度
可忽略	发丝状裂缝	≤0.1 mm
非常轻微	很细小裂缝，一般在装修时即可处理，建筑物可能存在分散的轻微断裂，仔细观察可发现外部墙体上有可见的裂缝	≤1.0 mm
轻微	内墙上出现几处轻微裂缝，外墙上的裂缝可见，有些需要嵌缝以防风雨，门窗轻微倾斜	≤5.0 mm
中等	裂缝需要清理并修补，重新生成的裂缝可以适当地遮盖，外部砖墙可能需要重砌，门窗倾斜，公共服务设施可能中断	5.0～15.0 mm，或者数量较多但小于 3.0 mm
较严重	门框、窗框、楼板显著倾斜，墙体显著倾斜或凸出，梁支撑部分松落，管道开裂	15.0～25.0 mm，决定于裂缝数量
非常严重	梁支撑松落，墙倾斜严重并需加支撑，窗扭曲断裂，梁支撑部分松落，管道开裂	通常大于 25.0 mm，决定于裂缝数量

注：裂缝宽度是评估破坏情况的主要因素之一，但不应将此作为衡量破坏程度的位移标准；一般情况下，局部偏离水平或垂直方向大于 1/100 时将清晰可见，总偏差超过 1/150 时将产生不安全感。

一般情况下，当建筑物裂缝宽度小于 0.3 mm 时，对结构和建筑物使用没有影响；当裂缝宽度在 0.3～2.0 mm 时，会影响建筑物美观，加速墙面风化；当裂缝宽度大于 2.0 mm时，建筑结构危险性增加；当裂缝宽度大于 25.0 mm 时，建筑物的损坏程度十分严重，将会产生较大的风险。

地基沉降引起的建筑物下沉，同时伴随着不均匀沉降引起的倾斜、开裂。不同结构整体竖向位移和破坏特征见表 2-20。

表 2-20　地面建筑物影响程度取值

建筑结构类型	δ/L（δ 为差异沉降，L 为建筑物长度）	最大沉降量/mm	建筑物状态评价
一般砖混承重结构（包括有内框的结构）	<1/1000	<20	破坏程度极其轻微，只有很细的裂缝
	1/1000～1/300	20～67	破坏程度轻微，有建筑破损
	1/300～1/150	67～133	破坏程度中等，使用功能受损，不便居住
	>1/150	>133	分隔墙及承重墙发生相当多的裂隙，可能发生结构破坏
充填式框架结构	<1/500	<50	无裂缝
	1/500～1/300	50～83	开始出现裂缝
	1/300～1/150	83～167	可能产生结构破坏
	>1/150	>167	发生严重变形

续表 2-20

建筑结构类型	δ/L（δ 为差异沉降，L 为建筑物长度）	最大沉降量/mm	建筑物状态评价
开间式框架结构	<1/250	<100	无裂缝
	1/250~1/150	100~200	可能产生结构破坏
	>1/150	>200	有结构破损的危险
高层刚性建筑	>1/250		可观察到建筑物倾斜
有桥式行车的单层排架结构的厂房	>1/300		桥式行车困难
有斜撑的框架结构	>1/600		处于安全极限状态
一般对沉降差反应敏感的机械基础	>1/850		机械使用可能发生困难

2.6.3.2 地下管道

管线在地铁施工中引起的差异沉降及位移允许值如下。

（1）差异沉降。承插接口及机械铸铁管道和柔性接缝管道，每节许可差异沉降应小于等于 $L/1000$（L 为管节长度）。

（2）表 2-21 为常见的地下管道位移允许值。

表 2-21 常见的地下管道位移允许值

管道种类	容许垂直位移/mm	容许水平位移/mm
雨水管	50	50
煤气管	10~15	10~15
上水管	30	30
盾构隧道	5	5

2.6.4 建筑及管道的保护方法

对隧道及地下工程引起环境病害的保护方法可分两类：

（1）积极保护方法。按不同的工程地质和水文地质条件，做好施工方法选择和施工方案综合比选，如不同地层的盾构选型，施工技术参数优化，科学设计，精心施工，降低施工对周围环境的干扰，从而减少周围建构筑物和管线的搬迁、加固、维修费用。

（2）工程保护方法。根据对地面沉降和土层扰动的预测，吸取同类工程的经验教训，对各种在影响范围内的地面建筑和公用设施采取不同的方法进行具体分析。建筑物及管线的主要保护及加固方法有隔断法、基础托换法、地基加固法、结构补强法。

1）隔断法：在地铁工程施工区与附近建筑物之间设置隔断墙，以减少土体的水平位移和沉降量，避免因工程施工导致建筑物产生破坏。

2）基础托换法：对建筑物基础用钻孔灌注桩或树根桩进行加固，将建筑物荷载传至深部刚度较大的地层，以减少基础沉降幅度。

3）地基加固法：特指注浆加固地基，通过对地基注入适当的注浆材料使土体得到加固，进而控制由于地下结构施工引起的土体松散、地基变形和不均匀沉降。

4）结构补强法：对建筑物本身进行加固，使其结构刚度加强，以适应由于地表沉降引起的变形。

2.7 设计案例

北京大兴新机场线是服务于北京第二国际机场的交通专线，连接中心城区与新机场。线路南起新机场北航站楼，北至已有的地铁10号线草桥站，线路全长约41.4 km，设3座车站，车站为侧式站台。两个区段长度分别为13.0 km和25.3 km。其中，地下段长约23.7 km，高架段约17.7 km。地铁设计速度为160 km/h，是我国设计时速最快的地铁线。

大兴新机场线高峰时段的行车间隔为8 min，平峰时段行车间隔为9 min 20 s。该地铁系统能力为15对/h，列车定员448人，日均客运量达3.4万人次。

该线路采用AC 25 kV供电系统，只需设置2座变电所。相对于DC 1500 V供电系统，AC 25 kV供电系统能够减少变电所的数量，降低建设投资成本，同时能够减少运营管理和维修养护费用。

地下段采用盾构法施工的区段长度约为14.8 km，占地下段的66%，区间覆土厚度为13.60~22.16 m。由于车速过快，造成了大风压，需要给车辆预留更大的行车空间以满足限界要求。相对于常规盾构（直径6.2 m左右），大兴机场线是北京地区首次采用外径9.0 m级的盾构（盾构机开挖直径9.15 m，盾体直径9.1 m，管片厚度0.45 m，宽度1.6 m）。在“草桥—大兴新城”区间共设置了12座检修井、4座波纹钢板装配井，保证盾构机连续作业。

地下全线共设置4个区间风井，每个区间风井内设置两台事故风机，用于火灾时事故排烟，地上段共设置6个高架区间疏散楼梯，区间风井和疏散楼梯均可作为疏散通道。地下区间每隔600 m设置一条两区间联络道，当区间行走距离过长或有其他次生灾害阻隔时，可通过联络道进行区间救援。

复习思考题

（1）简述地铁的意义、优势与不足。

（2）简述地铁线路网规划的原则和主要内容。

（3）说明限界的作用及分类。

（4）地铁线路按照其在运营中的作用，可分为哪几类？简述每种线路的作用。

（5）简述什么是最小曲率半径及其重要性，最小曲率半径与什么因素有关，设计规范对最小曲率半径有何具体的规定？

（6）简述地铁站台的分类及其适用范围。

（7）说明地铁出入口的分类及其优缺点、选择出入口位置的原则。

（8）简述地铁可从哪些方面进行防火设计。

（9）简述地铁施工时建筑物和管线的保护步骤，对隧道及其他地下施工造成环境损害的保护方法有哪些？

（10）已知地铁车站预测高峰客流量见表 2-22，车站客流密度为 0.45 m^2/人。车站采用 3 跨 2 层的岛式站台，站台上的立柱为 0.6 m 的圆柱，两柱之间布置楼梯及自动扶梯，使用的车辆为 A 型车，车长 24.4 m，远期列车编组为 8 辆，站台上工作人员为 13 人，列车运行时间间隔为 2 min，列车停车的不准确距离为 2 m，试设计：1）车站站台的有效长度和宽度；2）中间站厅到站台之间楼梯及自动扶梯的宽度，并按照防火要求进行验算。

表 2-22 车站预测客流量

预测客流量/人·h^{-1}	上行线		下行线	
	上车/人	下车/人	上车/人	下车/人
18131	6785	2233	2257	6856

3 地下停车场

本章学习重点

（1）了解国内外地下停车场的发展历史及现状。

（2）了解地下停车场的形式及规划原则，掌握地下停车场的平面设计方法和线路设计方法，了解地下停车场的出入口设计方法。

（3）了解地下停车场的内部环境要求及安全措施设计要求。

3.1 概　　述

随着工业化的发展，汽车作为一种方便、快捷的交通工具逐渐走进大众的生活，但由此产生的停车需求逐渐成为各大城市急需解决的社会问题。

我国从 20 世纪 80 年代开始，机动车保有量飞速发展，加之早期城市规划人员尚未对停车问题给予足够的重视，导致了城市汽车停车难的现象。而地下停车场一般修建在城市公园、绿地、道路及建筑下方，不占用地表土地，能够缓解城市用地紧张和改善停车困难的问题。尽管地下停车场存在造价较高、施工较为困难、工期较长等问题，但其仍然在城市建设中受到重视。

3.1.1 美国

美国旧金山联合广场建有世界上第一个地下停车场。该广场本身与 Stockton 街、Post 街、Geary 街和 Powell 街相连，联合广场周边街道是旧金山商业地带。该地下停车场有 4 层，共 985 个泊位，在战时可转换为空袭避难所。在地下停车场发展的早期，最大的停车场以美国洛杉矶波星广场地下停车场和芝加哥格兰特公园地下停车场为首。

3.1.2 法国

20 世纪 60 年代初，在巴黎城市的深层地下交通网综合规划中，就已经开始了 41 座地下公共停车场的规划，容量为 5.4 万辆。到 1985 年，巴黎市已建成 80 座地下停车场。现在巴黎的弗约大街建有欧洲最大的地下停车场，共 4 层，可停放 3000 辆车。巴黎的拉德芳斯有 2.5 万个地下停车位，这些停车位由公共政权部门统一管理。图 3-1 为法国 Euralille 购物中心地下停车场。

3.1.3 意大利

意大利米兰市中心居民区于 1965 年建成 FERGO 机械立体式停车场，至今仍在使用。该停车场为地上、地下混合型，共 22 层（地上 11 层，地下 11 层），有 510 个停车位，共设置 6 个进口和 6 个出口以供居民停车。停车场进出口设置在地面，与周围建筑为一体。

图 3-1 法国 Euralille 购物中心地下停车场

2002 年，意大利科森萨市建成市政停车库，位于该市市中心欧洲广场。车库为地下巷道堆垛式，共 3 层，有 336 个停车位，在地表设有 3 个进口和 3 个出口，供居民停车。

3.1.4 中国

我国地下停车场于 20 世纪 70 年代开始建设，当时主要以“备战”作为指导方针建设了一批停车场，平时亦可使用。为解决停车位缺口大的难题，全国各大城市有部分事业单位建造了自用或公用的地下停车场，部分城市建造的地下停车场与地下街道相结合，还有一部分附建在高层建筑下。

北京金融街地下建筑面积为 60 万平方米，地下停车位为 7562 辆，该区域的交通工程将现有的地下停车场与西二环及太平桥大街相通，并为停车场车辆进出城市快速路和一级干道提供了通道。图 3-2 为中国北京金融街地下停车场。上海人民广场地下停车场位于广场的西南侧，上层为商场，下层为停车场。车库共分为 7 个区域，可同时停放 6000 辆车，是亚洲最大的地下停车库。

图 3-2 中国北京金融街地下停车场

3.2　地下停车场的形式与规划

3.2.1　分类及特点

地下停车场是指建筑在地下一层或多层的用来停放各种大小机动车辆的建筑物，主要由停车间、通道、坡道或机械提升间、出入口、调车场地等组成。它能够缓解城市用地紧张，降低建设成本中的用地费用。

（1）地下停车场按照与地面建筑的关系，可将其分为单建式和附建式两种类型（图3-3）。

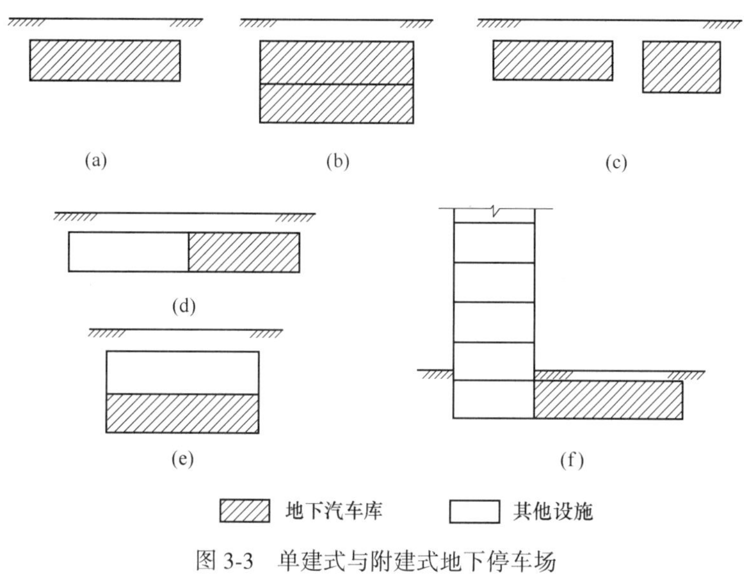

图 3-3　单建式与附建式地下停车场
（a）~（c）单建式；（d）~（f）附建式

1）单建式地下停车场地面上没有大型建筑物，一般建在广场、公园、道路、绿地和空地之下。其主要特点是：停车利用率高；不论其规模大小，对地面空间和建筑物基本没有影响；节省地面用地；可以建造在城市中一些无法规划停车场用地的位置，如城市繁华街道或建筑物密集的地段。

2）附建式地下停车场是利用地面高层建筑及其裙房的地下室布置停车场，其主要特点是：停车场使用方便；停车场布置方式较为灵活；能够节省大量城市用地。但建筑物柱网尺寸会对附建式地下停车场的结构设计造成限制，因此其停车利用率比单建式地下停车场要低。

（2）地下停车场按照使用性质，可分为公共地下停车场和专用地下停车场。公共停车场是一种市政服务设施，以供车辆暂时停放的场所。公共停车场的需求量大、分布面广，一般以停放大小客车为主，是城市地下停车设施的主体。专用停车场是指所有者自己使用的停车场。专用停车场一般有大型旅馆、文娱和体育设施、办公楼等建设，可停放载重车、消防车、救护车等用途的车辆。

（3）地铁停车场按照车辆的运输方式，可分为坡道式、机械式两种。坡道式地下停车场利用坡道实现车辆出入。其优点如下：造价低，运行成本低；可以保证必要的进出车速度（最快可实现每6 s进出一辆车），且不受机电设备运行状态的影响。缺点是用于交通运输的面积占整个停车场面积的比重较大（接近0.9∶1），且停车场内需要较大的通风量，管理人员较多。该停车场的坡道分为直线和曲线两种形式，停车场坡道类型如图3-4所示。

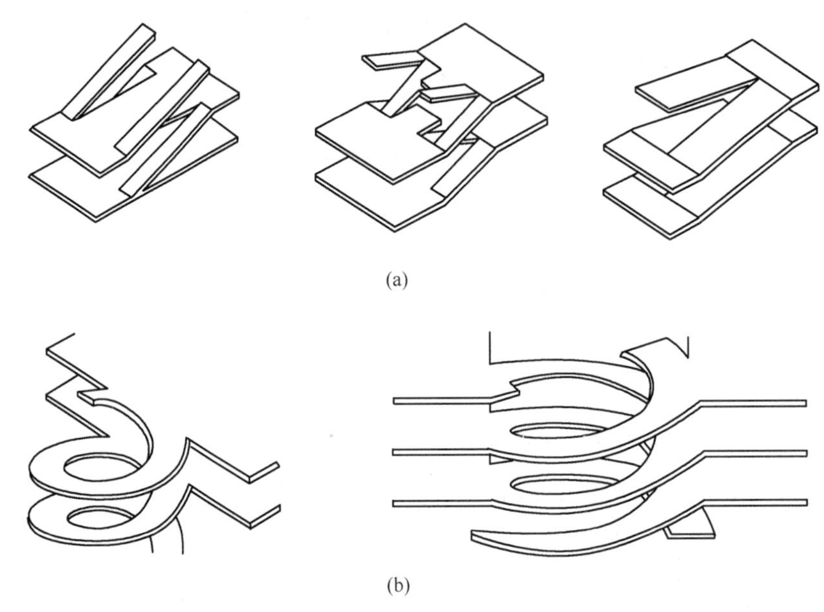

图3-4　坡道式地下停车场的坡道类型

（a）直线式坡道；（b）曲线式坡道

机械式停车场是指使用机械设备运送或停放汽车的停车场，此类停车场通过机械实现垂直自动运输，从而取消了坡道。其优点如下：停车场内的面积利用率高；管理人员少；通风消防较为容易。缺点是进出车辆的速度较慢，停车时间长（平均进出时长>90 s/辆）；一次投资量大，运营费用高。地下机械式停车场有不同形式，主要类型有垂直升降类、车位循环类、巷道堆垛类、升降横移类等几种。一般当坡道式地下汽车场建设较为困难时，可考虑建设机械式地下停车场。

（4）地下停车场按照工程施工方式，可分为浅埋式地下停车场和深埋式地下停车场以及岩层中的地下停车场。

在平原地区城市，建造浅埋式地下停车场比较合适；当与原有浅层地下设施产生矛盾时，可建造深埋式地下停车场，但最好与城市地下交通系统一起建造，以降低造价并确保工程使用便捷。当城市地质情况不允许工程浅埋在土层中时，如青岛、大连、厦门、重庆这一类依山而筑的城市，可以考虑在岩层中建造地下停车场。其主要特点是布置灵活，规模不受限制，面积利用率高，一般不需要垂直运输，对地面及地下其他工程几乎没有影响，节省用地效果明显。图3-5为建在岩层中的地下停车场结构。

（5）地下停车场按照建筑规模可划分为特大型、大型、中型、小型四种。根据中华人民共和国住房和城乡建设部发布的《车库建筑设计规范》（JGJ 100—2015）中规定，车库建筑规模及停车容量应符合表3-1。

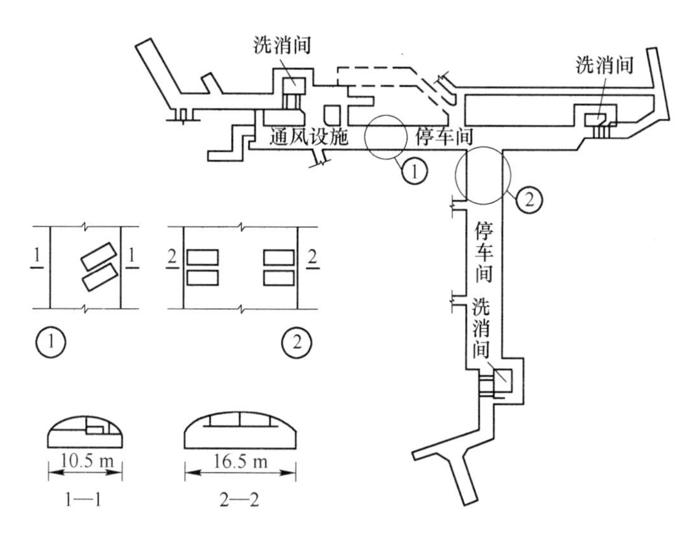

图 3-5　岩层中的地下停车场结构示意图

表 3-1　车库建筑规模及停车容量

规模	特大型	大型	中型	小型
停车容量/辆	>1000	301～1000	51～300	≤50

3.2.2　地下停车场系统

3.2.2.1　地下停车场系统概念

地下停车场系统是指由通道将若干个地下停车场联系在一起，同时配套相应设施组成的整体，具有停车、管理、服务、辅助等综合功能。

大都市中心区某个区域内，不同地块区域下的地下停车场经过某种形式的连通，形成一个整体，组成这个整体的各个停车单元既可以是建筑物的附建式地下车库，也可以是该区域内的地下公共停车场。这些使用性质不同的地下停车场通过停车场系统智能管理，统一协调。在大城市中心区内，可以根据实际情况形成一个或多个这样的地下停车场。

3.2.2.2　地下停车场系统组成

从系统设置方式看，地下停车场系统包括地面设施和地下设施两部分。地面设施包括车辆出入口及辅路、人员出入口及紧急出入口、引导标示系统、通风采光等配套设施；地下设施包括若干个地下停车单元、连接各个停车场的地下通道、各种辅助配套设施等。

从系统功能分类看，地下停车场系统包括“硬件”设施和“软件”系统两部分。“硬件”设施包括地下停车单元、地下停车服务设施（收费站、洗车站、餐厅等）、地下停车管理设施（门卫室、调度室、办公室防灾中心等）、地下停车辅助设施（风机房、水泵房、消防水库等）；“软件”系统包括停车智能管理系统、停车诱导信息系统等。地下停车场系统组成如图 3-6 所示。

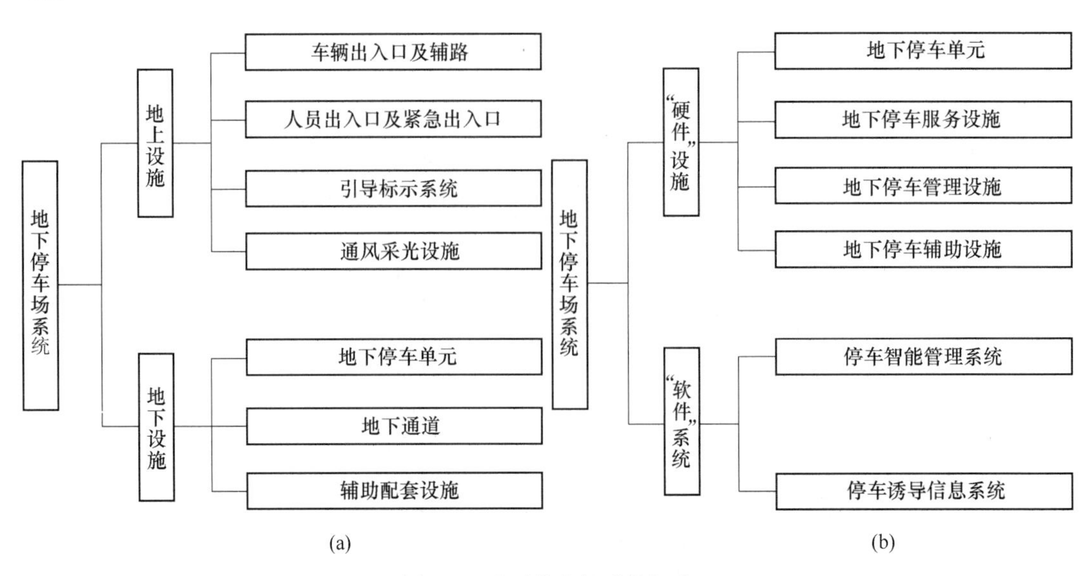

图 3-6　地下停车场系统组成

（a）依据系统设置方式分类；（b）依据系统功能分类

3.2.3　规划原则

城市地下停车场是城市的重要节点，既连接着城市动、静态交通，又协调城市的规划和发展，对城市交通流量和流向起着重要的调节作用。地下停车场的规划与选址，既要与城市的总体规划和改造协调，又要与城市动态的交通路网结构有机结合。

3.2.3.1　编制规划步骤

（1）城市现状调查，包括城市的性质、人口、道路分布等级、交通流量、地上地下建筑分布的性质、地下设备设施等多种状况。

（2）城市土地的使用及开发状况、土地使用性质、价格、政策及使用情况。

（3）机动车发展预测。机动车的发展与道路现状及发展的关系。

（4）城市原有停车场和车库状况、预测方案。

（5）编制停车场的规划方案，方案筛选制定。

3.2.3.2　规划要点

（1）结合城市总体规划。以市中心向外围辐射形成一个综合整体布局，考虑中心区、次级区、郊区的布局方案，可依据道路交通布局及主要交通流量进行规划。

（2）停车场的位置要选择在交通流量大、集中、分流的地段。应掌握该地段的交通流量与客流量，以及是否有广场、车站、码头、加油站、食宿场所等。

（3）考虑地上、地下停车场的比例关系，尽量利用地面上原有的停车设施。

（4）考虑机动车与非机动车的比例，并预测非机动车转化为机动车的预期，使地下停车场的容量有一定的余地。

（5）城市某个区域的地下公共停车场规划在容量、选址、布局、出入口设置等方面要结合该区域内已有或待建的附建地下停车场的规划来进行。

（6）要考虑地下停车场的平战转换，及其作为地下工程所固有的防灾、减灾功能。

可以将其纳入城市综合防护体系规划。

3.2.3.3 选址原则

(1) 附建式地下停车场建在地面建筑下，只需满足地面建筑和地下停车的功能要求即可，不存在选址问题。

(2) 单建式地下停车场应选择建在有大量停车需求且地面空间不足，或地面景观需要保护的地段，一般建在道路网的中心地段，如市中心广场、绿地或道路下。

(3) 公共停车场的服务半径不宜超过 500 m，专用停车场的服务半径不宜超过 300 m。

(4) 停车场应按照现行的防火规范确定一定的消防距离和卫生距离。停车场与其他建筑的防火间距应按照《汽车库、修车库、停车场设计防火规范》(GB 50067—2014) 要求确定，见表 3-2；表 3-3 为停车场与其他建筑的卫生间距。

表 3-2 停车场与其他建筑的防火间距 (m)

建筑物名称和耐火等级	汽车库、修车库		厂房、仓库、民用建筑		
	一、二级	三级	一、二级	三级	四级
一、二级汽车库、修车库	10	12	10	12	14
三级汽车库、修车库	12	14	12	14	16
停车场	6	8	6	8	10

注：防火间距应按相邻建筑物外墙的最近距离算起。

表 3-3 停车场与其他建筑的卫生间距 (m)

建筑名称	车库类别		
	Ⅰ~Ⅱ	Ⅲ	Ⅳ
医疗机构	250	50~100	25
学校、幼托	100	50	25
住宅	50	25	15
其他民用建筑	20	15~20	10~15

(5) 地下停车场应建在水文条件和地质条件较好的地段，避开地下水位过高或工程地质构造复杂的地段，避开已有的地下公用设施、管线主干和已有地下工程。

(6) 停车场选址应尽量综合考虑地下商业街、地铁、地下步行道等建筑进行布置，以利于发挥地下停车场的综合效益。

3.3 地下停车场的设计

3.3.1 地下停车场的组成与结构形式

地下公用汽车库一般由以下几部分组成：

(1) 停车部分：主要有停车间（包括停车位、行车通道和人行道）和交通设施（候车场地、坡道、升降机、楼梯、电梯等）。

（2）服务部分：包括等候室和收费处，以及洗车、加油、修理、充电等设施。

（3）管理部分：包括门卫室、调度室、办公室、防灾中心等。

（4）辅助部分：包括风机房、水泵房、器材库、燃油库、润滑油库、消防水库等。

地下停车场的结构形式主要有两种：矩形结构和拱形结构。

（1）矩形结构。矩形结构的顶、底板常采用梁板结构、无梁楼盖和幕式楼盖，侧墙通常为钢筋混凝土墙，大多埋藏较浅。

（2）拱形结构。拱形结构又分为单跨、多跨、幕式及抛物线拱、预制拱板等多种类型。该结构节省材料、受力好，适合埋藏较深的停车场设计。但是该结构占用空间大、施工开挖工程量大，施工较为复杂，因此近些年拱形结构已较少采用。矩形结构和拱形结构示意图如图 3-7 所示。

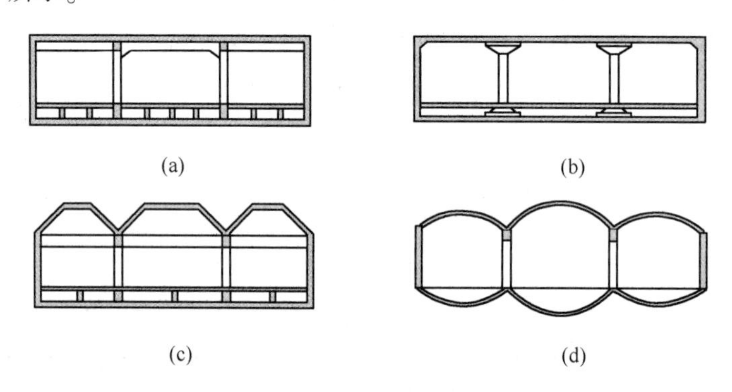

图 3-7　地下停车场常用结构示意图

（a）梁板结构（单建式）；（b）无梁楼盖结构；（c）幕式结构；（d）拱形结构

3.3.2　平面布置

停车场总平面布置应分区合理，交通组织应安全、便捷、顺畅。在停车需求较大的区域中，停车场的总平面布局宜有利于提高停车高峰时段停车场的使用率。停车场的平面布置，主要取决于停车场的停车方式及各项设施的布置。

3.3.2.1　占地比例

建筑系数和场地利用系数是衡量地上停车场利用效率的主要指标，而对于地下停车场来说，地面只建设少量建筑，主体建筑在地下，从而导致指标的大小与地上不同。从节省土地费用的角度出发，地下停车场的地面建筑与总建筑面积的比例为一、二级地下停车场不宜超过 5%，三、四级地下停车场不宜超过 10%。

地下停车场主体建筑的面积指标主要有 3 项，见表 3-4。由于建筑施工的许多复杂情况，使得停车场各部分的占地面积变化幅度较大，因此表中的各项数值仅通过已有的地下停车场相关资料的基础上提出，仅作为参考。

表 3-4　地下停车场的面积指标

指　　标	小型车停车场	中型车停车场
每停 1 辆车需要的建筑面积/$m^2 \cdot$ 辆$^{-1}$	35~45	65~75
每停 1 辆车需要的停车部分面积/$m^2 \cdot$ 辆$^{-1}$	28~38	55~65
停车部分面积占总建筑面积的比例/%	75~85	80~90

3.3.2.2 车位尺寸

在确定停车场的种类及结构形式后，需要对停车位进行设计，其最主要的设计依据是所选定的基本车型。我国机动车车型复杂，且部分车辆的设计尺寸仍在变动，因此确定标准车型比较困难。同时，除小汽车有停车需求外，还有相当数量的旅行车、工具车、载重车。所以，宜将标准车型分为微型车、小型车、轻型车、中型车和大型车五种。《车库建筑设计规范》（JGJ 100—2015）对以上五种机动车车型的外轮廓尺寸进行了概括，见表3-5。

表3-5 机动车设计车型的外轮廓尺寸

<table>
<tr><th colspan="2" rowspan="2">设 计 车 型</th><th colspan="3">外轮廓尺寸/m</th></tr>
<tr><th>总长</th><th>总宽</th><th>总高</th></tr>
<tr><td colspan="2">微型车</td><td>3.80</td><td>1.60</td><td>1.80</td></tr>
<tr><td colspan="2">小型车</td><td>4.80</td><td>1.80</td><td>2.00</td></tr>
<tr><td colspan="2">轻型车</td><td>7.00</td><td>2.25</td><td>2.75</td></tr>
<tr><td rowspan="2">中型车</td><td>客车</td><td>9.00</td><td>2.50</td><td>3.20</td></tr>
<tr><td>货车</td><td>9.00</td><td>2.50</td><td>4.00</td></tr>
<tr><td rowspan="2">大型车</td><td>客车</td><td>12.00</td><td>2.50</td><td>3.50</td></tr>
<tr><td>货车</td><td>11.50</td><td>2.50</td><td>4.00</td></tr>
</table>

注：专用停车场可以按所停放的机动车外轮廓尺寸进行设计。

车辆停放时，除了本身所占据的空间外，周围必须留有一定的余量，以保证在停车状态时能顺利打开车门和在行驶、调车过程中不发生碰撞。机动车之间以及机动车与墙、柱、护栏之间的最小净距应符合表3-6中的规定。凡车辆实际外轮廓尺寸小于设计车型尺寸者，不足部分可作为安全余量。

表3-6 机动车之间以及机动车与墙、柱、护栏之间最小净距

<table>
<tr><th colspan="2" rowspan="2">项 目</th><th colspan="3">机动车类型</th></tr>
<tr><th>微型车、小型车</th><th>轻型车</th><th>中型车、大型车</th></tr>
<tr><td colspan="2">平行式停车时机动车纵向净距/m</td><td>1.20</td><td>1.20</td><td>2.40</td></tr>
<tr><td colspan="2">垂直式、斜列式停车时机动车纵向净距/m</td><td>0.50</td><td>0.70</td><td>0.80</td></tr>
<tr><td colspan="2">机动车间横向净距/m</td><td>0.60</td><td>0.80</td><td>1.00</td></tr>
<tr><td colspan="2">机动车与柱间净距/m</td><td>0.30</td><td>0.30</td><td>0.40</td></tr>
<tr><td rowspan="2">机动车与墙、护栏及其他构筑物间净距/m</td><td>纵向</td><td>0.50</td><td>0.50</td><td>0.50</td></tr>
<tr><td>横向</td><td>0.60</td><td>0.80</td><td>1.00</td></tr>
</table>

注：纵向指机动车长度方向，横向指机动车宽度方向；净距指最近距离，当墙、柱外有突出物时，从其凸出部分外缘算起。

3.3.2.3 停车方式与停放方式

停车方式是指车辆进、出车位的方式，如前进停车、前进出车，前进停车、后退出车，后退停车、前进出车等方式，如图3-8所示。

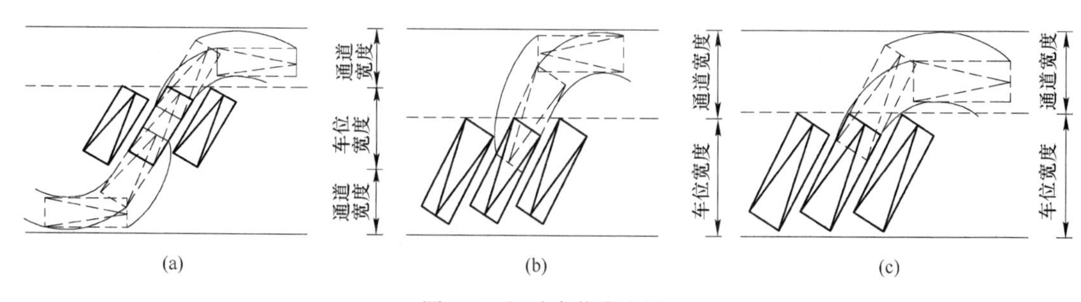

(a) (b) (c)

图 3-8 机动车停车方式

(a) 前进停车、前进出车；(b) 前进停车、后退出车；(c) 后退停车、前进出车

停放方式是指车辆在车位上停放后，车辆的排列方式和车纵向轴线与行车通道中心线所成的角度，一般有平行式、斜列式（倾角30°、45°、60°）、垂直式和混合式。图3-9为机动车停放方式示意图。

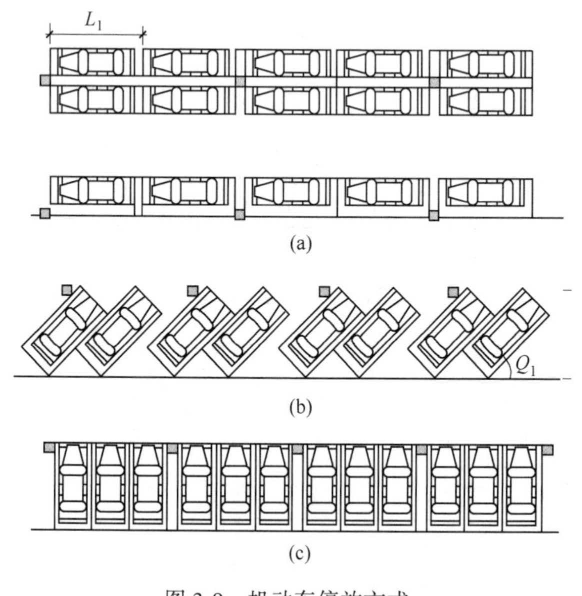

(a) (b) (c)

图 3-9 机动车停放方式

(a) 平行式；(b) 斜列式；(c) 垂直式

车辆在停车间内的停放方式和停车方式，对于停车的便捷程度和每台车所需占用的面积大小都有一定的影响。表3-7是我国计算不同停放方式下每台车停车加行车通道所需的面积。经过长期实践，目前国内外通常采用后退停车、前进出车的90°直角停车方式。

表 3-7 不同停放方式下每台车所需的面积 （m^2/台）

车 型	停 放 方 式						
	0°	30°	45°	60°		90°	
	前进停车	前进停车	前进停车	前进停车	后退停车	前进停车	后退停车
小型车	25.8	26.4	21.4	20.3	19.9	23.5	19.3
中型车	41.4	40.9	34.9	40.3	33.5	41.9	33.9

3.3.2.4 柱网选择

除规模很小的坡道式地下停车场外，在结构上一般都需要有柱，这就增加了停车间不能充分利用的面积。为保证地下停车场的空间利用率，柱网选择是地下汽车库平面布置中的一项重要工作，直接关系到设计的经济合理性。一般来说，以停放一辆车平均需要的建筑面积作为衡量柱网是否合理的综合指标，并同时满足以下几点基本要求：

（1）适应一定车型的停车方式、停放方式和行车通道布置的各种技术要求，同时保留一定的灵活性；

（2）保证足够的安全距离，使车辆行驶通畅，避免遮挡和碰撞；

（3）尽可能缩小停车位所需面积以外的不能充分利用的面积；

（4）结构合理、经济，施工简便；

（5）尽可能减少柱网种类，统一柱网尺寸，并保持与其他部分柱网的协调一致。

柱网由跨度和柱距两个方向上的尺寸所组成。表 3-8 给出了小型车和中型车地下停车场当两柱间停放 1、2、3 台车所需要的最小柱距尺寸。

表 3-8 停车间柱距的最小尺寸

车库类别	多层车库和地下车库			地下车库		
停车类型	小型车			中型车		
两柱间停车数/辆	1	2	3	1	2	3
最小柱距/m	3.0	5.4	7.8	3.9	7.2	9.9

在柱网单元中，跨度包括停车位所在跨度（建成车位跨）和行车通道所在跨度（建成通道跨）。柱距、通道跨和车位跨三者之间存在一定的关联，图 3-10 为两柱间停放 2 辆小型车时的停车间柱网尺寸变化对停车间面积指标的影响。

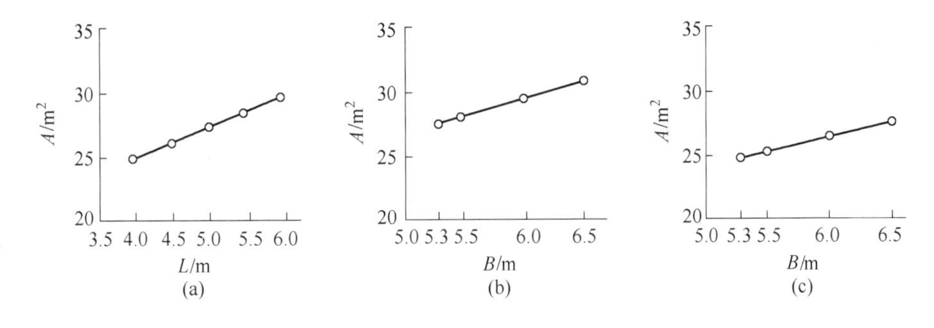

图 3-10 停车间柱网尺寸变化对停车间面积指标的影响

(a) 停车场面积与车位跨尺寸的关系（以 B=5.3 m 为例）；(b) 停车场面积与柱跨尺寸的关系（以 L=5.0 m 为例）；(c) 停车场面积与柱跨尺寸的关系（以 L=4.0 m 为例）

A—停车场面积；L—车位跨尺寸；B—柱跨尺寸

3.3.3 线路设计

3.3.3.1 通道设计

A 圆曲线

圆曲线是连接两条不同方向线路的曲线，汽车在圆曲线行驶时行驶曲率保持不变，如

图 3-11 所示。其有关参数的计算公式见式（3-1）（设 $T_1P=t$，转角 α）。

$$\left.\begin{aligned} r &= t\cdot\cot\frac{\alpha}{2} \\ N &= t\cdot\csc\frac{\alpha}{2}-r \\ l &= \frac{N\cdot\alpha}{57.30\left(\sec\frac{\alpha}{2}-1\right)} \end{aligned}\right\} \tag{3-1}$$

式中　r——回转半径，m；

N——外矢距 PQ 长，m；

l——回转段弧长，m。

B　缓和曲线

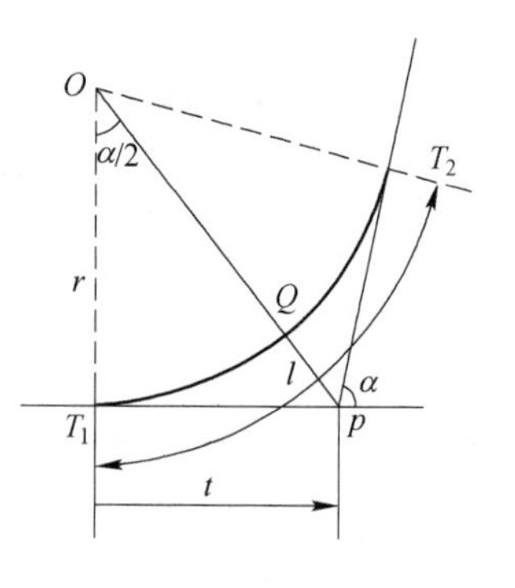

图 3-11　圆曲线

汽车从直线进入圆曲线之前，需要经过一段路线逐渐改变前轮转向角，这段路线被称为缓和曲线。大型地下停车场的进出环线应设置缓和曲线，通过曲率的变化使得汽车行驶顺畅，也可作为横向超高的过渡段，减小行车震荡。其有关参数的计算公式见式（3-2）。

缓和曲线长度根据离心加速度的变化率计算：

$$L = 0.036\frac{V^3}{R} \tag{3-2}$$

式中　L——缓和曲线长度，m；

V——汽车速度，km/h；

R——弯道半径，km/h。

缓和曲线长度根据司机反应时间计算：

$$L = \frac{1}{3.6}V\cdot \mathrm{t} \tag{3-3}$$

一般取 $t=3$ s。

缓和曲线长度根据视觉条件计算：

$$L = \frac{R}{9}\sim R \tag{3-4}$$

式中，$L=\frac{R}{9}$ 相当于缓和曲线最小转向角 $\beta=3°15'59''$，弧度为 0.0556；$L=R$ 相当于缓和曲线最大转向角 $\beta=28°38'52''$，弧度为 0.5。

缓和曲线长度取上述计算中的最大值（一般为 5 的整数倍）。

缓和曲线的内移值 ΔR 见式（3-5）。

$$\left.\begin{aligned} \Delta R &= \frac{1}{24}\cdot\frac{L^2}{R} \\ L &= \frac{V}{3.6}\cdot t \end{aligned}\right\} \tag{3-5}$$

切线总长：

$$T_h = T + q = (R + \Delta R)\tan\frac{\alpha}{2} + q \tag{3-6}$$

式中，T、α、q 如图 3-12 所示。

外矢距：

$$E_h = (R + \Delta R)\sec\frac{\alpha}{2} - R \tag{3-7}$$

曲线总长：

$$L_h = \frac{1}{180}R(\alpha - 2\beta) + 2L \tag{3-8}$$

式中，R、α、β、L 如图 3-12 所示。

图 3-12 中，ZH 为第一缓和曲线起点，HY 为第一缓和曲线终点，QZ 为圆曲线中点，YH 为第二缓和曲线终点，HZ 为第二缓和曲线起点。

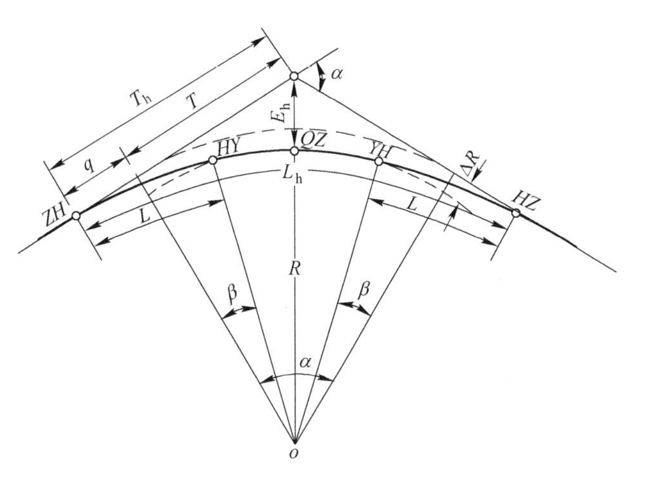

图 3-12 缓和曲线

C 超高与加宽

当采用曲线线路时，经常将外侧车道升高，这种设置被称为超高。设置超高能够平衡离心力，降低车辆经过曲线线路时车轮在路面上横向滑移，同时利于路面排水。当圆曲线半径为极限最小半径时，圆曲线常采用最大超高值；当圆曲线半径为不设超高的最小半径时，圆曲线做成双向横坡的路拱；当圆曲线半径介于二者之间时，圆曲线超高由式（3-9）计算。表 3-9 为（不）设超高的圆曲线最小半径。

$$i_{超} = \frac{V^2}{127R} - \mu \tag{3-9}$$

式中 $i_{超}$——圆曲线超高值，m；

R——圆曲线半径，m；

μ——横向力系数，0.035~0.15。

表 3-9 （不）设超高的圆曲线最小半径

计算行车速度/km·h^{-1}	80	60	50	40	30	20
不设超高的最小半径/m	1000	600	400	300	150	70
设超高的最小半径/m	250	150	100	70	40	20

在曲线段上，超高横坡度为 2%~6%，超高渐变率为 1/15 左右。

在曲线段行车时，汽车行驶所需的道路宽度比直线段要大。因此曲线段必须加宽才能满足汽车的行驶需求，加宽如图 3-13 所示。

图中 L_0 和 e_1 由式（3-10）所示。

$$\left.\begin{aligned} L_0 + (R - e_1)^2 &= R^2 \\ e_1 &= R - \sqrt{R^2 - L_0^2} \end{aligned}\right\} \quad (3\text{-}10)$$

若为双车道，则取 $e = 2e_1$，$e = 2(R - \sqrt{R^2 - L_0^2})$。

由图得：$R^2 - L_0^2 = \left(R - \frac{e}{2}\right)^2 = R^2 - R \cdot e + \frac{e^2}{4}$。由于 $\frac{e^2}{4}$ 远小于 R^2，故可将 $\frac{e^2}{4}$ 略去。则可得到 $e = \frac{L_0^2}{R}$。考虑到倒车速度的影响，双车道路路面曲线加宽值按照式（3-11）计算。

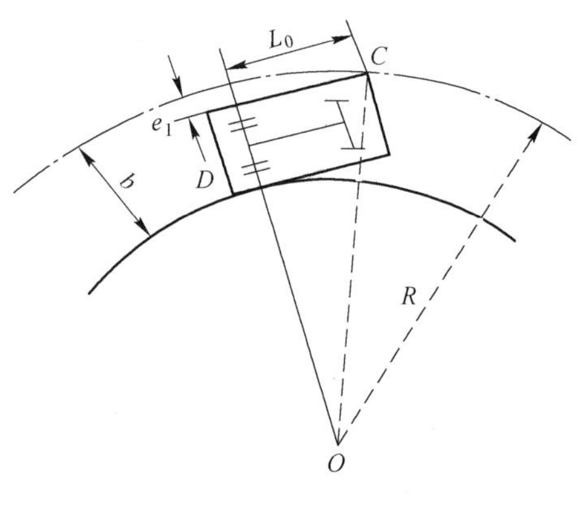

图 3-13　曲线段加宽

$$e = \frac{L_0^2}{R} + \frac{0.1V}{\sqrt{R}} \quad (3\text{-}11)$$

公路标准规定，当曲线半径小于或等于 250 m 时，应在曲线的内侧加宽，加宽值不变。道路应从直线段开始按照比例加宽，到圆曲线起点处增加至全加宽值，在圆曲线段时，加宽值不变。

加宽段的长度可由以下两种情况确定。

（1）设置回旋线或超高缓和段时，加宽缓和段长度采用与回旋线或超高缓和段长度相同的数值。

（2）不设回旋线或超高缓和段时，加宽缓和段长度应按照渐变率为 1∶1.5 且长度不小于 10 m 的要求设置。

D　行车通道宽度

行车通道的宽度取决于车型尺寸、停车方式和停放方式，并根据车型的转弯半径等参数进行设计。通过计算求得所需的最小行车通道宽度后，需要根据柱网布置进行适当调整，最后确定一个合理的尺寸，该宽度一般不小于 3 m。

前进停车、后退出车时的行车通道宽度计算方法见式（3-12）。

$$\left.\begin{aligned} r &= \sqrt{r_1^2 - l^2} - \frac{b + n}{2} \\ R &= \sqrt{(l + d)^2 + (r + b)^2} \\ W_d &= R_e + Z - \sin\alpha[(r + b)\cot\alpha + e - L_r] \\ R_e &= \sqrt{(r + b)^2 + e^2} \\ L_r &= e + \sqrt{(R + S)^2 - (r + b + C)^2} - (C + b)\cot\alpha \end{aligned}\right\} \quad (3\text{-}12)$$

式中　W_d——行车通道宽度，mm；

R_e——汽车回转中心至汽车后外角的水平距离；

L_r——汽车回转入位后轮回转中心的偏移距离；

C——车与车的间距，mm，取 600 mm；

S——出入口处与邻车的安全距离，mm，取 300 mm；

Z——行驶车与停放车或墙的安全距离，mm，大于 100 mm，可取 500～1000 mm；

R——汽车环行外半径，mm；

r——汽车环行内半径，mm；

b——汽车宽度，mm；

e——汽车后悬尺寸，mm；

d——汽车前悬尺寸，mm；

l——汽车轴距，mm；

n——汽车前轮距，mm；

α——汽车停放角度，(°)；

r_1——汽车最小转弯半径，mm。

后退停车、前进出车时的行车通道宽度计算方法见式（3-13）。

$$\left.\begin{aligned} W_d &= R + Z - \sin\alpha[(r+b)\cot\alpha + (a-e) - L_r] \\ L_r &= (a-e) - \sqrt{(r-S)^2 - (r-C)^2} + (C+b)\cot\alpha \end{aligned}\right\} \tag{3-13}$$

式中　a——汽车长度，mm。

《车库建筑设计规范》（JGJ 100—2015）对小型车的最小停车位、行车通道最小宽度作出了规定，见表 3-10。

表 3-10　小型车的最小停车位、行车通道最小宽度

停车方式			垂直行车通道方向的最小停车位宽度/m		平行行车通道方向的最小停车位宽度 L_t/m	行车通道的最小宽度 W_d/m
			W_{e1}	W_{e2}		
平行式		后退停车	2.4	2.1	6.0	3.8
斜列式	30°	前进（后退）停车	4.8	3.6	4.8	3.8
	45°	前进（后退）停车	5.5	4.6	3.4	3.8
	60°	前进停车	5.8	5.0	2.8	4.5
		后退停车	5.8	5.0	2.8	4.2
垂直式		前进停车	5.3	5.1	2.4	9.0
		后退停车	5.3	5.1	2.4	5.5

注：W_{e1} 为停车位毗邻墙体或连续分隔物时，垂直于行车通道的停车位尺寸；W_{e2} 为停车位毗邻时，垂直于行车通道的停车位尺寸。

3.3.3.2　坡道设计

坡道是地下停车场与地面或其余各层连接的通道，坡道设计除了应按照 3.2.1 所述内容选择合适的坡道形式，还需进行以下几方面设计。

A　数量和位置

坡道的数量应满足进、出车速度的要求，使之具有足够的通过能力。考虑到坡道类型、坡度、宽度、驾驶技术等各种因素对通过能力的影响，国内外地下车库坡道的通过能力通常取 200～400 辆/h，一般可取 300 辆/h。根据防火要求，在容量超过 25 台车的地下汽车库内，至少应有两条在不同方向上的坡道；在场地狭窄，布置两条坡道确有困难时，可将其中一条改为双车线坡道，另设一套备用的机械升降设施。

坡道在地下停车场的位置取决于停车场内交通组织情况、地下与地面交通的联系等因素。坡道在地下停车场的位置可分为两种情况，即在停车场主体建筑内和停车场主体建筑外，如图 3-14 所示。坡道在建筑内的优点是节省用地，上下联系方便；缺点是由于坡道的存在使主体建筑的柱网和结构都比较复杂，如果要求对口部实行防护也较困难。坡道在主体建筑之外的优点是坡道结构与主体建筑分开，比较容易处理，也便于进行防护；缺点是在场地狭窄时总平面布置可能会有困难。

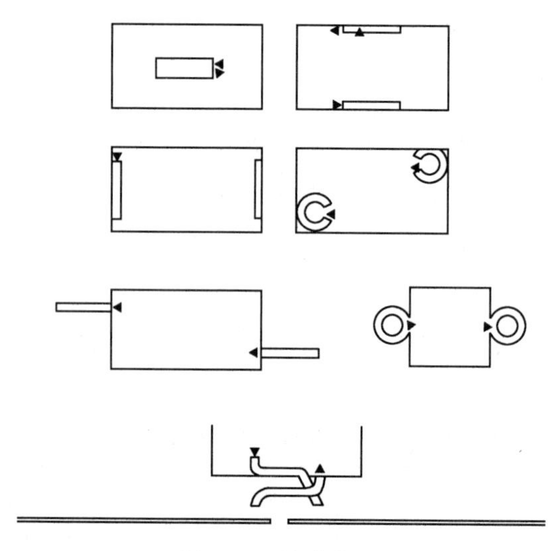

图 3-14　坡道位置

B　坡度

坡道的坡度直接关系到坡道的长度和面积，同时影响车辆进出的方便程度和安全程度。坡度设计受到车辆的爬坡能力、行车安全、废气产生量和场地大小等多种因素影响。因此，综合各种因素确定一个合适的纵向坡度十分重要。《车库建筑设计规范》（JGJ 100—2015）对停车场坡道的最大纵向坡度进行了规定，见表 3-11。

表 3-11　停车场坡道的最大纵向坡度

车　型	直线坡道		曲线坡道	
	百分比/%	比值（高：长）	百分比/%	比值（高：长）
微型车 小型车	15.00	1：6.67	12.00	1：8.30
轻型车	13.30	1：7.50	10.00	1：10.00
中型车	12.00	1：8.30		
大型客车 大型货车	10.00	1：10.00	8.00	1：12.50

当坡道纵向坡度大于10%时，坡道上、下端均应设置缓坡坡段，其直线缓坡段的水平长度不应小于3.6 m，缓坡坡度应为坡道坡度的1/2；曲线缓坡段的水平长度不应小于2.4 m，曲率半径不应小于20 m。大型车的坡道应根据车型确定缓坡的坡度和长度。

C 坡道长度、宽度

坡道的长度取决于坡道升降的高度和所确定的纵向坡度。当场地受到限制必须缩短坡道长度时，可适当减少升降高度和在允许最大纵坡范围内适当增加坡度。在计算坡道面积时，应按照实际总长度计算，在进行总平面布置时，可按照水平投影计算。

坡道的宽度一方面影响行车安全，另一方面影响坡道的面积大小。直线单车坡道的净宽度应为车辆宽度加上两侧距墙的安全距离（0.8~1.0 m），双车道还应加上两车之间的安全距离（1.0 m）。曲线坡道的宽度为车辆的最小转弯半径在弯道上行驶所需的最小宽度加上安全距离（1.0 m）。

3.3.4 出入口设计

3.3.4.1 出入口布置要求

地下停车场的出入口包括车辆出入口和人员疏散出入口。其中由于车辆出入口影响的因素较多，故本节重点讲解车辆出入口。在设计时，首先要保证停车场的新建不会影响周围道路的行车畅通，避免造成地下与地上的交通拥堵。其次出入口的布置要易于辨认，对行人的影响较小。大型停车场的出入口宜分散布置，既有利于车辆的安全疏散，又便于不同位置的车辆以最近的距离进出停车场。

3.3.4.2 出入口的数量与位置

地下停车场的出入口是内外交通的结合点，对于调节建筑内的交通流量具有重要作用，直接关系到车辆进出系统是否畅通。以单个地下停车场的出入口设计为例，其数量与位置的要求如下：

（1）出入口数量应符合《车库建筑设计规范》（JGJ 100—2015）中的规定，见表3-12。若车道数量大于等于5且停车数量大于3000辆时，机动车出入口数量应经过模拟计算确定。各个出入口之间的距离应大于15 m。

表3-12 出入口数量

规 模	>1000	101~1000	0~100
出入口数量	≥3	≥2	≥1

（2）泊位数超过100辆的地下停车库，出入口不应设在城市主干道上，宜设在宽度大于6 m、纵坡小于10%的次干道上。

（3）地下停车场出入口与城市人行过街天桥、过街地道、桥梁或隧道的引道等的距离应大于50 m，距道路交叉口的距离应大于80 m。

（4）地下停车场出入口的进出车方向，应与所在道路的交通管理体制相协调。在我国城市车辆右侧行驶的情况下，应禁止车辆左转弯后跨越右侧行车线进出地下汽车场。

（5）地下停车场出入口距离城市道路规划红线应不小于7.5 m，并在距出入口边线内2 m处视点的120°范围内至边线外7.5 m以上不应有遮挡视线的障碍物。

（6）地下公共停车场出入口前的地面上应设候车道，宽度不小于3 m，长度不小于

2 辆车的长度，每辆车的候车长度应按 5 m 计算。当进入车辆特别集中时，在出入口前的地面应设足够大小的候车场。

3.4 地下停车场内部环境要求及安全措施

3.4.1 内部环境要求

相比于其他地下工程，地下停车场中的人员较少，且人员在其中活动和停留的时间较短，因此对环境质量的要求不像其他地下建筑那样高。根据该建筑的使用特点，需要重点解决好空气质量问题以及光环境。

地下停车场的空气质量评判标准包括舒适度和清洁度，其中又包含温度、湿度、CO 和 CO_2浓度、含尘量等要求。对于地下停车场的温度要求，停车空间不应低于 5 ℃；洗车间的温度应在 12 ~ 15 ℃；人员停留区如服务、管理部分应保证常规温度标准（18 ~ 20 ℃）。对于地下停车场废气的要求，当人员活动时间在 10 ~ 20 min 之间时，建筑内 CO 最高允许浓度为 200 mg/m^3，30 min 以内时为 100 mg/m^3，60 min 时为 50 mg/m^3，长期有人活动的区域，最高允许浓度为 30 mg/m^3。当自然通风无法满足废气标准时，可采用机械式通风，每小时的换气次数不小于 4 次。

车库内照明应保证分布均匀，避免眩光。

3.4.2 交通安全措施

地下停车场车辆、人员往来较为频繁，应采取相应的安全措施防止交通事故的发生。

保障人员安全的措施有：

(1) 人员的行走路线应尽可能与车行线分开，特别应避免与车行频繁的车行线交叉。

(2) 当人行道与车行线在一起时，应当为人员设置专用的人行道。即在车行线一侧划出 1 m 左右的人行线。

(3) 人行道与车行线交叉时，应在地面上画出明显的人行横道标志。

保障车辆安全行驶的措施有：

(1) 入口处应有较为显眼的提供地下停车场相关实时数据的信号设备，并设立引导或制止车辆进入的标志（文字或箭头），同时保证夜间照明。

(2) 在坡道处应设置坡道净空高度提示牌或设置限高杆，以避免大、中型车辆误入坡道，或因车上装载的物件过高而在封闭坡道发生碰撞。

(3) 坡道内的照明应考虑室内外空间的过渡。

(4) 出口坡道外应有警告及信号装置，提醒外部车辆和行人注意躲避。

(5) 在出入口处、坡道中和停车单元内应设置限制车速的标志。应有引导行车方向和转弯的标志，以及上、下坡道的标志。

3.4.3 防火、灭火与疏散

在地下停车场中，由于行驶和停放的车辆都带有一定数量的燃油，因而发生火灾和爆炸的可能性较大，一旦发生后也很难扑救。因此必须设置必要的防火和灭火设备，并从建筑布置上为防火、灭火创造有利条件，以确保安全。地下汽车库内部的防火、灭火措施，应满足以下几点基本要求：

（1）迅速发现和控制火源的蔓延，尽可能把火灾和火灾造成的损失控制在局部范围内；

（2）保证人员的安全疏散和撤离；

（3）采取隔烟和排烟措施，并按照《建筑设计防火规范》（GB 50016—2014）的规定设置防火墙等防火构造；

（4）设置火灾自动报警系统，使灭火系统、通风系统、排烟系统、隔绝设施等均与自动报警系统联系起来；

（5）禁止使用可燃性建筑材料和燃烧时产生毒气的装修材料；

（6）保证防火、灭火用水的水源供给，同时保证应急照明电源的供给。

复习思考题

（1）地下停车场的规划要点有哪些？

（2）地下停车场的平面布置主要取决于哪几项因素。

（3）地下停车场的线路设计主要包括哪些内容？

（4）地下停车场出入口和坡道的位置和数量如何确定。

（5）地下停车场防火有哪些要求？

4 其他地下工程

本章学习重点

（1）了解地下仓库的发展历程、分类与建筑要求，掌握地下燃料库的储存原理及储存方法，了解地下冷库的设计内容，了解其他地下仓库的分类及用途。

（2）了解地下街的分类及设计原则，掌握地下街的尺寸、结构及出入口设计内容。

（3）了解地下管廊的发展历程及分类，掌握地下管廊的设计内容，了解地下管廊的安全设施要求。

（4）了解人防工程的分类，了解人防工程的设计内容，掌握人防工程的平战转换内容。

4.1 地下仓库

4.1.1 概述

地下仓库是指修建在地下的储物建筑物。由于地下空间具有良好的热稳定性、防护性和密闭性，为在地下建造各种仓库提供了十分有利的条件，使得地下仓库具有良好的隔热保温、储品不易变质、能耗小、储存成本低等特点。但是，该工程初期投资大、工期长，应与建造地面仓库进行技术经济比较后确定。尽管如此，由于地下仓库在降低土地占用面积、能源消耗等方面的优势，其发展速度依旧十分迅速。

20 世纪 60 年代末期，我国地下仓库的发展速度较快，取得了较为显著的成绩，建成了相当数量的地下粮库、冷库、燃油库等。1973 年，我国开始规划设计第一座岩洞水封燃油库，1997 年建成投产，是当时世界上少数几个掌握地下水封贮油技术的国家之一。1975 年河北省建成了南宫地下水库，标志着我国地下水库建设的开始，随后烟台、大连和青岛等地先后建成了一批地下水库。1999 年，中国第一座商业储气库开始投入建设，发展至今，已有 27 座储气库建成并投入使用。1965 年，原国家粮食部研究提出建设一批地下粮仓储量的设想。到 2006 年底，全国地下粮仓总仓容已发展到 300 多万吨。

4.1.2 仓库分类与建筑要求

4.1.2.1 仓库分类

（1）按照储存物品分类，可将地下仓库分为五大类：地下水库，用于储存饮用水及工业用水；地下食物库，包括地下粮食库、地下冷冻库和地下冷藏库；地下能源库，包括地下化学物库、地下电能库、地下燃料库等；地下物资库，包括车辆存放库、武器库、装备库、军需品库和商品库等；地下废料库，包括地下核废料库、地下工业废料库和城市废物库。

（2）按照用途与专业分类，可将其分为国家储备库、城市民用库、运输转运库等。国家储备库是指国家为防止战争、应对自然灾害和其他意外事故而建设的储备各种物资的仓库，主要有国家储备粮库和国家储备物资仓库。城市民用库是指用于保障城市正常生产、生活的各类储存库，按照储存物品的性质可再将其分为一般性综合贮库、食品及粮食贮库、危险品贮库和其他类型的贮库。运输转运库是指中转地储存待运物资的仓库。

4.1.2.2 建筑要求

地下仓库必须在一定条件的地质介质中建设，一般都是在岩层中挖掘硐室或者在土层中建造仓库。地下仓库的建设应遵循以下基本要求：

（1）地下仓库应设置在地质条件较好的地区，保证仓库的安全性；

（2）靠近市中心的地下仓库，在布置出入口时，除了需要满足货物进出便捷，同时需要与地面建筑布置相适应；

（3）若地下仓库与城市的关联性较小，应将其布置在城市的下游位置，以降低其建筑对城市居民生活的干扰；

（4）布置在郊区的大型储存库、军用储存库等，应做好隐蔽措施。

城市地下仓库用地的布局应综合考虑到仓库的用途、城市发展战略、城市用地的整体空间规划，因此仓库布局应满足以下要求：

（1）地下仓库的位置应有利于交通运输。仓库必须接近货运需求量或者供应量较大的区域，提高车辆利用率，减少空车行驶里程。对于小城市，决定仓库布置位置的因素是对外运输设施（车站、码头等）的位置；而对于大城市，除了要满足对外交通便捷，还需要考虑市内运输距离的长短。

（2）地下仓库的位置应减少对城市居民区的影响。一般的仓库应布置在城市外围，而为本市服务的仓库应均匀分散布置在居住区边缘，并与商业系统结合起来，在具体布置时应按仓库的类型进行考虑。仓库的布置应注意城市环境保护，并满足有关卫生、安全方面的要求。若仓库需要沿河道布置时，必须留出河（海）岸线，与城市没有直接关系的储备、转运仓库应布置在城市生活居住区以外的河岸。

（3）仓储区之间的分布应合理。仓库区过分集中的布置，既不利于交通运输，也不利于战备，对工业区、居住区的布局也不利。大、中城市仓储区的分布应采用集中与分散相结合的方式，可按照储存内容的不同将仓库划分为不同分区，并配备相应的线路、工程设施及设备，并结合自身特点及要求，在城市中适当地布置；对于小城市，宜将仓库独立分布。

4.1.3 地下燃料库

安全高效的石油储存技术是保证能源安全的重要组成部分。其中，地下储存被认为是最经济、有效、安全和可靠的方法。地下燃料库的储存方式有以下几种：岩盐层洞式油库、开凿地下硐室的储备方法（包括地下水封油库、岩石中金属罐油库、软土水封油库、衬砌式油库等）、矿山废弃矿井油库、含水层中的天然气库等方式。在保证燃料的储存条件下，地下仓库在设施运行和维修的费用仅为地上金属罐储存方式的五分之一。

4.1.3.1 地下岩盐洞式油库

地下岩盐洞式油库是在岩盐层中，用水通过钻孔浸析岩盐使之成为设计形状和容量，构筑洞室贮藏石油的一种贮存方法。由于石油在岩盐层中不易渗透，即使长期贮存也不会影响石油的性质，而且开挖费用低，无须维修，使得地下岩盐洞式油库成为一种理想的储油方法。图 4-1（a）为在厚岩盐层中用水浸析形成的椭球状洞库过程的示意图，具体方法如下：

（1）从地面钻进垂直钻孔，此孔可达数百米，并在钻孔中下套管 1。

（2）由进水管 2 注水溶解、浸析岩层。然后，由盐水引出管 3 把岩盐的溶液抽出，在岩盐层中逐渐形成椭球状油库 5。每获取 1 m^3的盐液约耗水 6~7 m^3。

（3）当洞室达到设计形状和大小后，液体燃料即可经油管 4 注入椭球洞室之中。

构建此类岩盐洞式油库要求的岩盐层厚度一般大于 50 m。如果岩盐层的厚度有限，约 30~50 m，可采用倾斜钻孔钻至岩盐底板并逐渐水平钻进，再通过注水和抽出盐液，在岩层内形成坑道式的空间，如图 4-1（b）所示。

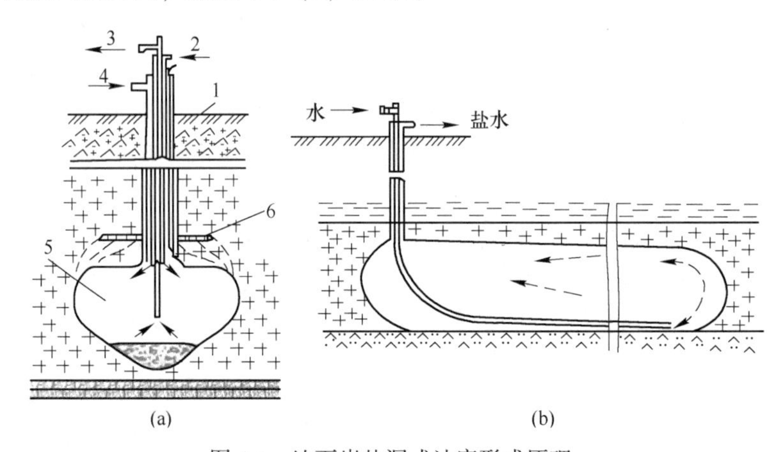

图 4-1　地下岩盐洞式油库形成原理

（a）厚岩盐层的椭球状油库；（b）有限厚度岩盐层的椭球状油库

1—套管；2—进水管；3—盐水引出管；4—油管；5—椭球状油库；6—上部非盐岩层

4.1.3.2　地下水封油库

现如今，地下燃料库一般仍然通过开挖地下空间用于储存燃料，其中用地下水防止储存物泄漏的水封油库最具特色。地下水封油库是位于地下水位以下一定深度岩体中开挖出的地下空间系统，利用液体燃料的相对密度小于水、与水不相混合的特性，在完整坚硬的围岩洞室中依靠地下水压力和岩石的承载能力直接封存液体燃料，并配套以辅助设施组成的仓库。石油制品和液化气在储存原理和建筑布置上并无太大差别，仅在埋深上有所不同。以下内容以石油制品地下水封油库为例进行说明。

A　储存原理

地下水封油库的贮存原理如图 4-2 所示。当储油洞室形成后，由于洞内的压力接近于地表大气压力，周围的地下水将在静水压力与大气压力的作用下流向洞室。洞室注油后，由于油与水不能混溶的特点，在任意相同高度上岩洞周围地下水的

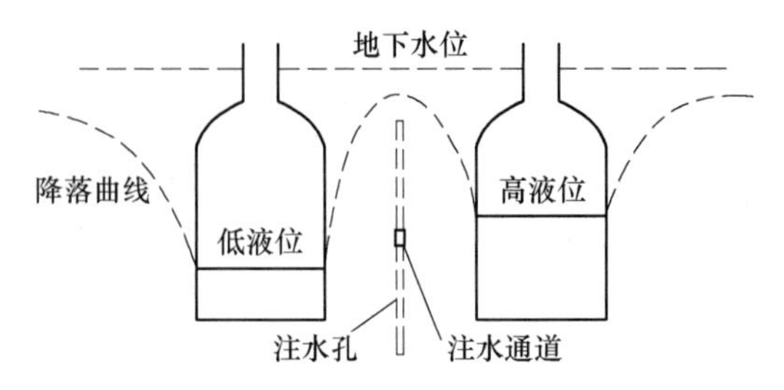

图 4-2　地下水封油库贮存原理示意图

压力仍然大于油品的静压力，使油品不能从裂隙中漏走，因而油品被封隔在洞室内。同时，由于水的密度大于油的密度，导致流入洞内的水沿洞壁沉积到底部。

由于岩层中的水流入洞室内，使周围地下水位发生变化，形成降落水漏斗。水漏斗底面高度随着油品液位高度而变化，洞室内油品注入量增大时，水漏斗底面也随之上升。当两个距离较近的洞室内油品液面高度不同时，洞室间的岩石间壁会因脱水而无法满足水封条件，高液面的油品将会渗入低液面洞室中，造成混油事故。此时需要在洞室间的岩石间壁开凿注水通道人工注水，在间壁内形成一个人工地下水幕，从而补充岩层裂隙水保证洞室的水封条件，起到防止相邻洞室油品相互渗流的作用。

根据地下水封油库的贮存原理，可以看出建造油库对岩层具有以下要求：

(1) 围岩需较为坚硬，岩石较为完整且稳定性良好；

(2) 建造区域的地壳较为稳定，地质构造较为简单；

(3) 岩体透水性较弱，有稳定的地下水位；

(4) 所贮存油类的相对密度小于1，不溶于水，且不和岩石或水发生反应。

B　地下水封油库的优缺点

(1) 具有较好的安全性。地下水封油库一般埋藏在地下数十米深的岩层内，燃料被岩层和地下水包围密封，只有竖井连接油库和地表。

(2) 环保性较好。由地下水封油库的储存原理可知，此方法不会导致油气向外溢出，洞室下部水垫层抽出的水可通过处理达标后排放，不会污染地下水和大气。

(3) 成本低。近年来的工程实践表明，百万立方米级别的地下水封洞库建设成本比同规模的地上油库更低，且地下水封洞库储罐个数少，自动化程度高，维护设备少，运营成本更低。

地下水封油库也存在一定缺点，如选址受建筑地点和地下水位限制、投资大、对设备的可靠性要求高等。

C　地下水封油库的储存方法

地下水封储油的方法包括固定水位法和变动水位法两种，如图4-3所示。

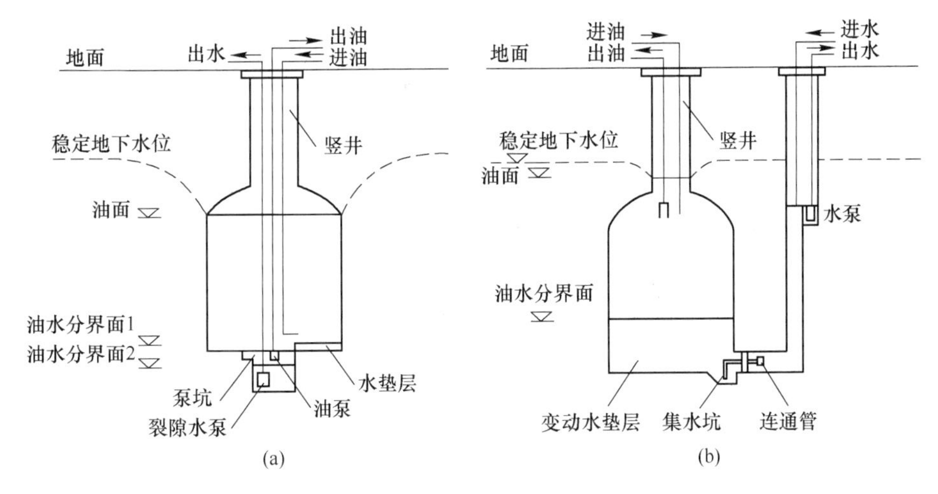

图4-3　地下水封油库储油方法
(a) 固定水位法；(b) 变动水位法

固定水位法是指洞室水垫层厚度设定在一定范围内（一般为 0.3~0.5 m），在洞室内设泵坑和自动排水系统，保持水垫层一定的厚度，仅洞室上方的气相空间发生变化。

变动水位法是指洞室内油品液面保持在洞顶附近的一个固定高度，需要进油或者发油时，将等体积的水泵出或者注入，进行油水置换。

由其工艺原理可知，相比于变动水位法，固定水位法具有洞室设计及运行压力低、生产污水少、运维费用低等优点。因此目前使用较广泛的是固定水位法，我国的地下水封洞库都是采用这种方式储存油品。

D　地下水封油库设计

（1）选址。油库宜选择靠近原油、成品油需求量大或消费集中的区域，且宜依托现有的码头、油库、管道等储运设施。在选址勘查过程中应查明所在区域的地层岩性与构造稳定性，并保证库址具有稳定的地下水位且能够得到稳定的补给。最后，还要保证油库的交通运输较为方便。

（2）平面布置。水封油库设施可划分为地下生产区、地上生产区、辅助生产区和行政管理区。在设计时，地上设施宜布置在地下生产区上方，地上设施使用性质相近的建筑物宜合并布置，但要符合相关安全防火要求。

（3）环境保护及安全设计。油气回收处理时，处理后排放的尾气应符合国家标准《储油库大气污染物排放标准》（GB 20950—2020）的规定。油库内的渗水、库区生活污水等应分类回收后处理；运行过程中产生的油气回收废吸附剂、废碱液、污水处理油泥等固体废物，应作为危险废弃物进行处理。水封油库地上设施防洪标准应按照洪水重现期不小于 100 年设计。

4.1.3.3　地下储气库

地下储气库是将天然气压缩以后通过不同方式注入地下自然或人工构造空间而形成的储气场所。相较于地面金属储气罐，地下储气库可在靠近主要用气城市的经济发达地区建设。

A　地下储气库的作用

地下储气库是储存大量燃气最经济和较为安全的方法，大大提高了供气的可靠性。地下储气库能够起到的主要作用如下：

（1）解决调峰问题。当天然气需求量较低时，可将多余的天然气注入地下储气库储存起来；当需求量大于管道输送量时，可按需提取地下储气库中的天然气。

（2）解决应急安全供气问题。当发生自然灾害或突发事故造成中断供气时，地下储气库可作为应急备用气源向下游居民提供天然气。

（3）优化管道运行。地下储气库使得气田生产系统的操作和管道系统运行不受时长消费量变化的影响，实现均衡生产和输气，提高上游气田和管道的运行效率。

（4）用于战略储备。

B　地下储气库分类

目前，主要的地下储气库类型可分为枯竭油气藏储气库、含水层储气库、盐穴储气库和矿坑及岩洞地下储气库。

（1）枯竭油气藏储气库。这种储气库是利用储层中的砂岩晶体及多孔碳酸盐之间的天然孔隙储存天然气，包括由枯竭的气藏、油藏和凝析气藏改建的地下储气库。该类储气库的储气量大，是应用最广泛的一种储气库。截至2015年，世界上处于运行状态的储气库为715座，总工作气量达3930亿立方米，其中枯竭油气藏储气库工作气量3180亿立方米，占总工作气量的81%。

该类储气库有两方面的优点，一方面由于这种储气库中残留有少量的油气，减少了垫层气量；另一方面由于储层厚度、孔隙度、渗透率、均质性、储层面积等资料已准确掌握，一般不需再进行勘探。部分设施可重复利用，建库周期较短，投资和运行费用较低，其单位工作气量的投资为含水层储气库的1/2~3/4，约为盐穴储气库的1/3；其运行费用为含水层储气库的3/5~3/4，约为盐穴储气库的1/5，具有极高的经济效益。

（2）含水层储气库。这种储气库通过排出地层岩石孔隙中的水后储存天然气，即将天然气注入含水层，将水驱赶到所存天然气的边缘。相较于枯竭油气藏储气库，这种储气库的投资和操作费用相对较高，建库周期也较长。但含水层构造的地质分布较广，在输气管道和天然气消费中心附近一般容易找到。从天然气输送系统建设方面考虑，含水层储气库也是较为经济合理的。因此，世界上大的天然气消费中心建设的储气库多为含水层储气库。

（3）盐穴储气库。盐穴分为天然盐穴和人造盐穴，目前大多数储气库为利用人造盐穴建造。人造盐穴储气库是通过向盐层中注入新鲜水对盐层进行浸析，将浸析形成的溶解盐水排出而形成的洞穴，图4-4为德国盐穴储气库示意图。一般情况下，盐穴储气库的储存容积较小，建设成本较高，但也存在一些优势，包括密封性较好，储气压力大；可以按照调峰负荷和储备实际用气量进行建造，一个储气库可以按不同储气量的需求，分几期来进行设计和建造，机动性强，注采气速度快，周期短，一年中注采气循环可达4~6次；垫层气比例小并且可以回收。

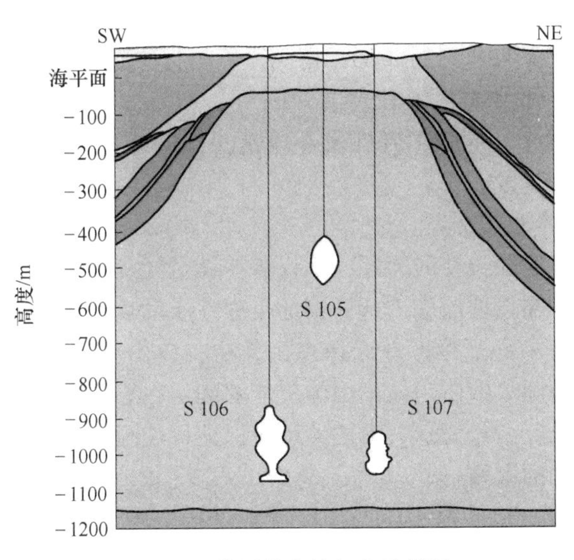

图4-4　德国盐穴储气库示意图

（4）矿坑及岩洞地下储气库。这种储气库利用废弃的采矿洞穴或在山体内开凿的岩洞储存天然气。由于符合储存天然气地质条件的矿坑较少，人工开凿成本较高，因此限制了这种储气库的发展。

4.1.4 地下冷库

地下冷库是建在地下用于在低温条件下储存物品的仓库。其基本原理是利用一般制冷装置冷却洞内的空气，然后四周岩石中的热量传递给空气，紧靠洞室的岩石首先被冷却，随后逐渐深入扩展到岩石内部。流向洞室的热流并非固定值，当岩体冷却区扩展时，热流将随时间的延长而减少。经过一定时间后，在洞室周围的岩体中，就会形成一定范围的低温区，积蓄巨大的冷量，并维持洞室内具有稳定的低温。因此，建造地下冷库可以少用或不用隔热材料，温度调节系统较地面冷库也比较简单，运营费用也比地面冷库低得多。根据资料统计分析，地下冷库的运营费用比地面冷库的运营费用要低 25%~50%。

地下冷库的建筑形式有建在岩石中或土层中，有单建式或附建式冷库。按照冷库的温度高低不同，可将其分为“高温”和“低温”冷库：“高温”冷库的库内温度一般为0 ℃左右，主要用于存储蔬菜、水果等食品；“低温”冷库的库内温度一般为-2~-30 ℃，主要用于储存易腐烂变质的食品，如肉类、鱼类、蛋类等，或者其他有特殊储存要求的物品。

无论是哪一种类型的地下冷库，地下环境都为其提供了十分有利的条件：

（1）密闭性能好，温度稳定，能源消耗少；

（2）节约材料，降低投资；

（3）结构简单，维护较为容易；

（4）防护力强，利于备战；

（5）节约土地，保护环境。

4.1.4.1 地下冷库的设计原则

（1）确定地下部分的规模、技术要求和冷藏物品的种类；

（2）按照制冷工艺的要求进行布局，把制冷工艺与功能结合起来；

（3）高度 6~7 m，洞体宽度不宜大于 7 m；

（4）选址要考虑地形、地势、岩性及环境情况，应选择山体较厚、排水通畅、结构稳定、导热系数较小的地段。

4.1.4.2 地下冷库选址

地下冷库选址是一个综合性的问题，不仅需要满足经济要求和使用要求，更需要满足工程地质条件。因此，在选址前应进行详细的工程地质勘查，选择较为有利的冷库位置。

（1）地形地貌选择。地下冷库宜选择在山体中，以山体完整、地表切割破坏少、无冲沟、山谷和洼地的浑圆状山体为佳，山体应能够满足冷库的埋深要求，库体地表的高差以 2~6 m、边坡角以 55°~75°为宜。山体地址应保证昼夜温差较小、气温较低，无不均匀动荷载作用及地表洪水的影响。

（2）地质条件选择。地下冷库应选择区域地质构造较为简单，地应力不高，无区域性断裂通过，第四纪以来无明显的构造运动，地震烈度不超过七度的地区。冷库的围岩应尽量保证地质构造简单，岩层变形轻微；断层、节理小，间距大，组数少，无断层破碎带和节理密集带；岩石单一，岩质均匀，岩层厚大，层理、层面不发育，且联结性好、倾角小的地段为佳。冷库的洞室应尽量避开褶皱轴部，特别是向斜轴部、倒转背斜的轴部和翼部，必要时宜选择舒缓褶曲，并以垂直通过为宜；洞室穿过节理、断层时，洞轴线尽量垂直主导裂隙和断层的走向。

地下冷库的选址应力求将建筑选在水文地质简单且易于查清地下水补给、径流和排泄条件，又易于防、排地下水的地方，要求地下水少、补给来源有限、水温低、压力小、水质好。

4.1.4.3 地下冷库埋深确定

地下冷库埋深选择的基本原则：满足围岩稳定性的要求；满足制冷的要求；满足防护要求，有利于备战。

地下冷库若埋深过浅，上部岩土层太薄，容易造成洞顶坍塌，不利于抗震和防护，同时会更容易受到太阳热及其他温度的周期性变化的影响，对冷库的制冷不利。若地下冷库的埋深过深，围岩压力大，软弱岩石容易产生塑性变形，坚硬岩石易产生岩爆等问题，当埋深到达地温增温层时，随着埋深的增加地温逐渐增加，对冷库运行十分不利。因此，地下冷库的埋深应综合考虑防护要求、围岩稳定性、洞室跨度、地温分布等因素，选择利于冷库运行的深度。

从围岩稳定性考虑，地下冷库埋深可按照表 4-1 进行选择。

表 4-1　地下冷库埋深选择

围岩稳定性		埋深/m（B 为洞跨）
围岩类别	稳定系数 F	
稳定	≥8	$(1.2\sim1.8)B$
基本稳定	5~7	$(1.8\sim2.2)B$
稳定性差	2~5	$(2.2\sim2.5)B$

4.1.4.4 地下冷库的建筑设计

由于受岩石成洞条件的限制，地下冷库洞与洞之间必须保证一定厚度的岩石间壁，无法集中形成一个大面积或者多跨连续的库房。因此在布置方式上尽可能集中和缩小洞间的距离，减少通道的长度，其总平面布置应避免“分散式”或“放射式”，尽量采用“集中式”和“封闭式”，如“日”“目”“田”字形布置，可降低地下冷库的建筑面积，降低冷库需要控制的温度场的范围，对降低能耗十分有利。图 4-5 为小型岩洞冷库的布置方案，图4-5（a）为“口”字形布置，贮存量为500 t；图4-5（b）为“日”字形布置，贮存量为 700 t。此时，两种布置方案的单位贮存量散冷面积分别为 2.8 m^3/t 和 2.78 m^3/t，单位贮存量占地面积分别为 1.24 m^3/t 和 1.36 m^3/t。

对于贮存间的几何尺寸设计，根据生产实践和热工理论计算的结果表明，大间库房的洞壁耗冷量比同样库温下平面面积小的库房要小，因此，洞体宽度一般不小于 7m。而长跨比越大，建筑耗冷量也越大，因此洞室尽可能接近球形或正方形。重庆江北在页岩中修建了跨度为 7~10 m 的地下冷库；挪威修建的一座岩洞冷库，容积为 1.1×10^4 m^3，洞室跨度为 20 m，长 57 m，长宽比仅为 2.8。

地下冷库的洞室高度一般根据人工堆码高度再加上管道和操作间距离而定，一般取 6~7 m 为宜。从热工角度考虑，散冷面要小，跨度应尽可能大，高度增加，长度要缩小。研究表明，高跨比取 1.5 较为合适。提高洞室的高跨比，必须依据实际情况，1000 t 以下

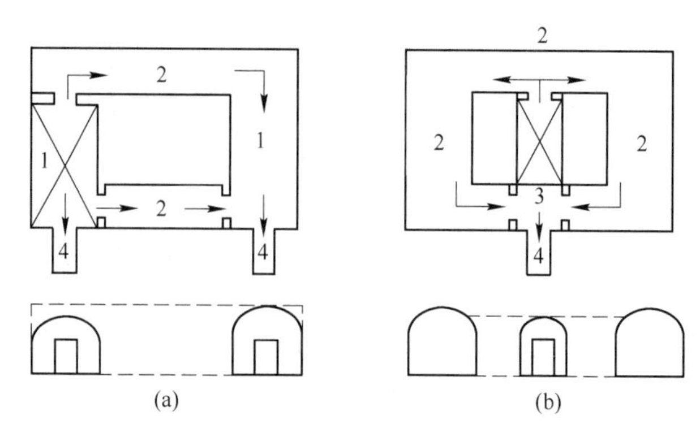

图 4-5　地下冷库的平面布置

(a)“口”字形布置；(b)“日”字形布置

1—急冻间；2—冻结贮存间；3—转运间；4—穿堂

的小冷库，高跨比最好大于或等于 1；大于 1000 t 的冷库，尽量使高跨比大于 1.5。

4.1.5　其他地下仓库

4.1.5.1　地下粮库

地下粮库的作用是尽可能长时间和尽可能多地储存粮食，保证战时粮食供给并兼顾平时使用。粮食储存的基本要求如下：具有可靠的防火措施；保证一定的温度和湿度，防止发霉变质；具有良好的密封性与保鲜功能；便于检测。而地下环境为粮食储存提供了十分有利的条件，地下储粮的优点如下：存粮多，存期长；管理方便，不必翻仓，节约人力；储粮品质好，稳定性强；虫霉繁殖少，损耗低；土地利用率高。不足之处在于一次性投资较高，缺乏对粮库内部环境参数的监测手段。

地下粮库主要有单建式地下粮库、散装地下粮库（特点是容量较大）。也可以借助有利地形、地质条件来建造岩层中大型粮库，但需要在混凝土衬砌内另做衬套，架空地板。

4.1.5.2　地下水库

地下水库是继地表水库之后提出来的一种替代性和补充性的水资源调蓄形式，它存在于地下并起到与地表水库类似的作用。地下水库的根本目标是调节水资源时空分布并使其适应人类需求，实现在丰水期将地表余水人为补给到地下储水构造中，改变水资源的空间分布；丰水期的储存量要在枯水期使用，调节水资源的时间分布。

地下水蓄存于土壤或岩石的孔隙、裂隙或溶洞中，用水时再将其取出。地下储水的方式有以下几种：

(1) 把水灌注在未固结的岩土层中和多孔隙的冲积物中，包括河床堆积、冲积扇及其他合适的蓄水层等；

(2) 把水灌注在已固结的岩层中，如能透水的石灰岩或砂岩蓄水层等；

(3) 把水灌注在结晶质的岩体中；

(4) 把水储存于人工岩石洞穴或蓄水池中。

按照储水介质分类可将地下水库分为松散介质地下水库、裂隙介质地下水库、岩溶介质地下水库和混合介质地下水库，考虑同一类储水介质的地下水库特性上的差异，由此再进行二级分类，具体分类见表4-2。

表 4-2 地下水库分类

一级分类	二级分类	工程实例
松散介质地下水库	有坝	黄水河地下水库
	无坝	南宫地下水库、大庆地下水库
裂隙介质地下水库	有坝	
	无坝	
岩溶介质地下水库	地下河及管道岩溶	马官地下水库
	裂隙岩溶	
混合介质地下水库	松散与岩溶介质	傅家桥地下水库
	裂隙与岩溶介质	
	松散与裂隙介质	

4.1.5.3 地下核废料库

随着原子能技术的研究与应用，核电站的数量正在不断增加，所占的发电量比重也越来越大，但如何处理和贮存高放射性的核废料是亟待解决的问题。由于地下空间封闭性好并有良好的防护性，引起人们的关注。地下核废料贮存库大致分为两类：

(1) 贮存高放射性废物，一般构筑在地下1000 m以下的均质地层中；

(2) 贮存低放射性废物，大都构筑在地下300~600 m以下的地层中。

由于核废料贮库的要求高，必须在废料库周围进行特殊的构造处理，以防对外部环境和地下水造成污染。在库址选择上，要通过仔细勘察和选择后才能确定，保证数千年将该废料严密地封存在地下，不至于影响生态环境。

4.2 地 下 街

修建在大城市繁华的商业街下或客流量集散量较大的车站广场下，并设置众多商店、人行通道和广场等设施的地下建筑被称为地下街。目前，地下街与地铁、市政管线、高速路、停车场、娱乐设施等相结合，发展成为集交通、商业、娱乐等功能于一体的城市地下综合体。地下街对我国的城市建设有着积极的作用：可以有效利用地下空间；改善城市交通现状；地下街与商业开发相结合，促进城市经济的发展。

4.2.1 地下街分类及组合

4.2.1.1 地下街分类

按照规模大小分类，可将地下街分为小型（小于3000 m^2）、中型（3000~10000 m^2）和大型（大于10000 m^2）三种。按照其所在的位置和平面形状，可将地下街分为街道型、中心广场型和复合型。

(1) 街道型。一般修建在城市中心区较为宽广的主干道之下，大多以“一”字形或

“十”字形布置。目前建设的地下街多具备商业功能，其特点是地面交叉口处的地下空间也设置相应的交叉口，并沿走向布置，同地面有关建筑相连，兼作地下人行通道。该形式的地下街形状简明，安全性好。

（2）中心广场型。多修建在火车站前广场或附近中心广场的下面，并与车站首尾或地下层相连。此种地下街的地面较为开阔，常常形成大的地下空间，因此既有利于交通又能够用于建设大型商业设施，同时能够提供休息场所。中心广场型地下街的平面形状常设计为矩形，规模大、客流量大、停车量大，常起到分流的作用。

（3）复合型。此类型的地下街具有以上两种类型的特征，一些大型的地下街多采用复合型。复合型地下街基本上以广场为中心沿道路向外延伸，通过地下通道与地下室相连，因而形成整体地下街，具有商业、文娱、住宿等多种功能。此类地下街通常分期建造，工程规模较大，建筑时间较长。复合型的地下街能够在交通上划分人流、车流，同地面建筑连为一体，又能够和中心广场型地下街的作用相统一，与地面车站、地下地铁站、高架桥立体交叉口相通。

4.2.1.2　地下街组成

（1）地下步行交通部分，包括地下街内（除商店以外）的通道、广场、地下街人行横道、地下车站间的连接通道、地下建筑间的连接通道、出入口的地面建筑、楼梯和自动扶梯等设施；

（2）商店、饮食店、文娱设施、办公设施、银行等业务设施；

（3）市政公用设施的主干管线；

（4）为地下街本身使用的通风、空调、变配电、供水排水等设备用房和中央控制室、防灾中心、办公室、仓库等辅助用房，以及备用电源、水源等。

4.2.2　尺寸及结构设计

4.2.2.1　平面布置

地下街的平面布置类型可分为矩形、带形、圆形和环形、横盘形，如图4-6所示。

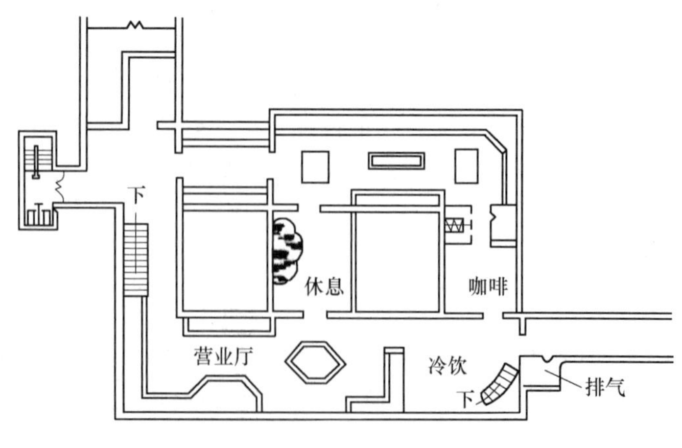

(a)

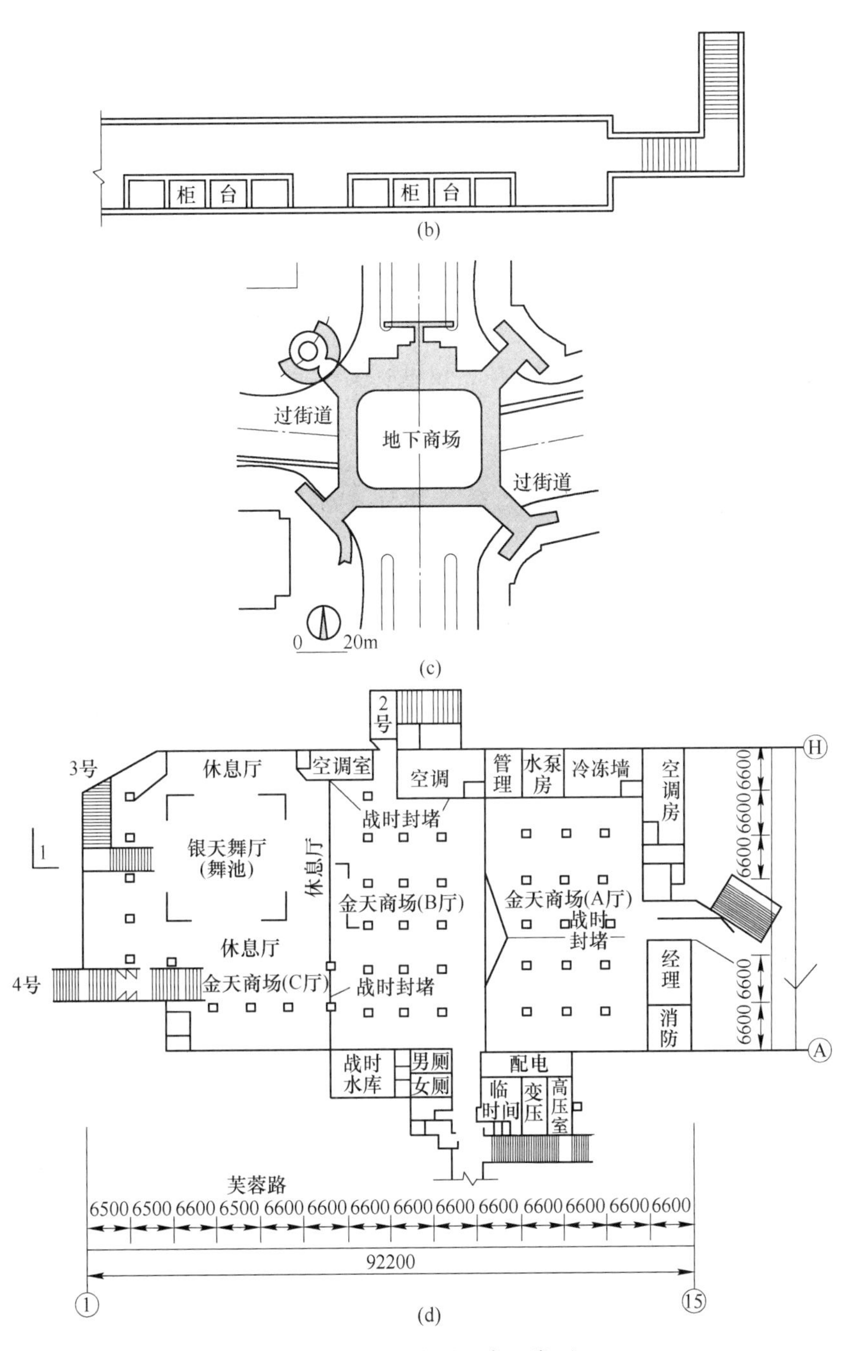

图 4-6　地下街平面布置类型

（a）矩形平面；（b）带形平面；（c）圆形和环形平面；（d）横盘形平面

（1）矩形平面。此类形式多用于大、中跨度的地下空间，常位于城市干道的一侧，起商业街的作用。

（2）带形平面。此类形式的跨度较大，为坑道式，设计时应根据功能要求及货柜布置特点进行综合考虑。

（3）圆形和环形平面。此类形式多用于大型商场，四周设置商业街，中间为商场，充分体现出商场的功能作用，管理方便。

（4）横盘形平面。这种形式用于综合型的地下商业街，适应现代商业的发展，能把购物与休息、娱乐、社交融合在一起，使地下街成为群众的活动中心之一。

4.2.2.2 横、纵断面设计

（1）横断面形式包括拱形断面、平顶断面和拱、平结合断面，其断面形式如图 4-7 所示。

1）拱形断面是工程中最常见的横断面形状，其特点是工程结构受力好，起拱高度较低，约为 2 m，拱部空间可充分利用。

2）平顶断面由拱形结构加吊顶而成，也可直接将结构的顶板做成平的，平顶剖面打破了拱形空间的单调感，断面利用率高。

3）拱、平结合断面的地下街建筑将中央大厅做成拱形断面，两边做成平顶。

地下街横断面的尺寸如下：步行街宽度为 5~6 m，其店铺进深为 12~16 m 内分隔，层高 2.4~3.0 m，若采用空调，层高可低一些。

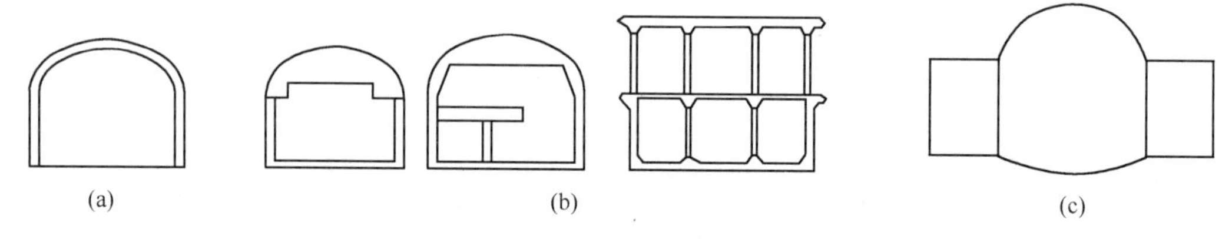

图 4-7 横断面示意图
（a）拱形断面；（b）平顶断面；（c）拱、平结合断面

（2）纵断面设计中，地下街的层高是建筑布置和空间组织的一个重要因素，不但影响地下街的造价和工业，也影响着地下街的运行费用。层高是指每一层从地面到顶板上皮的尺寸，净高是地面到吊顶下皮的尺寸。净高的确定一方面应满足空间的心理环境要求，避免产生空旷感和压抑感，另一方面应尽可能降低以减小室内空间容积，降低空调和照明负荷。

地下街大多数为两层，部分为三层。由于层数和层高影响埋深，埋深越大，施工开挖土方量越大，工程量和造价也相应增加。为了降低造价，通常情况下将地下街建成浅埋式结构，减小覆土层厚度及整个地下街的埋深。日本地下街一般为两层，总埋深为 10 m 左右，每层净高度为 2.6 m 左右；哈尔滨秋林地下街为双层三跨式结构，顶层层高为3.9 m，净高度为 3.0 m，底层高度为 4.2 m，净高度为 3.3 m。

地下街的纵剖面一般随着地表起伏而不断变化，但最小纵向坡度应满足排水要求，即不得小于 3‰。

4.2.2.3 结构设计

地下街的结构形式包括直墙拱、矩形框架和梁板式结构三种，或是三种结构的组合。地下街一般埋深较浅，常用明挖法进行施工；若施工地点在主要交通干道下的人行过街通道，为了减少对交通的影响，也可采用暗挖法施工。

（1）直墙拱。直墙拱一般用在由人防工事改建而成的地下街，墙体采用砖或块石砌筑，拱部视其跨度的大小可采用预制混凝土拱或现浇钢筋混凝土拱。拱顶部分按照其轴线的形状可分为半圆拱、圆弧拱和抛物线拱等形式。

(2) 矩形框架。采用明挖法施工多采用矩形框架，其开挖断面最经济且易于施工，由于矩形框架的弯矩较大，常用钢筋混凝土结构。根据用途、覆盖厚度和跨度大小，矩形框架可采用单跨、多跨和多跨多层的形式。

(3) 梁板式结构。在地下水较低的区域，采用明挖法施工时，可采用梁板式结构。其顶、底板为现浇钢筋混凝土，围墙和隔墙为砖砌结构。在地下水较高或防护等级较高的地下街中，一般为钢筋混凝土结构。

4.2.3 出入口设计

地下街出入口形式有棚架式、平卧敞开式、附属建筑式和特殊类型的出入口，不同种类的出入口应根据其位置和所处地段综合考虑。

(1) 在交通道路旁宜设棚架式或敞开式出入口。日本大阪虹之町地下街采用棚架式出入口，其外形设置成拱形玻璃雨罩；日本名古屋中央公园由于地面较为开阔，因此采用了平卧敞开式出入口。

(2) 在广场等宽阔地区宜设下沉广场出入口，同时结合地面广场进行环境改造。下沉广场一般由室外楼梯或电梯进入，从下沉广场的出入口可达地下街。

(3) 在大型交通枢纽、有大量人员出入的公共建筑且用地紧张的地段，可采用附属式出入口。

(4) 当通道用于防护、通信、维修和疏散等功能时，可采用垂直式、天井式出入口与地下空间设施相连。

4.2.4 施工案例

上海结合地铁一号线的建设，在人民广场建成了大型的地下综合体，该综合体由地铁一号线人民广场、香港名店街以及迪美购物中心组成。地铁一号线人民广场站与二号线、八号线换乘都集中于此，是上海城市中心区最大的轨道交通换乘枢纽，迪美购物中心则连接武胜路地面公交枢纽，香港名店街以地下街的形式连接轨道交通换乘枢纽与地面公交枢纽，在城市交通系统中具有非常重要的作用。图 4-8 为人民广场地下街总平面图。

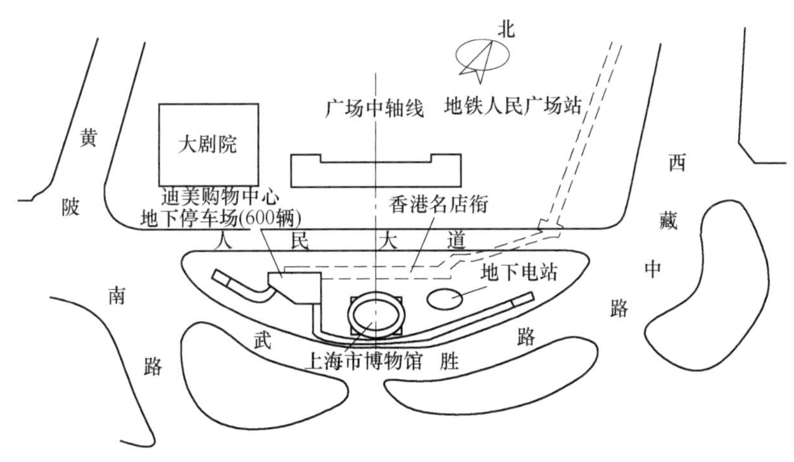

图 4-8 人民广场地下街总平面图

4.3 地下管廊

长期以来，我国城市管线大多以地下直埋的方式进行布置。尽管这种方式为城市地表节约了大量空间，但进行管线扩张、维修时，需要重复开挖地表，给周边车辆和行人造成不便，会造成极大的经济损失。同时由于市政管理体系中多头、交叉重复等问题不断出现，导致地下管线出现了无序开挖、重复建设、事故频发等问题。现如今，地下综合管廊的建设成为解决城市地下管线问题的有效方案。

用于容纳两种以上的城市公共设施管道、电缆及其附属设施集中敷设在一起所占用的地下空间被称为地下综合管廊。容纳的管线类型包括电力电缆、通信电缆、给水管线、燃气管线、供热管线、排水管线（雨水、污水）、电车电缆以及其他特殊管线。

地下综合管廊的特点如下：

（1）各种地下埋设的管线，集中规划设施于一条公用的管道中；

（2）埋置较深，可以使地下管线较短，节省空间；

（3）空间利用率较高，相互影响较少；

（4）管线结构老化慢，使用寿命较长。

4.3.1 地下综合管廊发展历程

地下综合管廊在国外又称为“共同沟”“共同管道”“综合管沟”等。世界上第一条地下综合管廊诞生于法国巴黎，在城市道路下修建了大规模的排水通道，并将自来水、通信、电力等市政管道植入其中以节省空间。随后英、美、德、日等国家拉开了修建综合管廊的序幕。

我国第一条城市地下综合管廊建于 1958 年北京市天安门广场，随后便进入了稳定发展阶段。1994 年，上海市浦东新区张杨路共同沟建成投入使用，管廊长 11.125 km，分为电力室和燃气室，并配备了闭路电视监控、火灾检测报警、可燃气体检测报警等，如图 4-9 所示。2003 年广州市规划建设了广东省第一条综合管廊，该综合管廊全程长约 17 km，高 2.8 m，宽 7 m，分为三个仓室，敷设了电力、通信、给水、供暖、燃气、有路电视等管线，如图 4-10 所示。2006 年，北京中关村西区地下综合管廊投入使用，是国内首次将地下综合管廊和地下环形车道合并建设的地下工程。2007 年上海世博园区地下综合管廊尝试了世界上较为先进的预制管廊拼装技术。2013 年珠海横琴新区综合管廊建成并投入使用，全长 33.4 km，埋深 6~13 m，该管廊将给水、电力缆线、通信、有线电视和冷凝水管纳入其中，并预留了中水水管和垃圾真空管的空间。2015 年我国确定了包含苏州在内 10 个综合管廊试点城市，建设规模和建设数量都有了可观的提高。在此之后，其他发达城市也逐渐构建出规模较大的城市综合管廊，发展速度不断加快。

由国内外综合管廊建设的实践经验可以看出综合管廊与传统分散的浅埋式管道设施相比，具有以下优点：

（1）将各种地下管线集中规划至一条共同的管廊中，可以避免无规划地开发地下空间，减少因埋设、维修管线而导致道路的重复开挖，保证交通畅通。

图 4-9 上海市浦东新区张杨路综合管廊

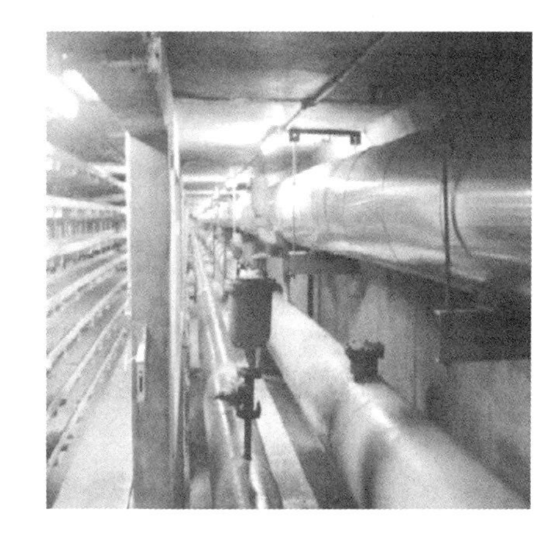

图 4-10 广州大学城综合管廊

(2) 为设置先进的监控系统创造了条件，从而能够方便、准确地发现管线的隐患，提高管线的安全性和稳定性。

(3) 综合管廊具有一定的坚固性，能够抵御一定程度的冲击荷载作用，具有较好的防灾减灾性能，同时管廊内的管线不与土壤、地下水直接接触，能够减少管线腐蚀，延长了管线的使用寿命，比直接埋在土中一般要高 2~3 倍。

(4) 管线增设、扩容较为方便，能够根据远期规划目标设计与建设综合管廊，从而满足管线的远期发展需要。

4.3.2 地下综合管廊的分类

为满足各个专业市政管线的纳入，实现管廊综合利用，地下综合管廊会因地制宜地按照不同断面形式、施工方法、建设材质等进行施工，具体管廊类型分类见表 4-3。

表 4-3 管廊类型分类

分类方式	分 类 内 容
按照断面形式	矩形综合管廊、圆形综合管廊、异形综合管廊
按照功能形式	干线综合管廊、支线综合管廊、缆线管廊
按照建造方式	现浇综合管廊、预制节段拼装综合管廊、分块预制拼装综合管廊和叠合整体式综合管廊
按照材质	钢筋混凝土综合管廊、波纹钢管综合管廊

《城市综合管廊工程技术规范》(GB 50838—2015) 对干线综合管廊、支线综合管廊和缆线管廊作出如下规定：

(1) 干线综合管廊介于输送原厂（水厂、发电厂、燃气制造厂等）与支线综合管廊之间，用于容纳城市主干工程管线，是采用独立分舱方式建设的综合管廊。该管廊宜设置在机动车道、道路绿化带下。

(2) 支线综合管廊介于干线综合管道及直接用户间，用于容纳城市配给工程管线，是采用单舱或双舱方式建设的综合管廊，该管廊宜设置在道路绿化带、人行道或非机动车道下。

（3）缆线管廊采用浅埋沟道的方式建设，设有可开启的盖板但其内部空间不能满足人员正常通行要求，用于容纳电力电缆和通信线缆，宜设置在人行道下。

4.3.3 地下综合管廊尺寸设计

4.3.3.1 建设要求

在建造地下综合管廊时，对其设计施工作出如下规定：

（1）综合管廊平面中心线宜与道路、铁路、轨道交通、公路中心线平行。

（2）综合管廊穿越城市快速路、主干路、铁路、轨道交通、公路时，宜垂直穿越；受条件限制时可斜向穿越，最小交叉角不宜小于60°。

（3）综合管廊的断面形式及尺寸应根据施工方法及容纳的管线种类、数量、分支等综合确定。

（4）综合管廊管线分支口应满足预留数量、管线进出、安装敷设作业的要求。相应的分支配套设施应同步设计。

（5）含天然气管道舱室的综合管廊不应与其他建筑物合建。

综合管廊与相邻地下管线及地下构筑物的最小净距应根据地质条件和相邻构筑物性质确定，且不得小于表4-4中的规定。

表4-4 综合管廊与相邻地下构筑物的最小净距

相邻情况	施工方法	
	明挖法施工	顶管、盾构法施工
综合管廊与地下构筑物水平净距/m	1.0	综合管廊外径
综合管廊与地下管线水平净距/m	1.0	综合管廊外径
综合管廊与地下管线交叉垂直净距/m	0.5	1.0

4.3.3.2 断面设计

综合管廊的标准断面内部净高应根据容纳管线的种类、规格、数量和安装要求等综合确定，不宜小于2.4 m。综合管廊通道净宽应满足管道、配件及设备运输的要求，并应符合下列规定：

（1）综合管廊内两侧设置支架或管道时，检修通道净宽不宜小于1.0 m；单侧设置支架或管道时，检修通道净宽不宜小于0.9 m。

（2）配备检修车的综合管廊检修通道宽度不宜小于2.2 m。

综合管廊的内部结构（以矩形管廊为例）如图4-11所示，其管道的安装净距不宜小于表4-5的规定。

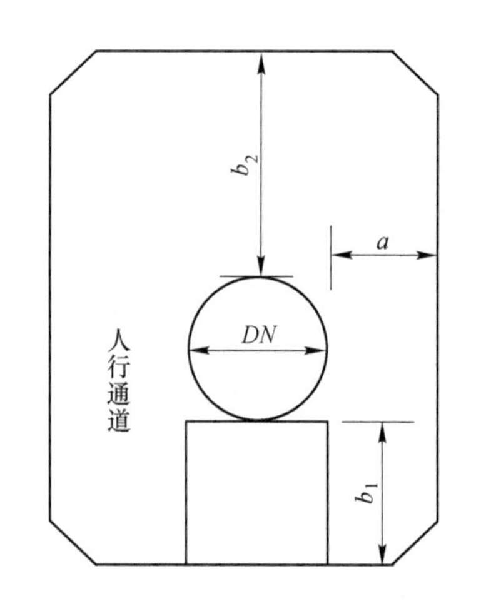

图4-11 综合管廊内部结构

表 4-5 管道安装净距

<table>
<tr><th rowspan="3">DN</th><th colspan="6">综合管廊的管道安装净距/mm</th></tr>
<tr><th colspan="3">铸铁管、螺栓连接钢管</th><th colspan="3">焊接钢管、塑料管</th></tr>
<tr><th>a</th><th>b_1</th><th>b_2</th><th>a</th><th>b_1</th><th>b_2</th></tr>
<tr><td>DN<400</td><td>400</td><td>400</td><td rowspan="5">800</td><td rowspan="3">500</td><td rowspan="3">500</td><td rowspan="5">800</td></tr>
<tr><td>400≤DN<800</td><td rowspan="2">500</td><td rowspan="2">500</td></tr>
<tr><td>800≤DN<1000</td></tr>
<tr><td>1000≤DN<1500</td><td>600</td><td>600</td><td>600</td><td>600</td></tr>
<tr><td>DN≥1500</td><td>700</td><td>700</td><td>700</td><td>700</td></tr>
</table>

4.3.4 地下综合管廊安全设施

为保证地下管廊内管道的正常运行，防止火灾的发生，同时使管廊内的环境能够满足维护人员进入的条件，需要对管廊内的消防设施和通风设施进行设计。

4.3.4.1 消防设施

由于不同管道输送的材料性质不同，其可燃性也不相同，因此需要按照管线的种类对管廊舱室火灾危险性类别进行分类，见表 4-6。

表 4-6 综合管廊舱室火灾危险性分析

<table>
<tr><th colspan="2">舱室内管线种类</th><th>舱室火灾危险性类别</th></tr>
<tr><td colspan="2">天然气管道</td><td>甲</td></tr>
<tr><td colspan="2">阻燃电力电缆</td><td>丙</td></tr>
<tr><td colspan="2">通信线缆</td><td>丙</td></tr>
<tr><td colspan="2">热力管道</td><td>丙</td></tr>
<tr><td colspan="2">污水管道</td><td>丁</td></tr>
<tr><td rowspan="2">雨水管道、给水管道、再生水管道</td><td>塑料管等难燃管材</td><td>丁</td></tr>
<tr><td>钢管、球墨铸铁管等不燃管材</td><td>戊</td></tr>
</table>

注：当舱室内含有两类及以上的管线时，舱室火灾危险性类别应按照火灾危险性较大的管线确定。

天然气管道舱及容纳电力电缆的舱室应每隔 200 m 采用耐火极限不低于 3 h 的不燃性墙体进行防火分隔。防火分隔处的门应采用甲级防火门，管线穿越防火隔断部位应采用阻火包等防火封堵措施进行严密封堵。干线综合管廊中容纳电力电缆的舱室、支线综合管廊中容纳 6 根及以上的电力电缆舱室应设置自动灭火系统；其他容纳电力电缆的舱室宜设置自动灭火系统。为保证人员安全，综合管廊内应在沿线、人员出入口、逃生口等处设置灭火器材，灭火器的配置应符合国家标准《建筑灭火器配置设计规范》（GB 50140—2005）的有关规定。

4.3.4.2 通风设施

综合管廊内宜采用自然进风和机械排风相结合的通风方式。天然气管道舱和含有污水管道的舱室应采用机械式进、排风的通风方式。

综合管廊的通风量应根据通风区间、截面尺寸并经计算确定，且应符合下列规定：

（1）正常通风换气次数不应小于 2 次/h，发生事故时通风换气次数不应小于 6 次/h。

（2）天然气管道舱正常通风换气次数不应小于 6 次/h，发生事故时通风换气次数不应小于 12 次/h。

（3）舱室内天然气浓度大于其爆炸下限浓度值 20%时，应启动事故段分区及其相邻分区的事故通风设备。

（4）为保证管廊内环境的稳定，通风口处的出风风速不宜大于 5 m/s，通风口处应加设金属网格，网格净尺寸不应大于 10 mm×10 mm。当综合管廊内空气温度高于 40 ℃或需进行线路检修时，应开启排风机，并满足综合管廊内环境控制的要求。

4.3.5 施工案例

茂名滨海新区博贺湾大道综合管廊中包含的地下市政管线有：给水管、再生水管、天然气管、24 回路 10 kV 电缆、6 回路 110 kV 电缆及 16 孔通信管。设计综合管廊结构采用现浇钢筋混凝土管廊，基坑开挖深度为 6~7 m，采用钢板桩支护。

根据入廊管线的种类及规模，设计采用 3 舱型式，管廊断面外框尺寸为 8.8 m×3.8 m（宽×高），其中综合舱净尺寸为 3.5 m×3.2 m，主要用来布置给水管、再生水管和 16 孔通信管；电力舱净尺寸为 2.4 m×3.2 m，主要布置 110 kV 和 10 kV 的电力管；天然气舱净尺寸为 1.8 m×3.2 m，具体断面布置如图 4-12 所示。

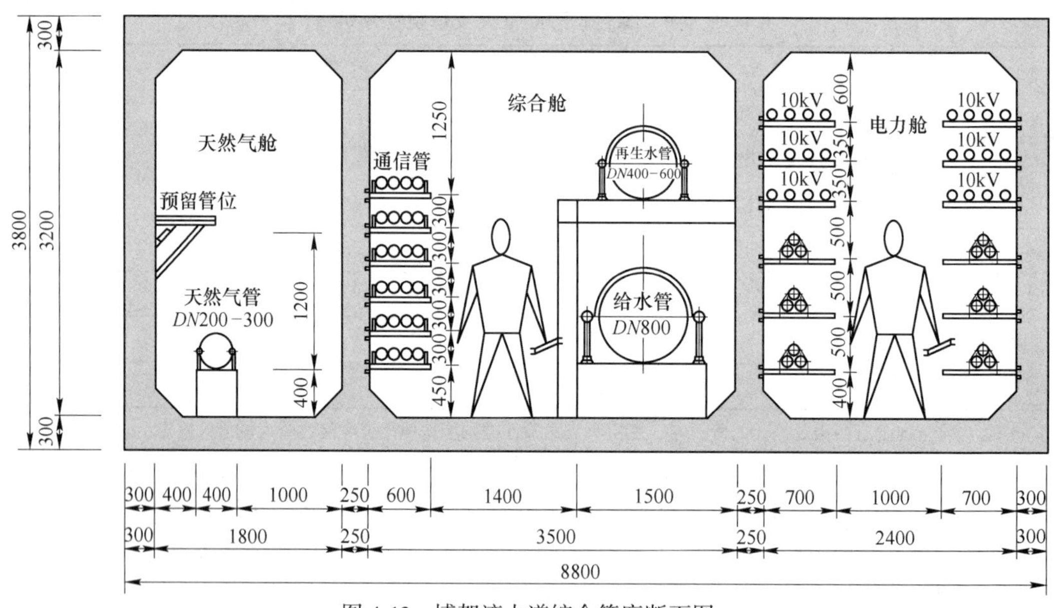

图 4-12 博贺湾大道综合管廊断面图

为防止和扑灭地下综合管廊内发生的火灾，需在沟内设置必要的消防设施，除了每隔 20 m 设置磷酸铵盐干粉灭火器外，电力、管线舱还需设置超细干粉无管网淹没式灭火设备。通风设施方面，在天然气舱的每个分区采用独立的通风系统，利用每个分区的逃生口作为通风口，并在每个通风口内设置一台机械排风机；在综合舱的每个防火分区均采用独立的通风及排烟系统，在每个分区的两端各设置一个通风口，并在每个通风口内设置一台机械排风机。

4.4 地下人防工程

地下人防工程简称人防工程，是指为保障战时人员与物资掩蔽、人民防空指挥、医疗救护而修建的地下防护建筑，以及结合地面建筑修建的战时可用于防空的地下室。地下人防工程是城市地下工程的重要组成部分，其主要目的是为可能发生的各类战争做好准备，为可能出现的各种武器进行综合防护。

4.4.1 人防工程的主要分类

人防工程主要包括以下六类：通信指挥工程、人员掩蔽工程、医疗救护工程、防空专业队工程、物质保障工程、干道交通工程。下文对通信指挥工程、人员掩蔽工程和医疗救护工程的设计及防护要点进行介绍。

4.4.1.1 通信指挥工程

通信指挥所是各级民防系统的首脑及中枢，其主要任务是对所管辖范围内的民防系统进行不间断的指挥，同时对上级和下级以及相邻的指挥所保持通信。人防指挥工程主体设计的要点包括以下几部分：

(1) 内部功能和组成应完备。指挥所由工作、生活和设备三部分组成，内部功能齐全，足以保证在外界完全隔绝的条件下，仍能够在较长时间内发挥指挥功能。

(2) 在功能完备的基础上，内部布置应当紧凑。通过减少不必要的房间和走廊等辅助面积的方式，以指挥室为中心合理进行功能分区，便于内部联系，提高空间利用率。盲目扩大指挥工程的面积和空间，不仅增加工程投资，还会增加通风、供电等负荷。

(3) 应具备长时间独立运转的能力。通信指挥工程应能在人员补充、物资补充、排出废弃物受阻的条件下，仍能够正常运转，因此必须有独立的内部电源、水源和食物储备。国外对此类工程有明确规定，高等级指挥所的燃料、水源和食物储备应能满足战时15~30天使用，低等级的也不低于7天。

4.4.1.2 人员掩蔽工程

人员掩蔽工程的主要功能是在预定的防护能力范围内，保障城市居民的生命安全，保存支撑战争和战后恢复的有生力量。人员掩蔽工程分为人员掩蔽所和专业队掩蔽所，人员掩蔽所是为普通居民提供；专业队掩蔽所包括医疗救护、工程抢险、消防、运输、防化和治安等多种。按照掩蔽时间长短也可分为长期掩蔽和临时掩蔽两种。长期掩蔽是指为所内居民每人提供一个符合防护标准的掩蔽位置，并保证其生活必需品的低标准供应；临时掩蔽是指为所内居民提供简易的掩蔽条件。

人员掩蔽工程主体部分的设计应解决以下几个方面的问题：

(1) 类型与设计标准。人员掩蔽工程的类型很多，功能各异，不能简单地规定掩蔽人员所需的建筑面积，如长期掩蔽所和临时掩蔽所在面积、功能和设备方面有明显不同。

(2) 防护条件和生活条件。人员掩蔽工程设计关乎成百上千人的生命安全，在按照标准完善防护设施的同时，应尽可能提高工程的安全程度。

(3) 使用效率和经济效益。人员掩蔽工程数量较多但不适于居住，因此在建设掩蔽工程时需要考虑到平时的用途。

图 4-13 为瑞士苏黎世市（Zurich）的乌拉尼亚（Urania）人员掩蔽所，工程于 1974 年建成，面积 17500 m^2，共有 7 层，每层可容纳 2000 人。平时可用作地下公共停车库，战时则排满床位，每 500~800 人划分成一个区，生活设施比较完善。

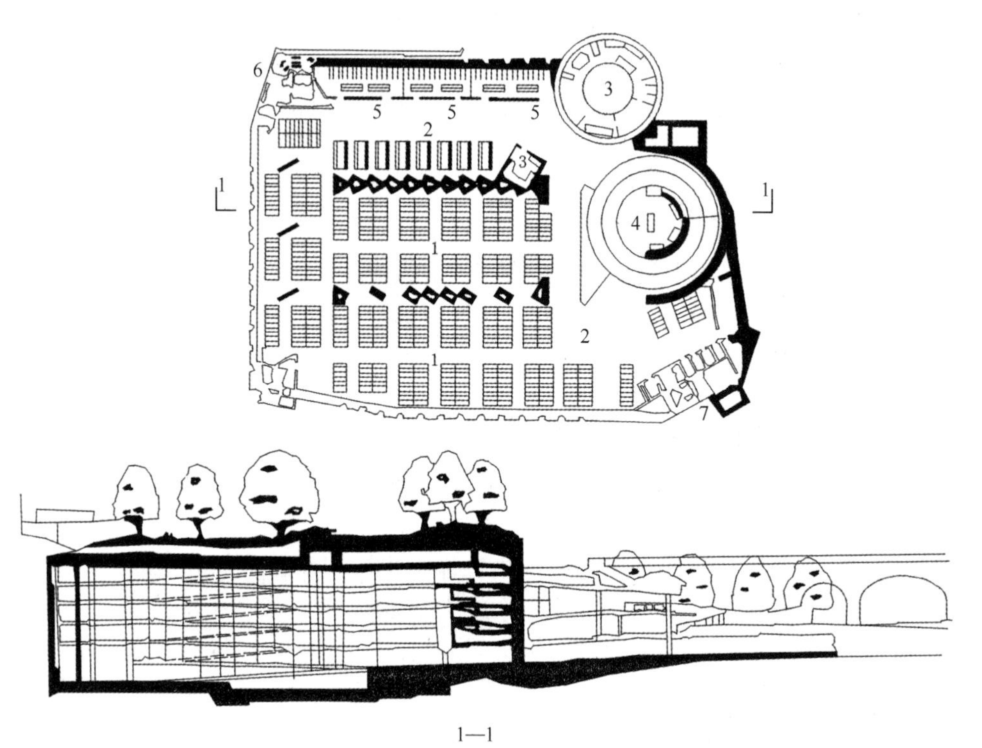

1—1

图 4-13　瑞士大型公共人员掩蔽所

1—居民掩蔽区；2—活动区；3—指挥所；4—供给中心；5—厕所；6—风机房；7—停车时用的风机房

4.4.1.3　医疗救护工程

地下医疗救护工程的主要任务是为战时在被可能使用的武器袭击后出现大量伤员后能够进行救治，尽可能多地挽救受伤者的生命。在战后，除多一些伤员继续治疗外，还应承担受袭地区的卫生防疫工作。人防医疗救护工程可分为三级：救护站、急救医院和中心医院，其规模见表 4-7。

表 4-7　医疗救护工程参考数据

项　　目	救护站	急救医院	中心医院	备　　注
建筑面积/m^2	200~400	800~1000	1500~2000	救护站为简易手术台，按 24 h 工作，分两班，男女各半
每昼夜通过伤员数量/人次	200~400	600~1000	400~600	
病床数/张	5~10	50~100	100~200	
手术台数	1~2	3~4	4~6	
医护人员/人	20~30	30~50	80~100	
伤员周转时间/天	1	7	14	

图 4-14 为国内一家单建式地下急救医院，面积约 2300 m^2，有两个大手术室和 14 间

病房，可放60张病床。两条坡道通向出入口，伤员经简易洗消后进入分类大厅。

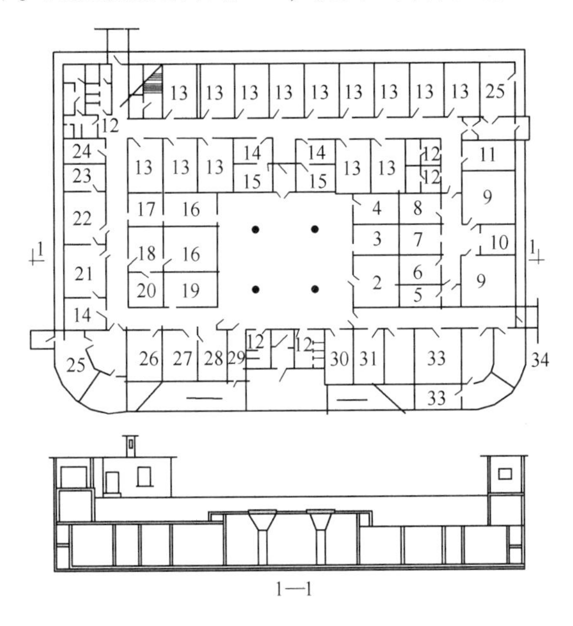

图4-14　单建式地下急救医院

4.4.2　人防工程设计内容

4.4.2.1　出入口设计

出入口形式包括直通式、拐弯式、穿廊式和垂直式，如图4-15所示。形式需根据防灾要求、人员数量综合确定，通常不少于2个。出入口包括主要出入口、次要出入口、备用出入口与连通口。

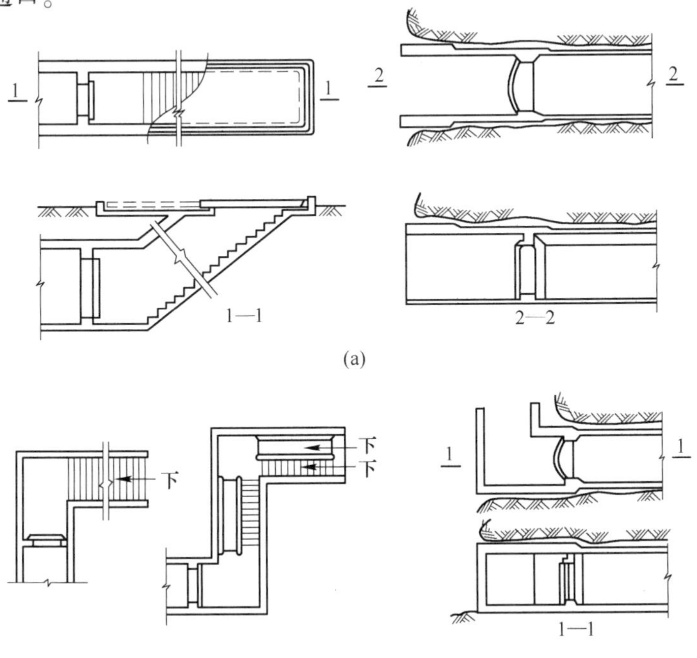

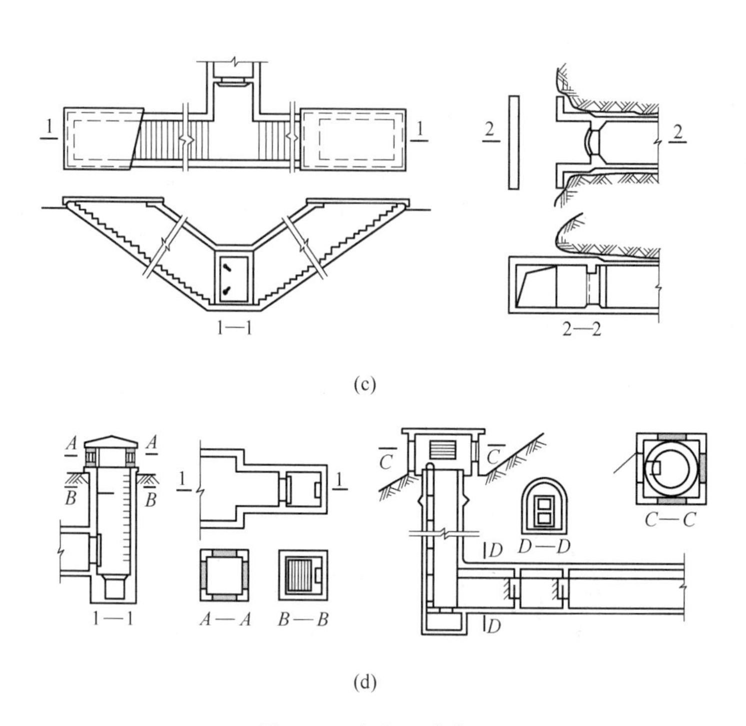

(c)

(d)

图 4-15 出入口形式
(a) 直通式；(b) 拐弯式；(c) 穿廊式；(d) 垂直式

4.4.2.2 防护设计

(1) 防护门。防护门设在出入口第一道，其目的是用于阻挡冲击波。密闭门设在第二或第三道，主要用其密闭阻挡毒气进入室内，防护门如图 4-16 所示。

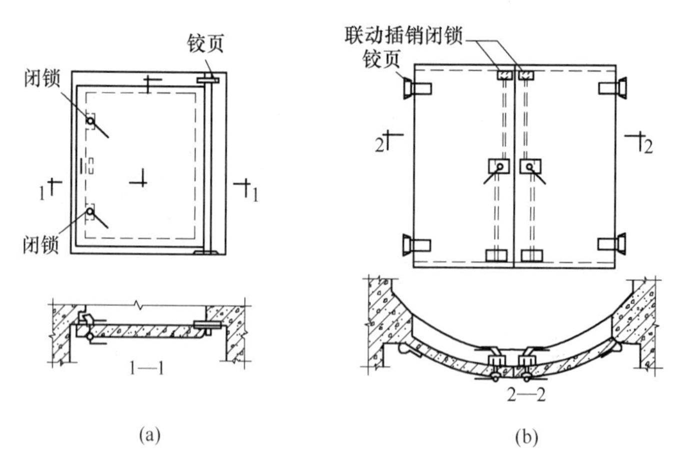

(a)
(b)

图 4-16 防护门设计
(a) 防护门；(b) 密闭门

(2) 防爆波活门。防爆波活门是通风口处抗冲击波的设备，其作用是在冲击波超压作用下的一瞬间关闭。图 4-17 为悬摆式活门示意图。

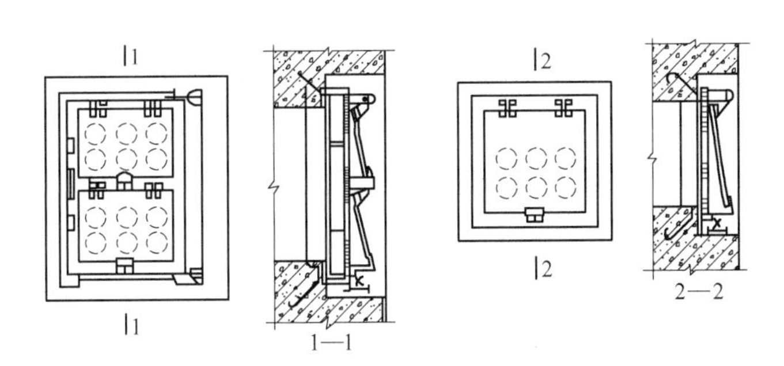

图 4-17 悬摆式活门

4.4.3 人防工程的平战结合与平战转换

地下人防工程在建设时为达到抵抗战时各种武器的袭击，在设计与施工过程中需要比普通地下工程增加约15%的成本投资，这部分投资还属于非利润性，同时与之相配套的工程及设施还需要实施一定的维护和管理。因此，为了实现这部分投入的战备效益、经济效益和社会效益，需要此工程同时具备战时和平时两种功能，即平战结合。同时这两种功能需要能够迅速转换，即平战转换问题。

4.4.3.1 平战结合

平战结合，主要是指人防工程建设的各类软、硬件设施，在不影响其防空能力的前提下，在和平时期应该尽量服务于社会，并成为城市建设、社会经济建设的一部分。平战结合可通过以下几个方面来实现：

（1）地下人防工程与城市总体规划相协调，使地上和地下、人防工程和城市建设共同发展；

（2）人防工程的设计应在充分尊重地下空间综合开发的基础上，合理布置，互成体系；

（3）需要充分考虑三种效益的关系，分别是备战效益、经济效益和社会效益。

4.4.3.2 平战转换

地下建筑的平战转换主要有两种含义，一种是指民防工程，为了平时使用的方便和节省投资而暂时简化防护设施，在必要时迅速使之完善，达到应有的防护能力；另一种是指在平时城市建设中大量建造的非防护地下建筑，或在战时可以利用的其他城市地下空间，如隧道、综合管廊、废弃的矿井等，利用这些工程主体部分本身具有的防护能力，在需要时适当增加口部防护设施。

A 平战转换方式

地下工程平战转换主要包含使用功能、建筑结构和防护设备三方面的转换内容。从转换方式上看，人防工程分为三种情况：

（1）战时不转换，即一次达到应有的防护标准，或者是平战功能完全一致；

（2）全转换，即平时达不到防护等级要求，或者平战功能截然不同，战时完成功能转换；

（3）部分转换，即一次完成一部分防护功能，剩余部分待临战时二次完成。

B 平战转换时间

转换时间包括为完成转换所需要的时间，和所能争取到的时间两个方面，前者应服从于后者，否则就失去了转换的意义。由于武器质量的改进，战争的突发性增强，预警时间缩短，这给平战转换工作增加了许多困难。合理的做法是将平战转换的内容按其所需的转换时间分成几类，与可能争取到的时间联系起来，然后确定转换方式与内容。从我国情况看，工程的平战功能转换时间与人口疏散的几个阶段大体保持一致是比较合理的，即前期转换3~6个月；临时转换2~4周；紧急转换48~72 h。并且要保证转换时间与人口疏散时间保持一致，在设计时，按照这个时间标准来选择适当的转换方式和转换内容。

C 使用功能的平战转换

在多数情况下，一些地下设施平时和战时的使用功能不完全一致，因需要在不同程度上进行平战使用功能的转换。例如，附建在地面医院地下室中的战时医疗救护设施，在功能上，平时和战时没有本质的区别，平战转换比较容易；而对于一些其他的地下设施，例如商场，或停车库，战时主要用于人员掩蔽，此时的功能转换就需要一定的时间和必要的准备。

图4-18是瑞士的公共人员掩蔽所定型设计，容量为1000人，平时做公共地下停车库使用，容量为50台。瑞士要求平战转换的时间为24 h，对于这种使用功能完全不同的工程，平战转换时间较为紧迫。为实现按时完成功能转换，此设计采用转换方式：临战时，先将停放的车辆全部开出，然后安放折叠式三层床铺，在已经预留管道的位置（平时相当于6个车位）改成各有20个厕位的男女厕所，同时关闭推拉式防护门，并在两个防护单元（与平时车库的防火单元结合）之间安装防护隔墙和防护门，保证在限定时间内完成从停车到人员掩蔽两种不同使用功能的转换。

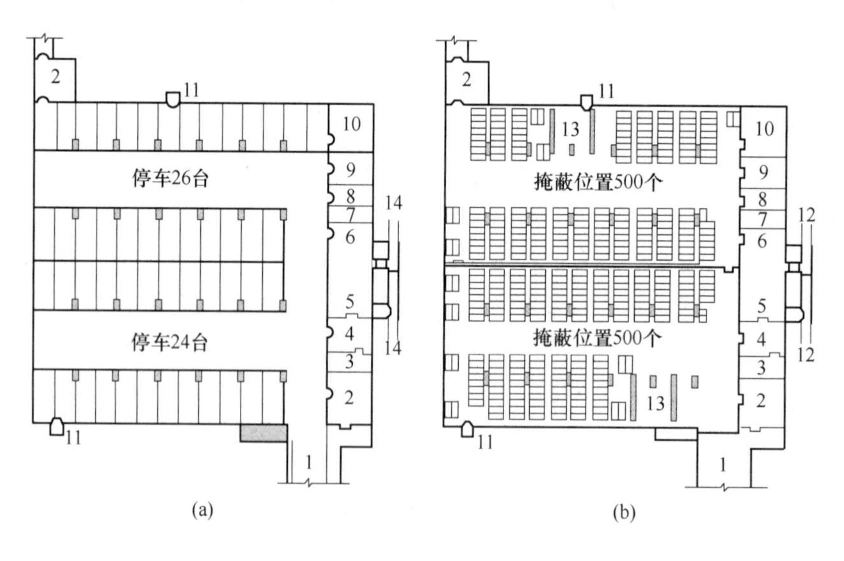

图4-18 瑞士的公共人员掩蔽所

（a）平时作为公共停车库；（b）战时作为公共人员掩蔽所

1—坡道；2—防毒通道；3—贮油间；4—柴油电站；5—风机房；6—修理间；7—水库；8—水泵房；9—厨房；10—医务室；11—安全出口；12—进风口；13—厕所；14—排风口

D　出入口的平战转换

大部分大型地下建筑在平时主要作为休闲娱乐的场所，为满足人员出入要求，这些场所经常会设置大量的出入口，而且开口较大。但是为满足战时防护要求，就必须要将一些出入口进行封堵，还需要将少部分出入口改造为战时通道。出入口的封堵方式主要分为三类：

（1）在战时需要封堵的洞口周围预埋构件，到临战时用螺栓（或者焊接）把钢筋混凝土预制构件固定在出入口处，并在构件外围设置柔性防水层，并且外侧堆放沙袋防护，这种方式比较经济，但难以实现密闭。

（2）在需要封堵的洞口处安装一道防护门（或防护密闭门），使其满足预定抗力要求，到战时把防护门关闭，同样在防护门外围设置防水层和堆放沙袋保护层。

（3）在需要封堵的出入口直接安装防护门和防护密闭门，这种方式的优点是快捷方便，但造价相对较高。

复习思考题

（1）地下仓库的分类有哪些？

（2）简述地下岩盐洞式油库的洞库建造方法。

（3）简述地下水封油库的储存原理。

（4）地下街的平面布置和横、纵断面分类有哪些？

（5）地下综合管廊按照功能型式可分为几类，有哪些规定？

（6）简述人防工程的分类及其作用。

（7）人防工程的出入口转换方式有哪些？

5 明挖法及盖挖法

本章学习重点

（1）了解明挖法的概念、分类及施工方法，掌握土坡稳定性分析方法，掌握排桩支护法和高压旋喷法的设计方法，了解其他有支护结构的明挖施工方法。

（2）了解盖挖法的概念、分类及施工方法，了解地下连续墙的设计内容，掌握桩基设计内容。

5.1 明　挖　法

5.1.1　概述

明挖法是指一种先从地表向下开挖基坑或堑壕，当到达设计标高后在露天条件下修筑地下结构，并在修筑好的地下结构上部覆盖回填土的一种地下工程施工方法。明挖法是地下工程施工中最基本、最常用的方法。

明挖法的使用受多种因素的影响，如工程地质、水文地质条件和结构物的埋深等。因此，选用明挖法修建各种地下工程时，应全面、综合考虑各种因素，其适用范围如下：

（1）埋深小于 10 m 的浅埋地下工程，多采用明挖法施工。常见的浅埋地下工程包括地铁车站、地铁行车通道、城市地下人行通道、地下综合管网工程等。

（2）某些埋深不大，但平面尺寸很大的地下工程，如一些城市的地下广场、地下商场等，一般采用明挖法施工。

（3）基坑工程。基坑工程是许多工程建设的辅助工程，只能采用明挖法施工。

（4）其他工程。与高层建筑深基坑工程类似，有些工程在施工中也需要深基坑作为施工辅助工程，如桥梁工程中的锚锭基坑工程、盾构法和顶管法施工的施工井就需要先采用明挖法开挖。

明挖法的优点如下：

（1）适应性强，适用于任何岩（土）体，可以修建各种形状的地下结构物；

（2）通过创造最大限度的工作面，进行平行流水作业，施工速度快；

（3）成本低，技术要求低，施工简单、安全。

同时，明挖法存在如下缺点：

（1）因需要将设计标高到地表之间的岩土全部挖开，造成土方开挖工程量、回填量较大，占地面积较大；

（2）随着埋深的增加，明挖法的工程费用、工期都将增大；

（3）对周围环境的影响大，对地面交通、商业活动、居民生活及地下管线的拆迁量影响较大；

(4) 当地下水位较高时，降水和地层加固费用较高。

明挖法施工的一般程序如下：打桩（护坡桩）→路面开挖→埋设支撑防护→土方开挖→地下结构物施工→回填→拔桩→恢复地面（或路面）。明挖法施工顺序如图 5-1 所示。

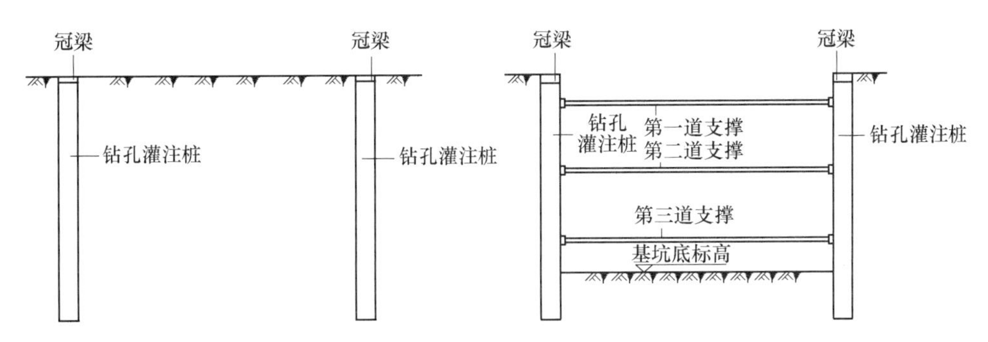

第1步　施作钻孔灌注桩及冠梁

第2步　开挖基坑，随开挖依次施作第一、第二、第三道支撑，开挖至设计基坑底标高处

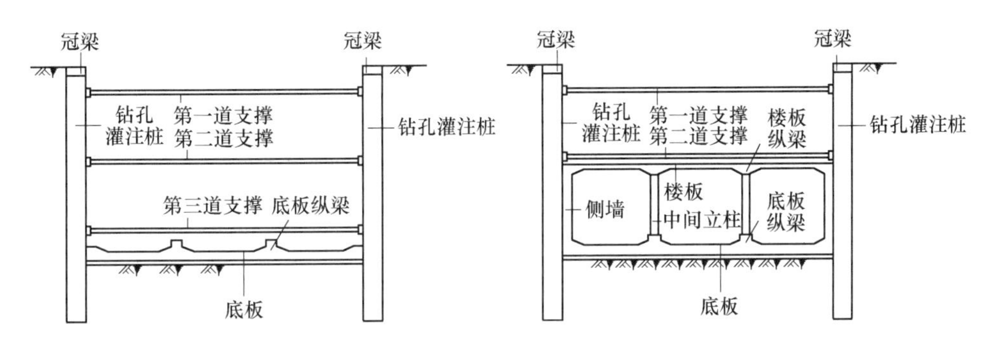

第3步　施作垫层、底板防水层、底板纵梁和底板

第4步　拆除第三道支撑，施作结构侧墙、中间楼板及底板纵梁

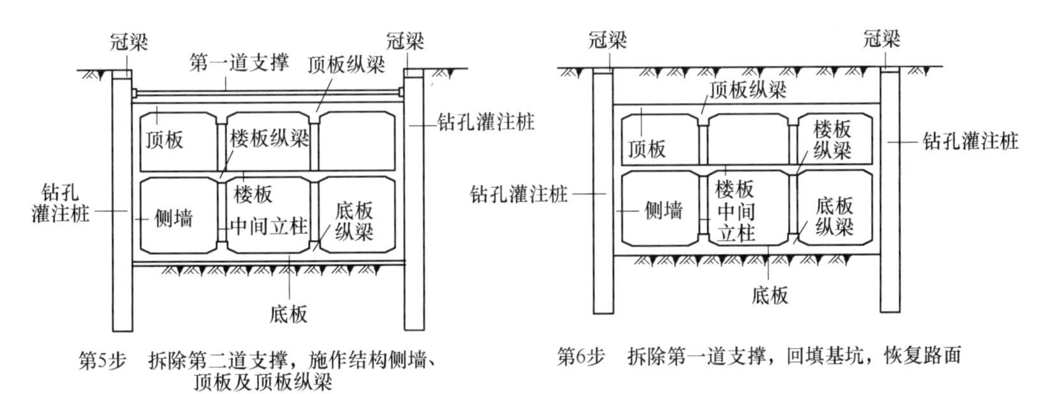

第5步　拆除第二道支撑，施作结构侧墙、顶板及顶板纵梁

第6步　拆除第一道支撑，回填基坑，恢复路面

图 5-1　明挖法施工流程

5.1.2　敞口放坡法

敞口放坡法是指不采用支撑形式，而是在基坑深度达到一定限度时将土壁做成有斜率的边坡，以保证基坑稳定性的方法，有些学者也称为大开挖法。该方法一般自上而下分层，分段依次开挖，必要时可采用水泥等相应措施加固边坡。

由其施工方法可知，敞口放坡法的优缺点如下。

（1）优点：无围护、支撑结构（但高渗透性地层必须设置止水结构），方便大型挖土机械与主体结构施工，施工速度快，出土快捷，成本低。

（2）缺点：出土量相对较大，无止水结构时要求地下水位较低或采取降水措施，要求场地开阔，周围无重要保护建筑物，雨期施工或施工周期长时必须设置护坡措施，会增加造价。

该方法适用于地下水位低、场地开阔的场合，适合开挖深度不大的工程（一般不大于 10 m）。

在土方工程施工前，应根据基坑的平面尺寸、开挖深度进行地下水控制，可采取明排、降水和截水等方法，减小地下水对建筑物的影响。当地下水位低于基底时，在湿度正常的土层中开挖基坑（槽），且敞露时间不长时，可做成直立壁不加支撑，但挖方深度不宜超过以下规定：碎石土和砂土，1.0 m；轻亚黏土及亚黏土，1.25 m；黏土，1.5 m；坚硬的黏性土，2 m。边坡稳定性问题是敞口放坡法施工中最重要的问题，如果处理不当，土坡产生失稳、滑动等问题，不仅影响工程进展，甚至危及施工人员生命安全。因此，确定边坡率是解决既安全又经济地进行敞口放坡施工的关键。

5.1.2.1　无黏性土边坡坡率计算

根据无黏性土边坡的渗流条件，可将边坡坡率计算分为无渗流时无黏性土边坡坡率计算和有渗流时无黏性土边坡坡率计算。

A　无渗流时无黏性土边坡坡率计算

图 5-2 为无渗流情况下的无黏性土边坡，分析它的稳定性，可在边坡表面取任意微元体 A，设微元体重量为 W，微元体处于平衡状态时有：

$$F = T$$

式中　T——下滑力，$T = W\sin\alpha$；

α——土坡边坡角；

F——抗滑摩阻力极值，$F = W\cos\alpha\tan\varphi$；

φ——土的内摩擦角。

则边坡平面滑动安全系数见式（5-1）：

$$K_{\mathrm{p}} = \frac{F}{T} = \frac{W\cos\alpha\tan\varphi}{W\sin\alpha} = \frac{\tan\varphi}{\tan\alpha} \tag{5-1}$$

式中　K_{p}——平面滑动安全系数。

由式（5-1）可知，当土的坡角等于土的内摩擦角 φ 时，土坡处于极限平衡状态。

B　有渗流时无黏性土边坡坡率计算

图 5-3 为有渗流情况下的无黏性土边坡，当无黏性土边坡表面有地下水溢出时，它的安全系数会降低。设微元体体积为 V，微元体下滑力为 T，则下滑力为：

$$T = V\gamma'\sin\alpha + jV = V\gamma'\sin\alpha + i\gamma_{\mathrm{w}}V = V(\gamma' + \gamma_{\mathrm{w}})\sin\alpha$$

式中　γ'——土的浮容重；

γ_{w}——水的容重；

j——沿水流方向的渗透力，$j = \gamma_{\mathrm{w}}i$；

i——溢出处水力梯度，$i = \dfrac{\Delta h}{l} = \sin\alpha$；

Δh——水头损失；

l——渗径长度。

微元体抗滑极限摩擦力 F 为：

$$F = V\gamma'\cos\alpha\tan\varphi$$

则边坡安全系数计算公式见式（5-2）：

$$K'_{\mathrm{p}} = \frac{F}{T} = \frac{V\gamma'\cos\alpha\tan\varphi}{V(\gamma' + \gamma_{\mathrm{w}})\sin\alpha} = \frac{\gamma'}{\gamma' + \gamma_{\mathrm{w}}}\frac{\tan\varphi}{\tan\alpha} \tag{5-2}$$

由于 $\gamma' \approx \gamma_{\mathrm{w}} = 10$，则 $K'_{\mathrm{p}} = \dfrac{1}{2}\dfrac{\tan\varphi}{\tan\alpha}$。

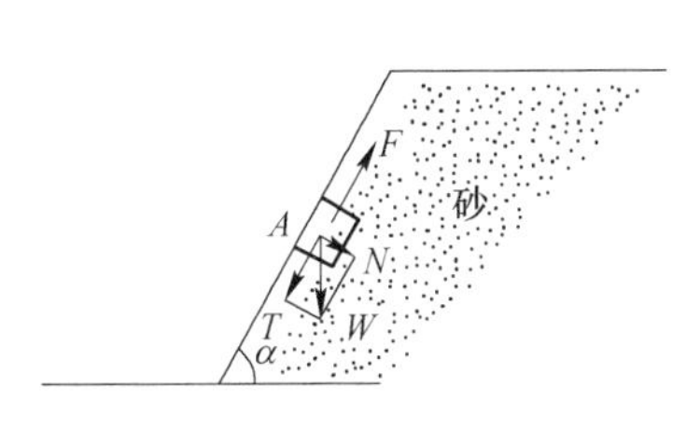

图 5-2　无渗流情况下的无黏性土边坡

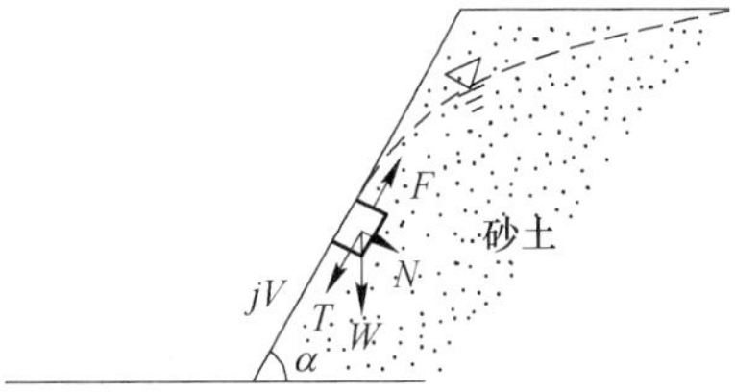

图 5-3　有渗流情况下的无黏性土边坡

5.1.2.2　黏性土边坡坡率计算

目前常用的黏性土边坡坡率计算方法如下所示。

A　整体稳定分析法——瑞典圆弧滑动法

该方法假定滑动面为圆柱面，界面为圆弧，如图 5-4 所示。当边坡失去稳定时，滑动土体绕圆心发生转动。把滑动土体看作一个刚体，抗滑力矩和滑动力矩的比值即为稳定安全系数，如式（5-3）所示：

$$F_{\mathrm{s}} = \frac{M_f}{M} = \frac{cLR}{Wd} \tag{5-3}$$

式中　F_{s}——稳定安全系数；

M_f——抗滑力矩，N/m；

M——滑动力矩，N/m；

c——滑动摩擦系数；

L——滑动面长度，m；

R——滑动面半径，m；

d——滑动土体中心到圆心之间的距离，m；

W——滑动土体的重力。

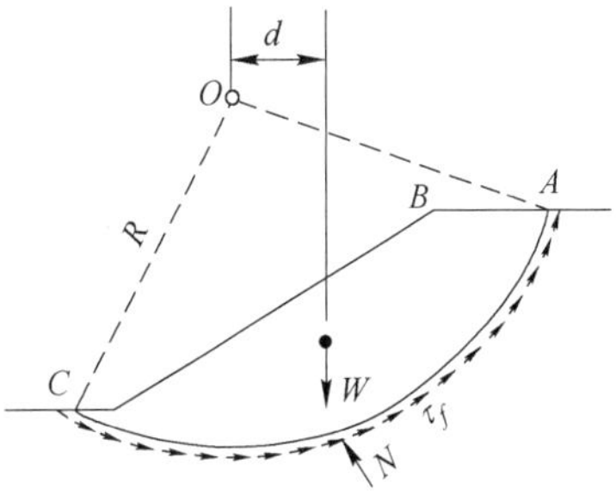

图 5-4　瑞典圆弧滑动法

B　瑞典条分法

对于外形复杂、$\varphi > 0$ 的黏性土边坡，要确定滑动土体的重量及其重心位置比较困难，可采用瑞典条分法分析边坡稳定性。一般任选一圆心 O 确定滑动面。然后将假定滑动面以上的土体等分为 n（通常取 $1/10R$）个土条。现取出其中的第 i 条作为隔离体进行分析，如图 5-5 所示。作用在土条上的力有：土条自重 W_i（包括作用在土条上的荷载，如地面超载等），作用在滑动面 ab（简化为直线）上的法向反作用力 N_i 和切向反作用力 S_i，以及作用在土条左、右侧面上的法向力 E_L、E_R 和切向力 X_L、X_R。为了简化计算，常假定 $E_L = E_R$、$X_L = X_R$。因此，作用在土条上的力仅为 W_i、N_i 和 S_i。其中：

$$N_i = W_i \cos\alpha_i$$

$$S_i = W_i \cos\alpha_i$$

作用在 ab 上的单位法向作用力为：

$$\sigma_i = \frac{N_i}{\Delta l_i} = \frac{W_i \cos\alpha_i}{\Delta l_i}$$

定义边坡稳定性安全系数为土体抗滑力矩与下滑力矩的比值为：

$$F_s = \frac{M_{抗滑}}{M_{下滑}}$$

若土条的黏结力和内摩擦角分别为 c_i 和 φ_i，则土条滑动面 ab 上的抗剪强度为：

$$\tau_i = c_i + \sigma_i \tan\varphi_i = c_i + \frac{W_i \cos\alpha_i}{\Delta l_i} \cdot \tan\varphi_i$$

所有土条对假定圆心 O 的抗滑力矩为：

$$M_{抗滑} = \sum \tau \cdot \Delta l_i \cdot R = R \sum (c_i \Delta l + W_i \cos\alpha_i \cdot \tan\varphi_i)$$

所有土条对 O 点的下滑力矩为：

$$M_{下滑} = \sum W_i X_i$$

式中　X_i——第 i 土条中心至假定圆心的水平距离，$X_i = R\sin\alpha_i - \frac{1}{2}b_i$，$b_i$ 为第 i 土条的宽度，当土条分的足够小时，$X_i = R\sin\alpha_i$。

因此边坡稳定性系数由式（5-4）所得：

$$F_s = \frac{\sum (c_i \Delta l + W_i \cos\alpha_i \cdot \tan\varphi_i)}{\sum W_i \sin\alpha_i} \tag{5-4}$$

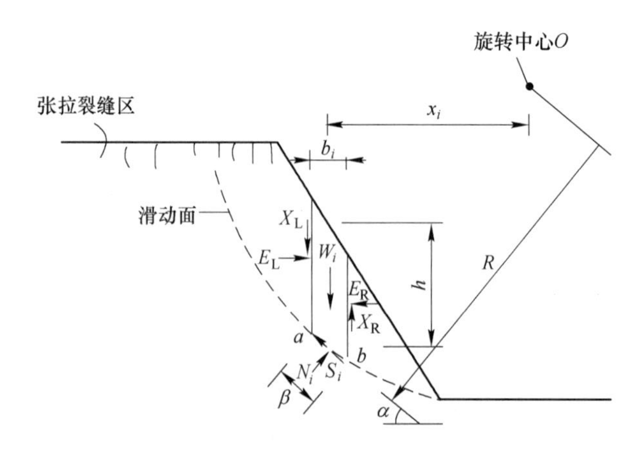

图 5-5　作用于滑动土体中一个土条上的力（圆弧滑动面）

由于每次计算的滑动圆弧的圆心都是任选的，故选定的滑动面不一定为最危险滑动面。为了求得最危险滑动面，需采用试算法，即选择多个旋转中心，按上述方法分别计算其相应的稳定性安全系数，其中最小安全系数所对应的滑动面就是最危险滑动面，如这个最小安全系数小于允许值（1.1~1.5），表明所设计的边坡坡率过大，边坡不能维持稳定，应重新设计坡率，直到其最小安全系数大于允许值为止。

C 考虑条间力作用的方法——毕肖普条分法

简单条分法假定不考虑土条间的作用力，但这样得到的稳定安全系数一般偏小。为了改进条分法的计算精度，在工程实践中许多人都认为应该考虑土条间的作用力，以求得比较合理的结果。毕肖普于 1955 年提出了考虑条块侧面力的土坡稳定性分析公式，见式(5-5)。

$$F_s = \frac{\sum \frac{1}{M_{\alpha_i}}[c_i b_i + (W_i + \Delta H_i)\tan\varphi_i]}{\sum W_i \sin\alpha_i} \tag{5-5}$$

式中 $\Delta H_i = H_{i+1} - H_i$ ——未知量，无法得出结果。

因此，在求解时补充了两个假设条件：

（1）忽略土条间的竖向剪切力 X_i 及 X_{i+1} 的作用；

（2）对滑动面上的切向力 T_i 的大小作了规定。

进而可对土坡稳定性分析公式进行简化，见式（5-6）：

$$F_s = \frac{\sum \frac{1}{M_{\alpha_i}}(c_i b_i + W_i \tan\varphi_i)}{\sum W_i \sin\alpha_i} \tag{5-6}$$

式中，$M_{\alpha_i} = \cos\alpha_i + \frac{1}{F_s}\tan\varphi_i \sin\alpha_i$ 。

由于 M_{α_i} 中包含 F_s ，因此必须使用迭代法求解。为了方便计算，已编制出 M_{α_i}-α 关系曲线，如图 5-6 所示。

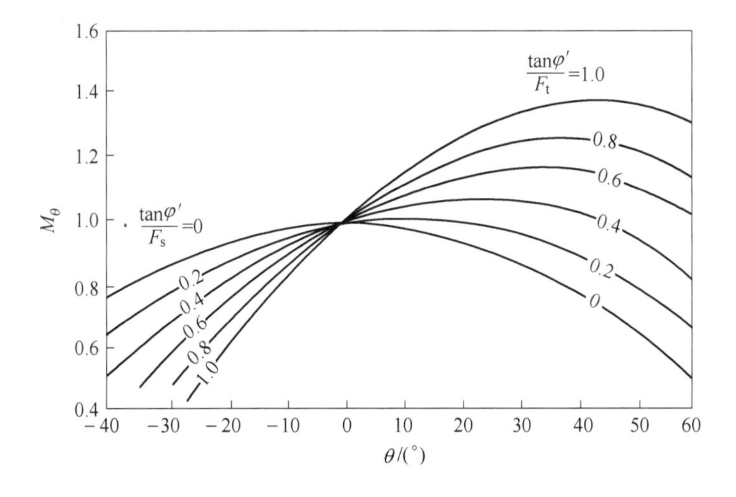

图 5-6 M_{α_i}-α 关系曲线图

试算时，先假设一个 F_s 值，查找对应的 M_{α_i} 值，再代入式（5-4）求出 F_{s1}。若 F_{s1} 与 F_s 不符，则用 F_{s1} 重新查找 M_{α_i} 值，如此迭代，直至假定的 F_s 与 F_{sn} 相近为止。

瑞典条分法和毕肖普条分法均是假定滑动面为圆弧，且滑面为连续面；在公式推导过程中，均采用极限平衡分析条分法，假定滑坡体和滑面以下的土条均为不变形的刚体，并且其安全系数以整个滑动面上的平均抗剪强度与平均剪应力之比来定义，或者以滑动面上的最大抗滑力矩与滑动力矩之比来定义。二者不同点如下：

（1）瑞典条分法又称为费伦纽斯法，是条分法中最简单、最古老的一种，没有考虑土条之间力的作用。毕肖普法是毕肖普（Bishop）提出的考虑了条间力的作用对瑞典条分法进行修正的方法。

（2）瑞典条分法仅满足整体力矩平衡条件，计算中运用了土条 i 的法向静力平衡条件、库仑强度理论、整体对滑弧圆心的力矩平衡。毕肖普法使用了竖向力平衡的原理和力矩平衡原理，但假定条件中忽略了竖向力。

D　泰勒图表法

若基坑边坡坡面为直线，坡顶为一平面，同时土质较为均匀时，其稳定边坡率或权限坡高，可根据泰勒法来计算边坡稳定安全系数。

泰勒法由式（5-7）定义边坡稳定安全系数：

$$F_s = \frac{H_c}{H} = \frac{N_s c}{H\gamma} \tag{5-7}$$

式中　F_s——边坡稳定安全系数；

H_c——边坡稳定最大高度（临界高度），$H_c = \dfrac{N_s c}{\gamma}$，m；

H——边坡设计高度，m；

N_s——稳定因数；

c——黏聚力，kN/m^2；

γ——重度，kN/m^3。

经过大量土坡临界高度计算资料分析统计，绘制了基坑边坡图解曲线，如图 5-7 所示。只要知道坡角 α 和土内摩擦角 φ 即可查出稳定因数 N_s。

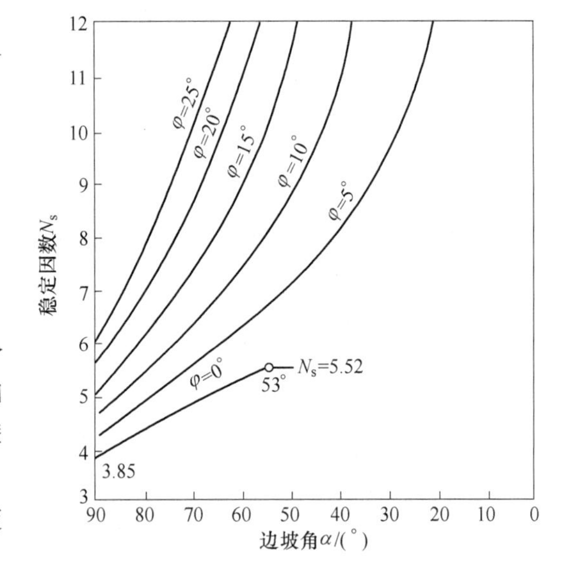

图 5-7　稳定因数（用于一般黏性土）

泰勒图表法适宜解决简单土坡稳定分析的问题：

（1）已知坡角 α 及土的 c、φ、γ，求稳定临界坡高 H_c；

（2）已知边坡设计高度 H 及土的 c、φ、γ，求稳定临界坡角 α；

（3）已知坡角 α、边坡设计高度 H 及土的 c、φ、γ，求边坡稳定安全系数 F_s。

【例】　一简单土坡 $\varphi = 15°$，$c = 12.0\ kN/m^2$，$\gamma = 17.8\ kN/m^3$。若坡高为 5 m，试确定安全系数为 1.2 时的稳定坡角。若坡角为 60°，试确定安全系数为 1.5 时的最大坡高。

【解】

（1）在稳定坡角时的临界高度：$H_c = F_s H = 1.2 \times 5 = 6\ \text{m}$

稳定系数：$N_s = \dfrac{\gamma H_c}{c} = \dfrac{17.8 \times 6}{12.0} = 8.9$

由 $\varphi = 15°$，$N_s = 8.9$ 查图得稳定坡角 $\alpha = 58°$。

（2）由 $\alpha = 60°$，$\varphi = 15°$查得稳定因数 N_s 为 8.6。

坡高：$H_c = \dfrac{N_s c}{\gamma} = \dfrac{8.6 \times 12.0}{17.8} = 5.80\ \text{m}$

最大坡高：$H_{max} = \dfrac{H_c}{1.5} = \dfrac{5.8}{1.5} = 3.87\ \text{m}$

5.1.3 排桩支护法

排桩支护法是明挖法施工过程中一种常用的临时支护开挖方法，其将基坑支护结构插入基底高程以下一定深度后，在围护结构的保护下开挖基坑土体至设计高程。排桩支护法常用的支护结构包括木桩、钢桩、钢筋混凝土预制桩、钻孔灌注钢筋混凝土桩、钻孔灌注钢筋混凝土连续墙等。排桩支护法按照基坑开挖深度和支护结构受力情况，可按照图 5-8 分为以下三种类型：

（1）无支撑围护结构：基坑开挖深部不大时，利用悬臂作用挡住墙后土体；

（2）单支撑围护结构：基坑开挖深度较大时，可在围护结构顶部附近设置一道单支撑；

（3）多支撑围护结构：基坑开挖深度较大时，可设置多道支撑降低挡墙的内应力。

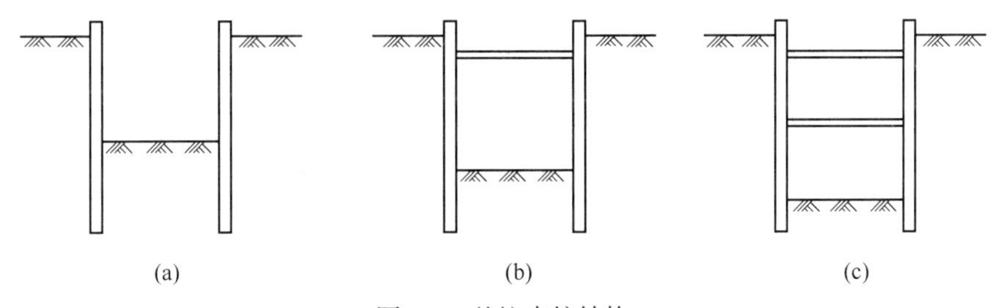

图 5-8 基坑支护结构

（a）无支撑围护结构；（b）单支撑围护结构；（c）多支撑围护结构

5.1.3.1 排桩设计

由于排桩设计需考虑到土压力、水压力、土的性质、支护结构类型及其材料特性等因素的共同作用，因此计算较为复杂。设计的主要内容包括：主动土压力和被动土压力计算、嵌固深度确定、内力计算和支护桩或墙的截面设计等。

A 排桩压力计算

常用的计算方法为库伦或朗金公式。处于深度 h 处的土压力可按照式（5-8）计算：

$$\begin{cases} E_a = p\tan^2\left(45° - \dfrac{\varphi}{2}\right) - 2c \cdot \tan\left(45° - \dfrac{\varphi}{2}\right) = pK_a - 2c\sqrt{K_a} \\ E_p = p\tan^2\left(45° + \dfrac{\varphi}{2}\right) + 2c \cdot \tan\left(45° + \dfrac{\varphi}{2}\right) = pK_p + 2c\sqrt{K_p} \end{cases} \tag{5-8}$$

式中 E_a ——单位面积主动土压力，kN/m²；

E_p ——单位面积被动土压力，kN/m²；

p ——作用在深 h 处的单位面积总垂直压力，$p = q + \gamma h$ ，kN/m²；

q ——基坑顶面上的均布荷载，kN/m²；

γ ——土的重度，kN/m³；

φ ——土的内摩擦角，(°)；

c ——土的黏聚力，kN/m³；

K_a ——主动土压力系数；

K_p ——被动土压力系数。

B 无支撑围护结构设计

对于多层土的开挖条件，应按照土层分层条件进行主动土压力和被动土压力计算，在此基础上绘制无支撑围护结构嵌固深度计算简图，如图 5-9 所示。根据简图分别求出嵌固深度 h_d 、最大弯矩截面位置 y 及最大弯矩值 M_{max} 和围护结构顶端位移 S 。

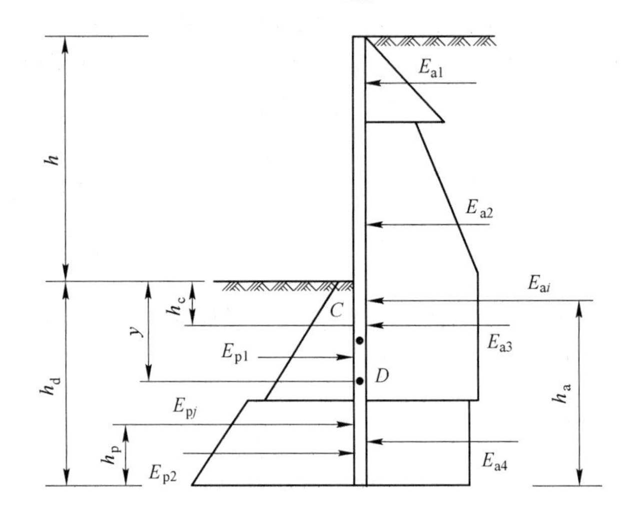

图 5-9 无支撑围护结构嵌固深度计算简图

无支撑围护结构嵌固深度设计值 h_d 可预设为 0.7～1.2 h，进而可求得 h_p、h_a、$\sum E_{pj}$、$\sum E_{ai}$ ，通过所有土压力对支护结构底端力矩平衡原理，采用式（5-9）进行验算：

$$h_p \sum E_{pj} - 1.2\gamma_0 h_a \sum E_{ai} \geqslant 0 \tag{5-9}$$

式中 $\sum E_{pj}$ ——桩、墙底以上基坑内侧各土层水平力 K_{pj} 的和，kN/m²；

h_p ——合力 $\sum E_{pj}$ 作用点至桩、墙底的距离，m；

$\sum E_{ai}$ ——桩、墙底以上基坑外侧各土层水平力 K_{ai} 的和，kN/m²；

h_a ——合力 $\sum E_{ai}$ 作用点至桩、墙底的距离，m；

γ_0 ——基坑重要系数。

在实际施工设计中，式（5-9）通常取：

$$h_p \sum E_{pj} = 2h_0 \sum E_{ai}$$

无支撑围护结构最大弯矩截面位置 y 及最大弯矩值 M_{max}（以图 5-9 为例）按式（5-10）进行计算：

$$M_{max} = E_{ai} y_i - E_p y_p \quad (5\text{-}10)$$

式中 y_i ——剪应力 $V = 0$ 以上各层主动土压力合力 E_a 对剪应力为 0 处的力臂长度；

y_p ——剪应力 $V = 0$ 以上各层被动土压力合力 E_p 对剪应力为 0 处的力臂长度。

剪应力为 0 的位置 D 距基坑开挖面的距离 y，可按照 D 点以上主动土压力合力 E_a 等于 D 点以上被动土压力合力 E_p 求得。

支护结构顶端的水平位移值 S 可按照式（5-11）计算：

$$S = \delta + \Delta + \theta(h + y) \quad (5\text{-}11)$$

式中 δ ——支护结构上段柔性变形值，mm；

Δ ——支护结构下段在最大弯矩 M_{max} 作用下在 D 点产生的水平位移，mm；

θ ——支护结构下段在最大弯矩 M_{max} 作用下产生的转角，（°）。

C　单支撑围护结构设计

首先需计算弯矩零点位置。对于单支撑围护结构，地面以下土压力为零的位置（即主动土压力等于被动土压力的位置）与弯矩点位置较为接近，为简化计算，假定土压力为零点即为弯矩点的位置。因此，基坑底面以下支护结构设弯矩为零的位置至基坑地面的距离 h_{c1} 需保证（以图 5-10 为例）：

$$e_{a1k} = e_{p1k}$$

式中 e_{a1k} ——水平荷载标准值，kN/m^2；

e_{p1k} ——水平抗力标准值，kN/m^2。

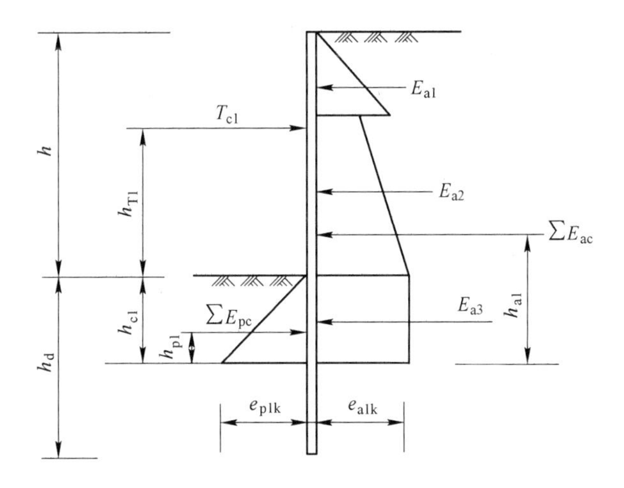

图 5-10　单支撑支护结构支点力计算简图

支点力 T_{c1} 可由式（5-12）计算：

$$T_{c1} = \frac{h_{a1} \sum E_{ac} - h_{p1} \sum E_{pc}}{h_{T1} + h_{c1}} \quad (5\text{-}12)$$

式中　$\sum E_{ac}$ ——弯矩零点位置以上基坑外侧各土层水平力的和，kN/m²；

h_{a1} —— $\sum E_{ac}$ 作用点至设定弯矩零点的距离，m；

$\sum E_{pc}$ ——弯矩零点位置以上基坑内侧各土层水平力的和，kN/m²；

h_{p1} —— $\sum E_{pc}$ 作用点至设定弯矩零点的距离，m；

h_{T1} ——支点至基坑底面的距离，m；

h_{c1} ——设定弯矩零点至基坑底面的距离，m。

嵌固深度设计值 h_d 可由式（5-13）确定（以图 5-11 为例）：

$$h_p \sum E_{pj} + T_{c1}(h_{T1} + h_d) - 1.2\gamma_0 h_a \sum E_{ai} \geqslant 0 \tag{5-13}$$

D　多层支撑围护结构设计

若基坑较深，单层支撑不能满足支护结构的稳定和强度要求时，可采用多层支撑围护结构。在此介绍通过等值梁法进行设计的方法。

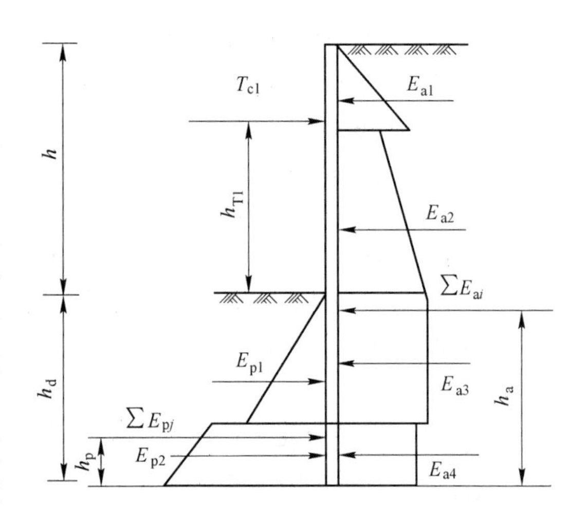

图 5-11　单支撑支护结构嵌固深度计算简图

采用等值梁法计算时，假定下层挖土不影响上层支撑计算的水平力，并根据分层挖土深度与每层支撑的实际设置情况分阶段分层计算。图 5-12 为开挖过程中支撑设置与桩变位的关系图，图 5-12（a）为第一次开挖后的桩变位，进行第一层支撑设计时，可直接取开挖深度为第二层支撑设置时的开挖深度，据此计算第一层支撑水平力 T_{c1} 及相应弯矩图。图 5-12（b）、图 5-12（c）为第二次、第三次开挖后桩体的变位，此时假定第一次开挖产生的变位、T_{c1} 及其弯矩保持不变。

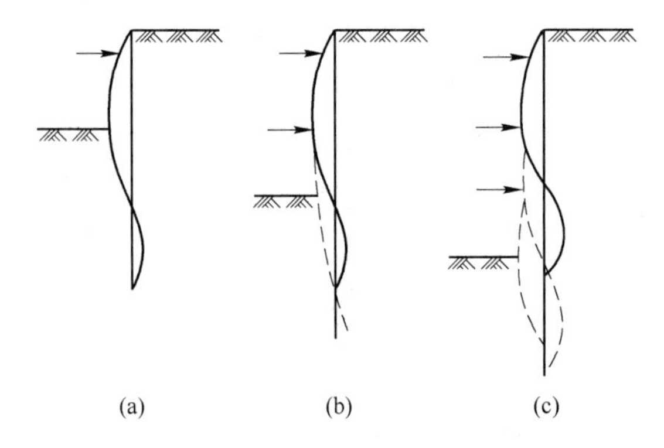

图 5-12　开挖过程中支撑设置与墙体变位图

（a）第一次开挖；（b）第二次开挖；（c）第三次开挖

因此，可假定在第 k 层支撑计算时，第一层至第 $k-1$ 层的支撑水平力均为已知力，如图 5-13 所示。第 k 层支撑力可按照第 $k+1$ 层支撑设置后挖土深度下的反弯点以上各力对该点力矩之和为零来确定，并以土压力为零的点为反弯点，用 h_{ck} 表示。第 k 层支撑力 T_{ck} 可通过式（5-14）计算：

$$T_{ck} = \frac{\sum_{j=1}^{n} E_{aj} a_{aj} - \sum_{\lambda=1}^{k-1} T_{c\lambda}(a_{T\lambda} + h_{ck})}{a_{T\lambda} + h_{ck}} \tag{5-14}$$

第 k 层支撑设置后，该基坑开挖所需嵌固深度设计值 h_d 可按照式（5-15）计算：

$$h_d - h_{ck} = \sum \frac{E_{pj} b_{pj}}{V_{ck}} \tag{5-15}$$

式中 E_{pj} ——反弯点以下基坑内侧各土层水平力，kN/m²；

b_{pj} ——反弯点以下基坑内侧各土层水平力至嵌固底端的距离，m；

V_{ck} ——该开挖阶段反弯点处支护结构的单位宽度剪应力，$V_{ck} = 1.2\gamma_0 \sum_{j=1}^{n} E_{aj} - \sum_{j=1}^{n} T_{c\lambda}$，kN/m²。

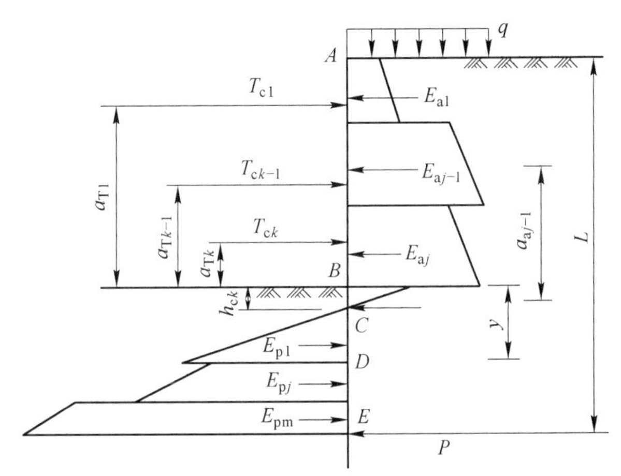

图 5-13 多层支撑计算简图

当按照上述方法确定的单层支撑嵌固深度设计值 $h_d < 0.3h$ 时，宜取 $h_d = 0.3h$；多层支撑嵌固深度设计值 $h_d < 0.2h$ 时，宜取 $h_d = 0.2h$。

5.1.4 其他有支护结构的施工方法

5.1.4.1 重力式水泥墙法

重力式水泥墙法以水泥材料为固化剂，采用搅拌机械将固化剂和地基土搅拌，形成连续搭接的水泥土加固体挡墙。水泥墙是无支撑自立式挡墙，依靠墙体自重、墙底摩擦力和墙前基坑开挖面以下土体的被动土压力满足墙体的稳定性。重力式水泥墙施工流程及实际施工如图 5-14 所示。

A 适用条件

（1）适用于开挖深度不超过 7 m 的基坑工程，若基坑周边环境保护要求较高时，基坑深度应控制在 5 m，降低工程风险。

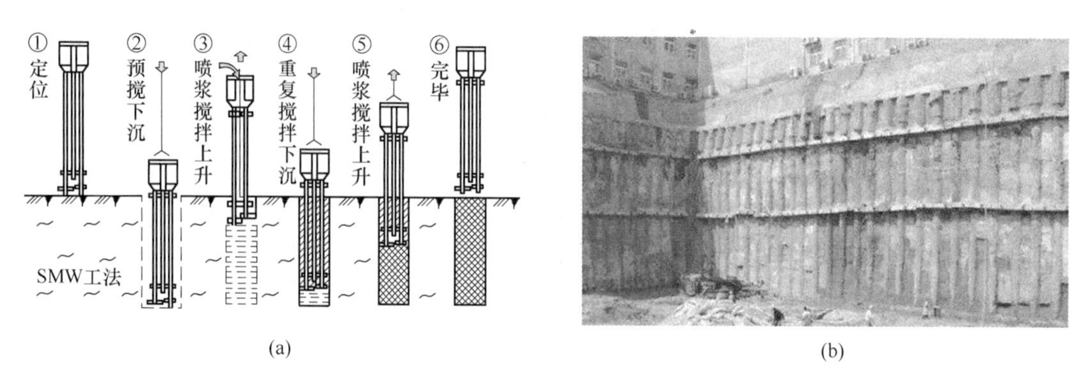

(a) (b)

图 5-14 重力式水泥墙施工流程及实际施工图
(a) 施工流程图；(b) 实际施工图

(2) 适用于加固淤泥质土，含水量较高而地基承载力小于 120 kPa 的黏土、粉土、砂土等软土地基；对于地基承载力较高、黏性较大或较密实的黏土或砂土，可通过先行钻孔套打、添加外加剂等辅助方法施工。

(3) 在基坑周边距离 1～2 倍开挖深度范围内存在对沉降和变形较敏感的建筑物时，应慎用此方法。

B 优缺点

(1) 优点：无污染，无噪声，无振动，对周围环境的影响较小，造价较低；坑内不需设置支撑，方便大型机械与内部土建结构施工，施工速度快。

(2) 缺点：水泥土搅拌桩强度较低（一般为 0.8 MPa）；水泥土搅拌桩水泥用量较大（13%～15%）；需要较大的施工场地；基坑变形较大。

5.1.4.2 土钉墙法

土钉墙法主要由密布于原位土体中的土钉、黏附于土体表面的钢筋混凝土面层及土钉之间的被加固土体组成。该方法首先将加筋杆件（土钉或锚杆）设置在边坡内，然后在边坡表面铺设一道钢筋网，再喷射一层混凝土面层，形成类似重力挡土墙的边坡加固型支护结构。土钉墙法施工结构示意及实际施工如图 5-15 所示。

A 适用范围

土钉墙适用于地下水位以上或经人工降水后的人工填土、黏性土和弱胶结砂土的基坑支护或边坡加固，不适合以下条件：

(1) 含水丰富的粉细砂、中细砂及含水丰富且较为松散的中粗砂、砾砂及卵石层等；
(2) 缺少黏聚力的、过于干燥的砂层及相对密度较小的均匀度较好的砂层；
(3) 淤泥质土、淤泥等软弱土层；
(4) 膨胀土；
(5) 强度过低的土，如新近填土等；
(6) 对变形要求较为严格的场所；
(7) 较深的基坑；
(8) 建筑物地基为灵敏度较高的土层；
(9) 对用地红线有严格要求的场地。

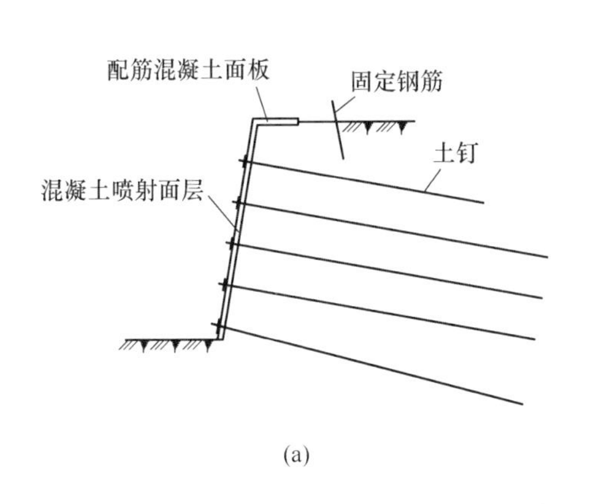

(a)

(b)

图 5-15 土钉墙法示意图及实际施工图
(a) 土钉墙法示意图；(b) 土钉墙法施工图

B 优缺点

(1) 优点：能合理利用土体的自稳能力，将土体作为支护结构不可分割的部分；有良好的抗震性和延性；密封性好，没有裸露土方，避免了地下水和雨水对边坡的冲刷和侵蚀；施工所需场地较小，无支撑，方便大型机械进入基坑内部进行施工；挖土方便，施工速度快；相对于重力式水泥土墙法变形较小，工期短。

(2) 缺点：必须分层挖土；软土地区有高地下水位时，必须设置止水帷幕，造成成本上升；锚体质量控制较困难，承载力较小；在施工土钉杆、面层喷射混凝土期间，坡段处需要在无支撑状态下保证自立稳定。

5.1.5 高压旋喷法

高压旋喷法是利用钻机钻孔至设计深度后，以高压射流通过钻杆下端的旋转喷射装置，向周围土体喷射加固浆液；钻杆边喷射浆液边旋转提升，浆液将周围土体切割、分离、搅拌，在喷射有效范围内，土和浆液快速凝固成圆柱体——即旋喷桩，施工示意图如图 5-16 所示。该方法适于各种软弱土层、砂层、强风化基岩及粒径不超过 60 mm 的砾石层以及对压力灌注难以加固的软弱地基。

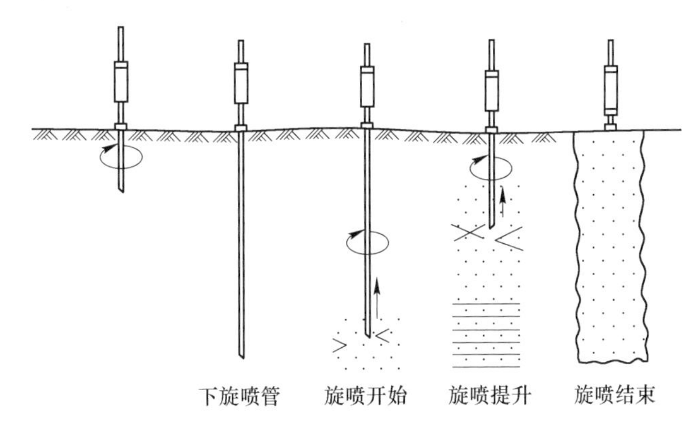

图 5-16 旋喷法施工示意图

目前，旋喷法注浆深度可达 45 m，旋喷桩直径可达 50 cm，施工时只需在土层中钻一个直径为 76 mm 至 150 mm 的孔，便可在土层中喷射成桩，其长度和直径均可以灵活控制。

5.1.5.1 旋喷法设备分类

高压旋喷法施工方法简单，根据注浆管的不同可将其分为三类：单旋喷管、二重旋喷管和三重旋喷管。单旋喷管通过一个管道输送单一的浆液，利用高压射流切割、分离土体，并搅拌混合成固结体。二重旋喷管使用双重喷嘴同时喷出高压浆液及空气双介质射流，使得浆液射流在“空气管道”内喷射，延长浆体射流长度，扩大成桩直径。三重旋喷管具有三个互不串通的管道分别喷射高压清水、气体和浆液，使得高压水流在高压空气的保护下更加有力地切割土体，同时高压水流将切割下来的细小颗粒随水排出孔外并由浆体充填置换，粗颗粒与浆体混合固结形成直径更大的旋喷桩体。

5.1.5.2 施工参数设计

A 工艺参数

国内采用的旋喷工艺参数为大量生产实践的总结，详见表 5-1。

表 5-1 旋喷工艺参数

项目	旋喷方式		
	单管	二重管	三重管
适用土质	砂类土、黏性土、黄土、淤泥		
水压/MPa	—	—	20
风压/MPa		0.7	0.7
浆压/MPa	20	20	2~3
旋转速度/r·min^{-1}	1.30~1.49		
浆液喷嘴直径/mm	20	20	10
提升速度/m·min^{-1}	2.0~3.2		
浆液流量/L·min^{-1}	80~120	60~120	100~150
最大深度/m	45	30	30
固结直径/m	0.4~1.2	0.7~1.3	0.7~2.5

B 旋喷桩桩径设计

目前旋喷桩直径 D 多以经验数据为依据进行计算，对于大型或重要工程所需的旋喷桩直径，应通过现场试验来确定，常用旋喷桩性能指标见表 5-2。

表 5-2 旋喷桩性能指标 (m)

土质		分类		
		单管法	二重管法	三重管法
黏性土	$0<N<5$	1.2±0.2	1.6±0.3	2.5±0.3
	$10<N<20$	0.8±0.2	1.2±0.3	1.8±0.3
	$20<N<30$	0.6±0.2	0.8±0.3	1.2±0.3

续表 5-2

土质		分类		
		单管法	二重管法	三重管法
砂土	0<N<10	1.0±0.2	1.4±0.3	2.0±0.3
	10<N<20	0.8±0.2	1.2±0.3	1.5±0.3
	20<N<30	0.6±0.2	1.0±0.3	1.2±0.3
砂砾	20<N<30	0.6±0.2	1.0±0.3	1.0±0.3

注：N 为标准贯入值。

C 单桩所需浆体计算

单桩所需浆体可根据体积法和喷射量法进行计算，并取其大值。

（1）体积法。体积法是根据形成旋喷桩的体积，再结合浆液的填充率以及浆液的扩散损失、冒浆损失等因素进行计算，计算公式如式（5-16）所示：

$$Q = \frac{\pi}{4}D^2 nH(1+\beta) + \frac{\pi}{4}d^2 n'H' \tag{5-16}$$

式中 Q——单桩需浆量，m^3；

D——旋喷桩直径，m；

n——浆液充填率，一般取 0.75~0.9；

H——旋喷桩长度，m；

β——损失系数，一般取 0.1~0.2；

d——旋喷管直径，m；

n'——未旋喷范围的填充率，0.5~0.75；

H'——未旋喷长度，m。

（2）喷射量法。按照单位时间的喷射量及喷射持续时间计算浆体量，如式（5-17）所示：

$$Q = \frac{l}{v} \cdot q(1+\beta) \tag{5-17}$$

式中 Q——单桩需浆量，m^3；

l——桩长，m；

v——注浆管提升速度，m/min；

q——单位时间喷浆量，m^3/min；

β——损失系数，一般取 0.1~0.3。

D 桩数

（1）单桩式。桩与桩之间互不联系，可由式（5-18）计算所需的桩数：

$$n = \frac{W+G}{P} \tag{5-18}$$

式中 n——桩数；

W——构筑物荷载，kN；

G——承台及承台以上土体重量，kN；

P ——单桩容许承载力，kN。

（2）片桩式。片桩指纵横多排桩，桩体互相搭接在一起，桩间距为 $0.866D\left(\frac{\sqrt{3}}{2}D\right)$，可由式（5-19）计算所需桩体总面积进而求得桩数：

$$F = \frac{W + G}{\sigma} \tag{5-19}$$

式中 F ——桩体总面积，m^2；

σ ——桩体容许应力，kN。

5.2 盖 挖 法

明挖法在施工时存在占用场地大、隔断地面交通、挖方量及填方量大等不利因素，故地下建筑的建设，可采用“盖挖法”进行。盖挖法是先用连续墙、钻孔桩等形式做围护结构和中间桩，然后做钢筋混凝土盖板，在盖板、围护墙、中间桩的保护下继续进行土方开挖和结构施工。盖挖法适用于松散的地质条件及施工区域处于地下水位线以上时的条件，当处于地下水位线以下时，需附加施工排水设施。

盖挖法除了施工方法与明挖法不同外，还具有如下优点：

（1）盖挖法边墙既作为结构的永久性边墙，又兼有基坑支护的双重作用，可简化施工程序，降低造价；

（2）边墙变形量小，可靠近地面建筑物进行施工；

（3）盖挖法施工占地宽度比一般的明挖法小，且无振动和噪声，受外界气候影响小；

（4）盖挖法可缩短从破坏路面、修筑顶盖到恢复路面所需的时间，从而最大限度地减少对地面交通的干扰；

（5）盖挖法只要将边墙修筑至一定深度，便可自上而下逐层开挖，逐层建筑，使修筑地下多层结构比较容易实现，是在松软地层中修筑地下多层建筑的最好方法。

不足之处在于：作业空间较小，出土不方便；板墙柱施工接头多，需进行防水处理；工效低，速度慢；结构框架形成之前，中间立柱能够支承的上部载荷有限；比明挖法相比施工费用略高。

盖挖法包括顺作与逆作两种施工方法。两种盖挖法的施工顺序不同：顺作法是在挡墙施工完毕后，对挡墙做必要的支撑，再开挖至设计标高，并开始浇筑基础底板，接着依次由下而上一边浇筑地下结构本体，一边拆除临时支撑；而逆作法是由上而下地进行施工。两种盖挖法所采用的支撑也不同：在顺作法中常见的支撑有钢管支撑、钢筋混凝土支撑、型钢支撑以及土锚杆等，而逆作法中建筑物本体的梁和板，也就是逆作结构本身就可以作为支撑。

5.2.1 盖挖顺作法

盖挖顺作法的施工顺序是按挖土至基坑底→底板→中间桩及围护结构→顶板的顺序修筑，与明挖法的施工顺序相同。

在路面交通不能长期中断的道路下修建地下建筑时，则可采用盖挖顺作法。该方法是在现有道路上，按所需宽度，由地表面完成挡土结构后，以定型的预制标准覆盖结构（包括纵、横梁和路面板）置于挡土结构上维持交通，往下反复进行开挖和加设横撑，直至设计示高。依次由下而上修建主体结构和防水措施，回填土方并恢复管线路或埋设新的管线路，最后视情况拆除挡土结构的外露部分，恢复道路。具体施工流程如图 5-17 所示。

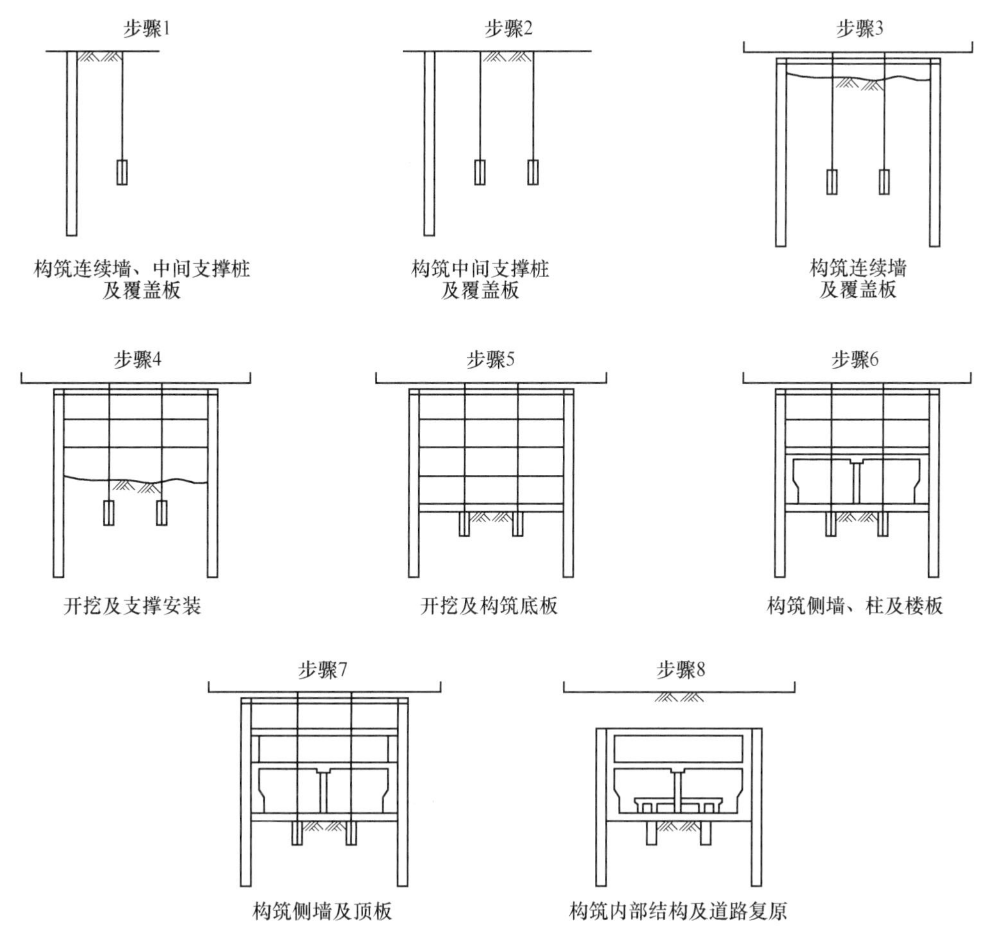

图 5-17 盖挖顺作法施工流程

如果地下基坑的开挖宽度很大，为了防止支撑失稳，并承受横撑倾斜时产生的垂直分力以及行驶于覆盖结构上的车辆荷载和吊挂于覆盖结构下的管线重量，经常需要在建造挡土结构的同时建造中间桩柱以固定支撑。中间桩柱可以是钢筋混凝土的钻孔灌注桩或预制的打入桩（钢或钢筋混凝土材料）。中间桩柱一般为临时性结构，在主体结构完成时将其拆除。

5.2.2 盖挖逆作法

盖挖逆作法施工步骤：先在地表向下做基坑的围护结构和中间桩，围护结构和盖挖顺作法一样多采用地下连续墙、钻孔灌注桩或人工挖孔桩，中间桩多利用主体结构本身作为中间立柱；随后开挖土方至顶板底面标高并构筑顶板，顶板可以作为一道横撑防止围护结构向基坑内变形；顶板构筑完成后回填土，将道路复原，恢复交通；之后在顶板覆盖下进行施工，自上而下逐层开挖土方并建造主体结构直至底板。在较为软弱的地层范围内施工且施工地点邻近地面建筑物时，除了将顶板作为围护结构的横撑外，还需设置一定数量的临时横撑，并施加不小于横撑设计轴力 70%～80%的预应力，其施工流程如图 5-18 所示。根据图 5-18 可知，由于先修筑顶板后进行土方开挖，施工范围受到限制，因此作业效率较低。

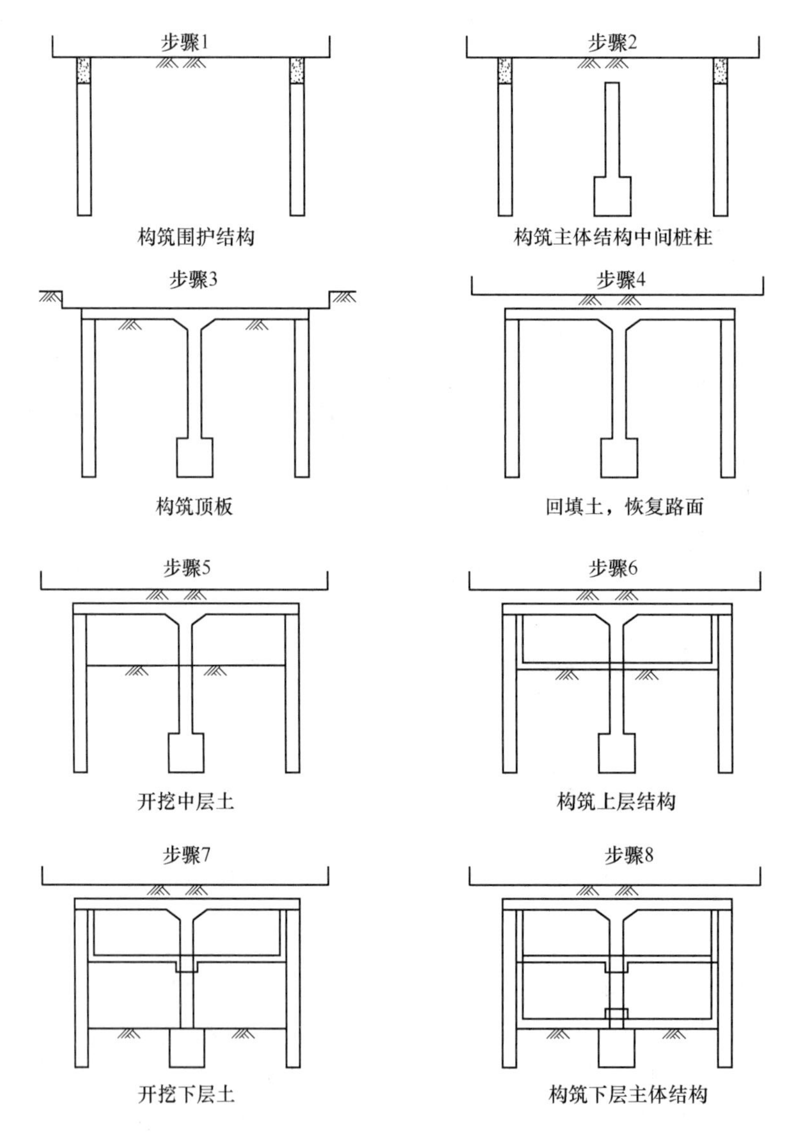

图 5-18 盖挖逆作法施工步骤

盖挖逆作法适用于以下开挖条件：

(1) 开挖地点有重要建筑物；

(2) 开挖深度大，开挖和修筑建筑结构的时间较长；

(3) 开挖地层存在较大土压力和其他水平力作用。

因此，在城市地下建筑施工过程中，如果开挖面较大、覆土较浅、周围沿线建筑物过于靠近，为尽量防止因开挖基坑而引起邻近建筑物的沉陷，或需及早恢复路面交通，通常采用盖挖逆作法。若该施工地段的工程地质条件允许暗挖法施工时，可以在做围护结构和中间桩之前，用暗挖法预先做好它们下面的底纵梁，以扩大承载面积。而且在开挖最下一层土和浇筑底板前，由于围护结构和中间桩柱都无入土深度，故必须采取包括设置横撑等措施以增加它们的稳定性。

5.2.3 地下连续墙

围护结构的施工是盖挖法的关键工序，而地下连续墙法则是盖挖法中较为典型的围护结构施工方法。地下连续墙法以专门的挖槽设备，按照设计的长度、宽度和深度开挖沟槽，待槽段形成并清槽后在槽内设置钢筋笼，采用导管法浇筑混凝土，筑成一个单元槽段和混凝土墙体。经过多次挖槽、浇筑等程序，并以某种接头方式将单元墙体逐个地连接成一道连续的地下钢筋混凝土墙或帷幕，地下连续墙法施工流程及实际施工如图 5-19 所示。

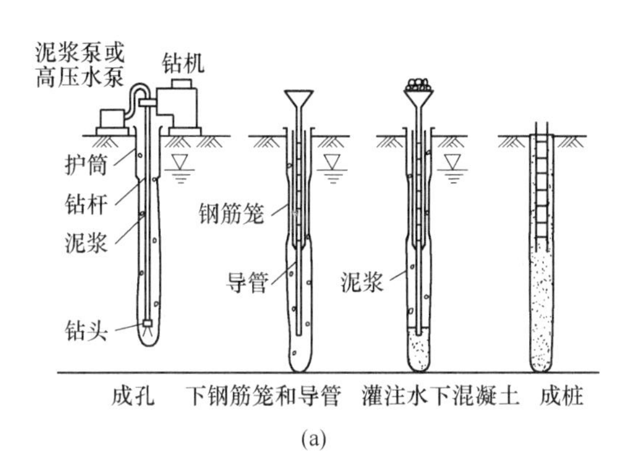

(a)

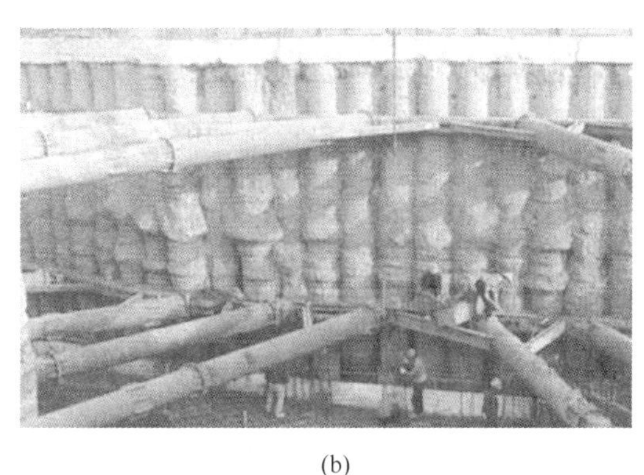

(b)

图 5-19 地下连续墙法示意图及实际施工图
（a）地下连续墙法示意图；（b）地下连续墙法施工图

5.2.3.1 适用范围

由于施工机械的限制，地下连续墙的厚度不能像灌注桩一样灵活调整。因此，该方法只有在一定深度的基坑工程中或其他特殊条件下才能显示出其特有的优势。该方法一般适用于以下条件的工程中：

（1）开挖深度超过 10 m 的基坑；

（2）对防水、防渗要求较为严格的工程，围护结构同样作为建筑主体结构的一部分；

（3）邻近存在保护要求较高的建筑物，对基坑的变形要求较高工程；

（4）基坑内空间有限，地下室外墙与红线距离极近，采用其他围护形式无法满足施工要求的工程；

（5）在超深基坑中，采用其他围护体无法满足要求的工程。

5.2.3.2 优缺点

地下连续墙的优点主要体现在以下几点：

（1）施工全盘机械化，速度快、精度高，并且振动小、噪声低；

（2）具有多功能用途，如防渗、截水、承重、挡土、防爆等，强度可靠，承压能力大；

（3）对开挖的地层适应性强，可以在各种复杂的条件下施工，在我国除熔岩地质外，可适用于各种地质条件，无论是软弱地层或在重要建筑物附近的工程中，都能安全地施工；

（4）开挖基坑无须放坡，土方量小，浇混凝土无需支模和养护，并可在低温下施工，降低成本，缩短施工时间。

地下连续墙也存在一些不足：

（1）每段连续墙之间的接头质量较难控制，往往容易形成结构的薄弱点；

（2）墙面虽可保证垂直度，但比较粗糙，尚须加工处理或做衬壁；

（3）施工技术要求高，制浆及处理系统占地较大，管理不善易造成现场泥泞和污染。

5.2.3.3 设计内容

地下连续墙结构主要需要对强度、变形和稳定性三个方面进行设计和计算，强度主要指墙体的水平和竖向截面承载力、竖向地基承载力；变形主要指墙体的水平变形和作为竖向承重结构的竖向变形；稳定性主要指作为基坑围护结构的整体稳定性、抗倾覆稳定性、坑底抗隆起稳定性、抗渗流稳定性等。

（1）墙体厚度和槽段宽度。地下连续墙的常用墙厚为 0.6 m、0.8 m、1.0 m 和 1.2 m，随着挖槽设备大型化和施工工艺的改进，地下连续墙厚度可达 2.0 m 以上。确定地下连续墙单元槽段的平面形状和成槽宽度时需考虑众多因素，一般来说，壁板式一字形槽段宽度不宜大于 6 m，T 形、折线形等槽段各段宽度总和不宜大于 6 m。

（2）地下连续墙的嵌固深度。一般工程中地下连续墙的嵌固深度在 10~50 m 范围内，最大深度可达 150 m。在基坑工程中，地下连续墙既作为承受侧向水平压力的受力结构，又作为挡土结构，地下连续墙嵌固深度需满足各项稳定性和强度要求；作为隔水帷幕，地下连续墙嵌固深度需根据地下水控制要求确定。

（3）内力与变形计算。墙体内力和变形计算应按照主体工程地下结构的梁板布置以及施工条件等因素，合理确定支撑标高和基坑分层开挖深度等计算工况，并按基坑内外实际状态选择计算模式，考虑基坑分层开挖与支撑进行分层设置，以及换撑、拆撑等工况在时间上的先后顺序和空间上的位置不同，进行各种工况下的连续完整的设计计算。

（4）承载力验算。应根据各工况内力计算包络图对地下连续墙进行截面承载力验算和配筋计算。常规的壁板式地下连续墙需进行正截面受弯、斜截面受剪承载力验算，当需承受竖向荷载时，需进行竖向受压承载力验算。对于圆筒形地下连续墙除需进行正截面受弯、斜截面受剪和竖向受压承载力验算外，尚需进行环向受压承载力验算。当地下连续墙仅用作基坑围护结构时，应按照承载能力极限状态对地下连续墙进行配筋计算，当地下连续墙在正常使用阶段又作为主体结构时，应按照正常使用极限状态根据裂缝控制要求进行配筋计算。

5.2.4 桩基设计

桩基是用于建造高层建筑、港口、桥梁及土质不良地区所采用的基础形式之一。桩基主要由设置于岩土中的桩和与桩顶联结的承台共同组成，进而共同承受动静荷载的一种深基础，其结构如图 5-20 所示。其作用在于穿越软弱的高压缩性土层或水，将桩所承受的荷载传递到更硬、更密实或压缩性较小的地基段上。

桩基的适用范围如下：

（1）上部土层较为软弱不能满足承载力和变形要求，而下部存在较好的土层；

（2）一定深度范围内的地基不存在较理想的持力层，需要用桩使荷载沿着桩杆依靠桩侧阻力渐渐传递；

（3）地基软硬不均或荷载分布不均，天然地基不能满足结构物对不均匀变形的要求；

（4）在港口、水利、桥梁工程中结构物基础周围的地基土尽管浅层存在较好土层，但考虑到其易受侵蚀或冲刷，应采用桩基础；

（5）建筑内存在精密仪器和动力机械设备等对基础有特殊要求。

桩基的设计步骤如下：

（1）收集地质资料，确定桩的类型、断面及桩长；

（2）确定单桩轴向承载力；

（3）确定桩数 n 及平面布置；

（4）群桩验算；

（5）承台设计。

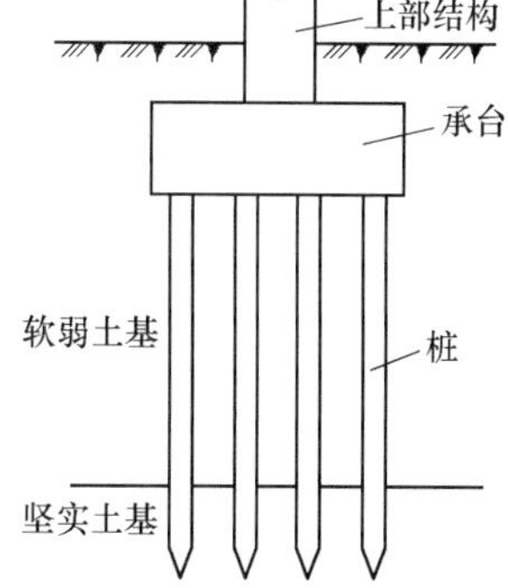

图 5-20　桩基础示意图

5.2.4.1　桩的分类

（1）按承载性状进行分类，可分为摩擦型桩和端承型桩。摩擦型桩在承载能力极限状态下，桩顶竖向荷载由桩侧阻力承受；端承型桩在承载能力极限状态下，桩顶竖向荷载由桩端阻力承受。

（2）按成桩方法分类，可分为非挤土桩、部分挤土桩和挤土桩。非挤土桩是指成桩过程中桩周土体基本不受挤压的桩，如钻孔灌注桩；挤土桩是指在成桩过程中造成大量挤土，使桩周围土体受到严重扰动，进而造成土的工程性质有很大改变的桩，如预制桩、下端封闭的管桩、木桩以及沉管灌注桩；部分挤土桩趋于二者之间，在成桩过程中桩周围的土仅受到轻微的扰动，土的原始结构和工程性质变化不大。

（3）按桩径（设计直径 d）大小分类，可分为小直径桩（$d \leqslant 250$ mm）、中等直径桩（250 mm$<d \leqslant 800$ mm）和大直径桩（$d>800$ mm）。

5.2.4.2　桩基设计内容

桩基可分为低承台桩基和高承台桩基，高承台桩基的承台底面位于地面以上，部分桩身沉入土中；低承台桩基的承台底面位于地面以下，基桩全部沉入土中。一般来说，建筑桩基通常采用低承台桩基，而桥梁、码头等多采用高承台桩基。二者的受力特点不同，设计方法也有很大差别。在本节中主要介绍一般建筑物（低承台桩）的桩基设计要求。

A　桩的选型

桩型主要依据上部结构的形式、荷载、地质和环境条件等进行选择。若建筑较高、荷载大且较为集中，常采用大直径桩；若建筑高度较低，可采用较短的小直径桩降低成本，如沉管灌注桩。若施工地区环境条件和技术条件适宜，可选用钢筋混凝土预制桩、大直径预应力混凝土管桩、钻孔桩或人工挖孔桩；当要穿过较厚砂层时则宜选用钢桩。

B　桩进入持力层的深度

桩端持力层是影响基桩承载力的关键性因素，一般应选择较硬土层作为桩端持力层，桩端全截面进入持力层的深度应按不同土层采用不同的深度规定：对于黏性土、粉土进入持力层的深度不宜小于 $2d$（圆桩直径或方桩边长），对于砂土，不宜小于 $1.5d$，对于碎石类土，不宜小于 $1d$。

对于嵌岩桩，嵌岩深度应综合荷载、上覆土层、基岩、桩径、桩长等因素确定。对于嵌入层面倾斜的完整和较完整岩的全断面深度不宜小于 $0.4d$ 且不小于 0.5 m，倾斜度大于30%的中风化岩，宜根据倾斜度及岩石完整性适当加大嵌岩深度；对于嵌入平整、完整的坚硬岩和较硬岩的深度不宜小于 $0.2d$ 且不小于 0.2 m。当存在软弱下卧层时，桩端以下硬持力层厚度不宜小于 $3d$。

尽管桩进入持力层的深度越深，可得到的桩端阻力越大，但其深度受到两个条件的制约：一是施工条件的限制，进入持力层过深，可能造成无法沉桩至桩端的设计标高或打坏桩身的情况；二是临界深度的限制，当桩端进入持力层的深度超过临界深度以后，桩端阻力则不再显著增加或不再增加。因此并非将桩打得越深越好。

C　桩的承载力计算

桩的竖向承载力计算的目的是确定用桩数量，以便进行桩的布置。单桩桩顶竖向力应按照下列公式进行计算：

（1）轴心竖向力作用下：

$$Q_k = \frac{F_k + G_k}{n} \tag{5-20}$$

式中　Q_k——桩心竖向力作用下的单桩竖向力，kN；

F_k——作用于承台顶面的竖向力，kN；

G_k——承台自重及承台上土的自重，kN；

n——桩基中的桩数。

（2）偏心竖向力作用下：

$$Q_{ik} = \frac{F_k + G_k}{n} \pm \frac{M_{xk} y_i}{\sum y_i^2} \pm \frac{M_{yk} x_i}{\sum x_i^2} \tag{5-21}$$

式中　Q_{ik}——偏心竖向力作用下的单桩竖向力，kN；

M_{xk}，M_{yk}——作用于承台底面通过桩群形心的 x、y 轴的力矩，kN·m；

x_i，y_i——第 i 根桩至桩群形心的 y、x 轴线的距离，m。

单桩承载力计算应符合以下规定：

1）轴心竖向力作用下：

$$Q_k \leqslant R_a$$

2）偏心竖向力作用下：

$$Q_{ik\max} \leqslant 1.2R_a$$

式中　R_a——单桩轴向承载力特征值，kN；

$Q_{ik\max}$——偏心竖向力作用下的最大单桩竖向力，kN。

其中，初步设计时单桩竖向承载力特征值可按照式（5-22）进行估算：

$$R_a = q_{pa}A_p + u_p \sum q_{sia} l_i \tag{5-22}$$

式中　q_{pa}，q_{sia}——桩端阻力特征值、桩侧阻力特征值，查阅《建筑桩基技术规范》（JGJ 94—2008）得到；

A_p ——桩底端横截面面积，m^2；

u_p ——桩身周长，m；

l_i ——第 i 层岩土的厚度，m。

若桩端嵌入完整且较为完整的硬质岩中，桩长较短且入岩较浅时，可采用式（5-23）估算单桩竖向承载力特征值：

$$R_a = q_{ra}A_p \tag{5-23}$$

式中 q_{ra} ——桩端岩石承载力特征值，kN。

单桩水平承载力特征值则需要通过现场水平荷载实验确定。

（3）承台设计。承台是指在基桩顶部设置的联结各桩顶的钢筋混凝土平台。其主要作用是承受上部建筑的荷载并传递给桩基础，并将荷载均匀地分布给各个桩体，使桩受力均匀。承台的最小尺寸要求：

1）承台最小宽度不应小于500 mm，承台边缘至边桩中心的距离不宜小于桩的直径或边长；

2）承台的厚度不应小于300 mm。

（4）基桩布置。《建筑桩基技术规范》(JGJ 94—2008）对基桩布置作出以下规定：

1）基桩的最小中心距应符合表5-3的规定，当施工中采取减小挤土效应的可靠措施时，可根据当地经验适当减小。

表 5-3 基桩的最小中心距 （m）

成桩工艺		排数不少于3排且桩数不少于9根的摩擦型桩基	其他
非挤土灌注桩		3.0d	3.0d
部分挤土桩		3.5d	3.0d
挤土桩	非饱和土	4.0d	3.5d
	饱和黏性土	4.5d	4.0d
钻、挖孔扩底桩		2.0D 或 D+2.0（D>2.0）	1.5D 或 D+1.5（D>1.5）
沉管夯扩、钻孔挤扩桩	非饱和土	2.2D 且 4.0d	2.0D 且 3.5d
	饱和黏性土	2.5D 且 4.5d	2.2D 且 4.0d

注：1. d 为圆桩直径或方桩边长，D 为扩大端设计直径。

2. 当纵横向桩距不相等时，其最小中心距应满足“其他情况”一栏的规定。

3. 当为端承型桩时，非挤土灌注桩的“其他情况”一栏可减小至2.5d。

2）进行基桩排列设计时，应尽量使桩群承载力合力点与竖向永久荷载合力作用点重合，并使基桩受水平力和力矩较大方向有较大抗弯截面模量。

当摩擦群桩其中心距小于6d 且桩数 n>9 时，除了验算单桩的允许承载力之外，还需要验算群桩的承载力及沉降，具体验算方法可参考《建筑地基基础设计规范》(GB 50007—2011）中的要求进行。

【例】 某桩基的地基土层分布和土的物理力学性质指标见表5-4，已知该桩基标高为46.50 m，上部荷载 F_k = 2000 kN，弯矩 M_k = 400 kN · m（沿承台长边方向作用），水平力

$H_k = 115\ \text{kN}$，试设计该桩基础。

表 5-4 地基土层分布及各类土层物理力学参数

土层	地面标高/m	土 类	层厚/m	物理力学参数
Ⅰ	46.50	杂填土	3.0	$\gamma = 18\ \text{kN/m}^3$，$f = 20\ \text{kN/m}^2$ $q_{s1a} = 20\ \text{kN/m}^2$
Ⅱ	43.50	亚黏土，可塑	2.0	$\gamma = 19\ \text{kN/m}^3$，$q_{s2a} = 60\ \text{kN/m}^2$
Ⅲ	41.50	轻亚黏土，饱和、软塑	2.1	$\gamma = 20\ \text{kN/m}^3$，$q_{s4a} = 45\ \text{kN/m}^2$
Ⅳ	39.40	饱和软黏土	1.2	$\gamma = 20\ \text{kN/m}^3$，$q_{s4a} = 22\ \text{kN/m}^2$
Ⅴ	38.20	黏土，饱和、硬塑	7.8	$\gamma = 20.5\ \text{kN/m}^3$，$q_{s4a} = 86\ \text{kN/m}^2$

【解】

（1）基桩的类型及截面尺寸。根据表 5-4 对比多种桩型的特点，为加快施工工期，控制施工质量，本次设计采用预制钢筋混凝土类基桩，并选择钢筋混凝土方柱的截面为 30 cm×30 cm。

（2）承台设计。为保证桩基结构稳定，此处选择承台厚度为 1.0 m。考虑到承台顶面到地表应有土层保护，因此选择承台顶面埋深为 0.3 m，承台底面埋深为 1.3 m。

（3）基桩的长度。根据地基土层分布条件，选择第Ⅴ层作为基桩的持力层。根据桩端进入持力层的合理深度要求，选择桩端进入持力层 1.0 m，基桩的长度设为 8 m。进而可以得到基桩底端的标高为 37.2 m。

（4）单桩轴向承载力特征值。单桩轴向承载力特征值可按照式（5-22）进行估算。

$$R_a = q_{pa}A_p + u_p \sum q_{sia} l_i$$

根据《建筑桩基技术规范》（JGJ 94—2008），取 $q_{pa} = 3000\ \text{kPa}$，$A_p = 0.3 \times 0.3 = 0.09\ \text{m}^2$，$u_p = 0.3 \times 4 = 1.2\ \text{m}$。

代入式（5-22）得：

$$\begin{aligned} R_a &= 3000 \times 0.09 + 1.2 \times (20 \times 1.7 + 60 \times 2.0 + 45 \times 2.1 + 22 \times 1.2 + 86 \times 1.0) \\ &= 703.08\ \text{kN} \end{aligned}$$

（5）基桩数量及布置设计。根据竖向力和单桩可承受的最大竖向力估算基桩数量：

$$n = \frac{F_k}{R_a} = \frac{2000}{703.08} \approx 2.84\ 根$$

由于存在承台及其上覆土层重量、弯矩 M 和水平力 H，取 $n = 5$ 根。

桩的布置形式采用梅花式，根据基桩布置及承台设计要求，取桩距 $S = 1.2\ \text{m}$，边桩中心距承台边缘的距离 $d = 0.3\ \text{m}$。则承台尺寸为 3.0 m×1.8 m×1.0 m。

承台及上覆土重：$G_k = 3.0 \times 1.8 \times 1.3 \times 20 = 140.4\ \text{kN}$。

（6）单桩承载力验算。

轴心荷载：$Q_k = \dfrac{F_k + G_k}{n} = \dfrac{2000 + 140.4}{5} = 428.08\ \text{kN} < R_a$。

偏心荷载：

$$Q_{ik\max}=\frac{F_k+G_k}{n}+\frac{(M_k+H_kd)x}{\sum x_i^2}=428.08+\frac{(400+115\times1.3)\times1.2}{4\times1.2^2}=542.56<1.2R_a$$

满足承载力要求。

(7) 桩基平面及剖面图如图 5-21 所示。

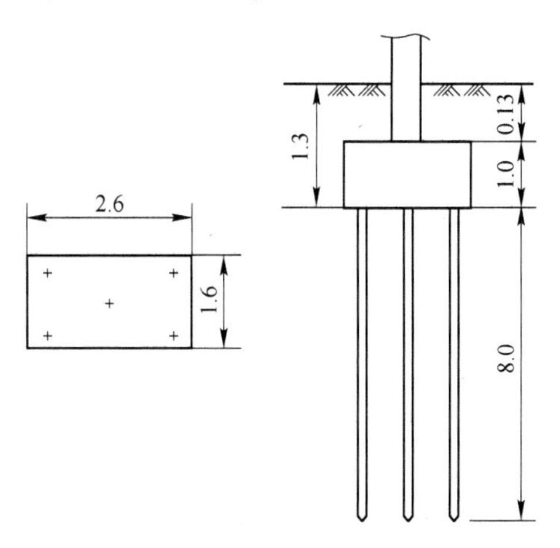

图 5-21　桩基设计图

复习思考题

(1) 简述明挖法的适用范围。
(2) 高压旋喷法单桩所需浆体如何确定?
(3) 明挖法与盖挖法的施工方式有何不同?
(4) 简述地下连续墙的施工方法。
(5) 地下连续墙施工法的优缺点有哪些?
(6) 桩的承载力如何计算?

6 暗 挖 法

本章学习重点

（1）了解矿山法的基本概念，掌握矿山法施工的开挖方法、爆破设计及支护方案等内容。

（2）了解新奥法的施工原理及发展历程。

（3）掌握浅埋暗挖法的埋深分界方法，了解其开挖、支护方案，并掌握浅埋暗挖法的监控量测内容及布置方案。

暗挖法是一种不挖开地面，在地层下面开挖和修筑衬砌结构的施工方式。该方法通过在合理的场地上设置竖井，通过导坑在注浆超前支护的情况下进行开挖及初期支护（锚喷支护），然后进行二次衬砌。该方法有以下特点：

（1）工作面少而狭窄，工作环境差；

（2）对地面的影响较小，但埋深较浅时可能导致地面沉降；

（3）施工产生大量废石需要及时排出。

岩层中的暗挖法包括矿山法、新奥法等；土层中的暗挖法有浅埋暗挖法等。

6.1 矿 山 法

6.1.1 概述

矿山法是一种通过钻孔、凿岩、爆破等方式破碎岩石，开挖至设计尺寸后进行适当的支护，随后进行整体衬砌作为永久性支护的施工方法。该方法是暗挖法中常用的施工方法，因借鉴矿山开拓巷道的方法而得名，也被称为钻爆法。

作为常规的开挖方法，矿山法具有如下优点：

（1）适用于各种地质和水文条件，既可以适应坚硬完整的围岩条件，也可在较为软弱破碎的围岩中施工。

（2）可对工序进行机动灵活的调整，满足不同断面形状的施工需求。

（3）施工设备配套较为灵活，机械组装较为方便，重复利用率高。

（4）不影响地面交通及正常生产，采用分部开挖和不同辅助施工方法，可有效减少地表下沉。

从隧道及地下工程的发展方向来看，矿山法仍然是今后地下施工最常用的施工方法之一。然而与其他地下施工方法相比，矿山法也存在一定的局限性，主要包括施工工序多、施工速度慢、超欠挖情况严重、对围岩的扰动较大、施工安全性较差、产生大量有害气体等。而且在大规模隧道施工过程中，需要增加辅助坑道来增加施工作业面，增加了施工造价。

矿山法施工的基本原则可概括为“少扰动，早支撑，慎撤换，快衬砌”。

(1) 少扰动是指在隧道开挖时，尽量减少对围岩的扰动次数、扰动强度和扰动持续时间。

(2) 早支撑是指开挖后及时施加临时支撑，使围岩避免因变形过度而造成坍塌失稳，并承受围岩松弛变形产生的早期松弛荷载。

(3) 慎撤换是指以永久性混凝土衬砌代替施加的临时支撑时要慎重，防止撤换过程中围岩发生坍塌。

(4) 快衬砌是指临时支撑拆除后要及时进行混凝土衬砌，使之尽早承载围岩应力，防止初步支护后围岩变形过大。

6.1.2 开挖方法

开挖方法是指挖除设计坑道范围内的岩石而使隧道成形的方法。采用矿山法进行地下工程开挖时，既要挖除坑道范围内的岩体，又要尽量保持围岩的稳定性。同时，在保证围岩稳定性的前提下，应尽可能地选择开挖效率较高的开挖方式。本节将根据开挖分部顺序的不同，对全断面开挖法、台阶法、分部开挖法等开挖方式进行介绍。

6.1.2.1 全断面法

全断面法是指按照设计断面一次钻孔爆破，开挖成形向前推进的施工方法。首先通过凿岩台车向垂直工作面的方向钻凿炮孔，随后进行装药、爆破，开挖出整个隧道断面。在对爆破作业面完成通风排烟、撬顶工作后，对隧道顶部及边墙喷射混凝土，在必要时设置锚杆，随后采用大型机械设备运出渣石。再对围岩和支护结构的变形及位移进行测量，以便为第二层混凝土衬砌及下一个循环做准备。

该方法适用于围岩稳定性较好，隧道设计断面较小的工程。同时由于该方法必须配置大型施工机械，为保证施工的经济性，隧道的长度不宜过短。如图 6-1 所示。

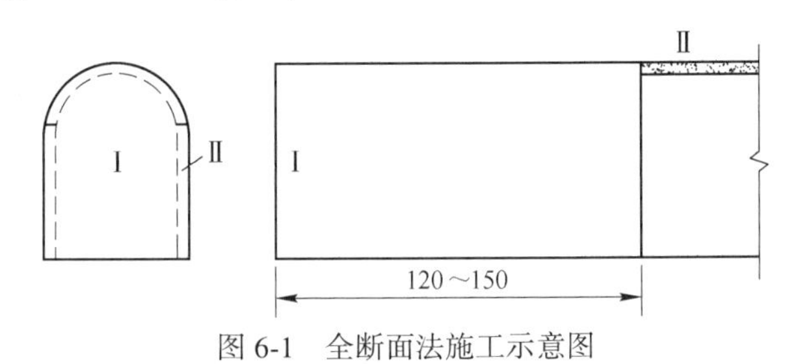

图 6-1 全断面法施工示意图

该方法的优点如下：

(1) 施工工序少，各阶段的施工工序相互干扰较少，便于施工组织和管理。

(2) 工作空间大，可采用大型机械进行施工，掘进效率高。

在施工时，应充分调查清楚开挖面前方的地质条件，随时做好应急措施以确保施工安全。同时在施工时应保证钻孔、支护及通风等辅助作业协调配合，充分发挥大型机械设备的效率，保证良好的作业面环境。

6.1.2.2 台阶法

台阶法是指在围岩稳固性较差的岩层中施工时，将整个开挖断面由上到下划分为两个分部或三个分部，在一个作业循环内同时挖出，并始终保持上分部超前于下分部进而形成台阶状的开挖方法，如图 6-2 所示。根据台阶的长度，可进一步将台阶法分为长台阶法、短台阶法和超短台阶法三类。在决定采用何种台阶法时，应保证初期支护能够尽快闭合，同时上断面施工所采用的凿岩、支护、出渣等机械设备应满足施工场地大小的要求。

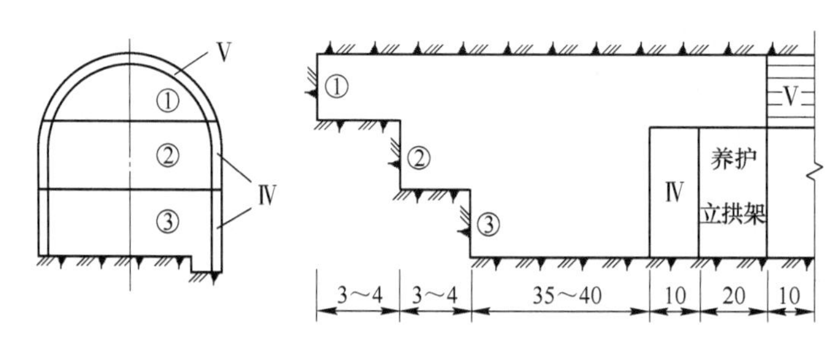

图 6-2　台阶法施工示意图

（1）长台阶法。当上一段分部超前于下一段分部 50 m 以上或者大于 5 倍隧道跨度时，即为长台阶法。施工时可上、下分部同时平行作业，若机械设备不足时也可使用一套设备在上下分部交替作业。相对于全断面法来说，长台阶法一次开挖的断面尺寸和高度都比较小，对维持开挖面的稳定十分有利。因此该方法的适用范围较全断面法更为广泛，多用于Ⅰ~Ⅲ级围岩。

（2）短台阶法。短台阶法上、下两个断面的距离相比于长台阶法较近，一般上台阶的长度小于 5 倍但大于 1~1.5 倍洞跨。上、下断面的作业顺序与长台阶法相同。

由于短台阶法可以降低支护结构闭合的时间，改善建设初期的支护受力条件，因此该方法的适用范围很广，一般用于Ⅴ~Ⅵ级围岩。然而由于上、下台阶的距离较近，因此上台阶在出渣时对下半断面施工的干扰较大。为此，可采用皮带运输机或在上半断面的中间或两侧设置过渡到下半断面的坡道，及时将渣石装车运出。

（3）超短台阶法。若上台阶仅超前下台阶 3~5 m 时，可称之为超短台阶法。该方法能够在更短的时间内实现支护结构的闭合，因此更有利于控制围岩的变形和地表沉降，适用于在软弱地层中开挖施工。由于上台阶的工作面的工作场地较小，故不能采用平行作业的方式，只能交替作业，施工进度相较于长台阶法和短台阶法较慢。

6.1.2.3　分部开挖法

分部开挖法是将隧道的开挖断面划分为不同分部，并按照不同顺序依次开挖的方法，又称为导坑超前开挖法。导坑的主要作用在于探明前方即将施工岩体的工程地质条件，同时为后续分部的施工创造临空面，提高爆破效果。常用的分部开挖法有环形开挖预留核心土法、单侧壁导坑法、双侧壁导坑法、中隔壁开挖法等。

（1）环形开挖预留核心土法。环形开挖预留核心土法将断面分为环形拱、核心土和下部台阶三部分进行开挖，又称为台阶分部开挖法。其作业顺序如下：通过人工或掘进机开挖环形拱部，随后架设钢支撑、喷射混凝土，完成拱部支护。在初期支护的保护下，采用掘进设备开挖核心土和下台阶，根据开挖进度完成支护结构闭合，并根据初期支护情况进行内层衬砌，其施工示意图如图 6-3 所示。环形开挖进尺不宜过长，一般为 0.5~1.0 m，常在核心土下面留有台阶，核心土和下台阶的距离一般控制在 1 倍隧道跨度以内。

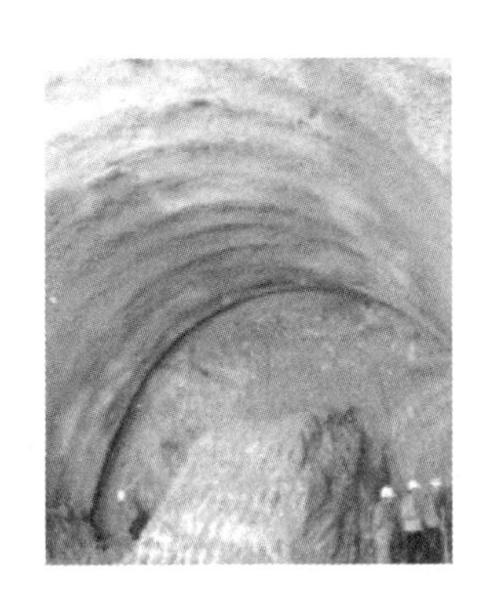
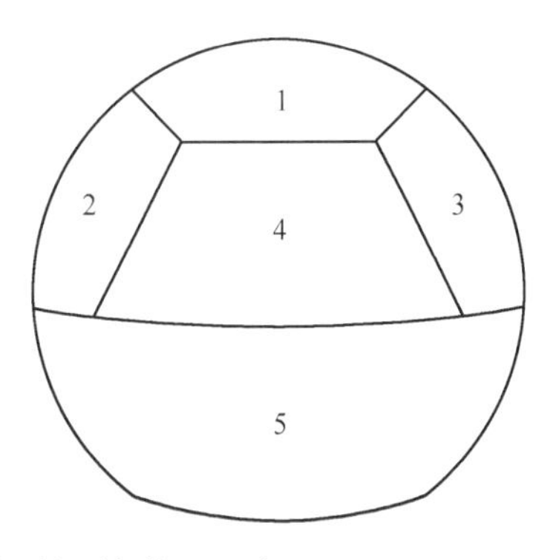

图 6-3 环形开挖预留核心土法

环形开挖预留核心土法适用于一般土质或易坍塌的软弱围岩地段。可在拱部支护下进行核心土及下部开挖，施工安全性较好，且该方法机械化程度高，施工速度快。该方法的缺点如下：开挖过程中围岩扰动次数较多，且断面分块多，支护结构形成封闭的时间长，进而造成围岩变形增大。

（2）单侧壁导坑法。该方法将断面分为侧壁导坑、上台阶和下台阶进行开挖。该方法的施工顺序如下：首先开挖侧壁导坑，并进行导坑初期支护，使其尽快闭合；随后开挖上台阶，并进行拱部初期支护，使其一侧支撑在导坑的支护上，另一侧支撑在下台阶上；开挖下台阶，并进行另一侧边墙的初期支护和底部初期支护，完成全断面支护闭合；拆除导坑临空部分的初期支护，铺设内层衬砌。其施工示意图如图 6-4 所示。

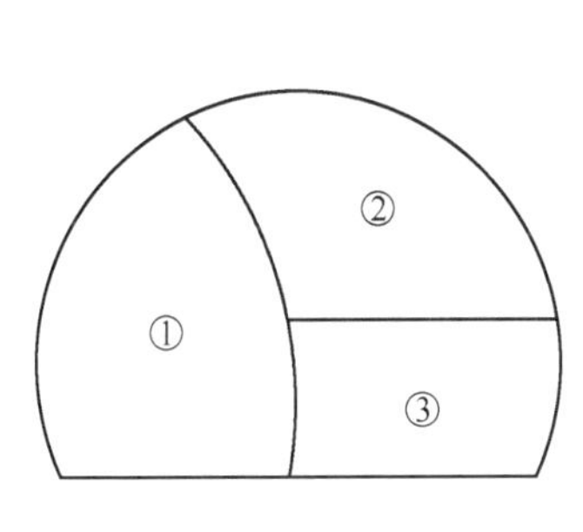

图 6-4 单侧壁导坑法

该方法适用于断面跨度大、地表沉降难于控制的软弱松散围岩中。其优点在于完成支护闭合的侧壁导坑减小了隧道断面的跨度，提高了围岩的稳定性。但由于后期要拆除侧壁导坑的临空支护，增加了施工成本。

（3）双侧壁导坑法。双侧壁导坑法一般将断面分成左右侧壁导坑、上部核心土和下台阶四部分。

双侧壁导坑的施工尺寸预设要求与单侧壁导坑法相同，但导坑宽度不宜超过隧道跨度的 1/3。左右侧导坑之间的距离应保证在开挖一侧导坑时，围岩应力重新分布不影响另一侧导坑，也可类比其他工程参数，取 7~10 m。

双侧壁导坑法施工作业顺序也与单侧壁导坑法类似：开挖一侧导坑，及时将其初期支护闭合；根据两导坑预设距离要求开挖另一侧导坑，同样将初期支护闭合；开挖上部核心土，构筑拱部初期支护，拱脚支撑在两侧壁导坑的初期支护上；开挖下台阶，构筑底部初期支护，使初期支护全断面闭合；拆除导坑临空部分的初期支护，施作二次模注混凝土衬砌。其施工示意图如图 6-5 所示。

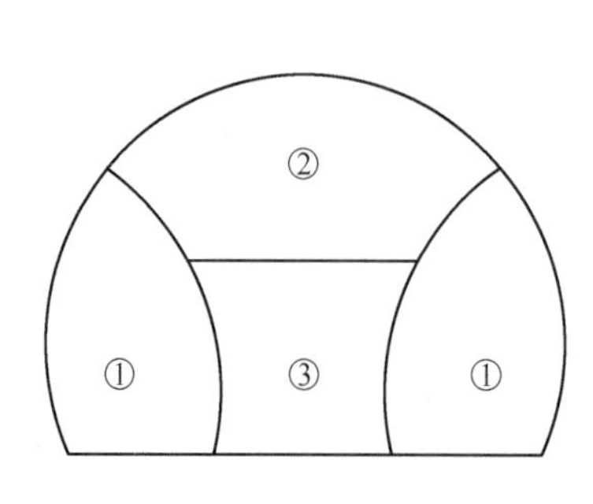

图 6-5 双侧壁导坑法

（4）中隔壁开挖法。中隔壁开挖法是将隧道分为左右两大部分进行开挖，先在隧道一侧采用台阶法分层开挖。开挖时由上而下进行掘进，两侧的分部数量相同。待开挖完成后在中部设置中隔壁支撑及横向支撑，将断面分为多个分部，通过超前导管、喷锚支护、钢架等将开挖部分封闭成环，进而降低开挖跨度及开挖高度，保证隧道的稳定性。最后进行内层衬砌，并逐段将中隔壁及临时支撑拆除。其过程如图 6-6 所示。

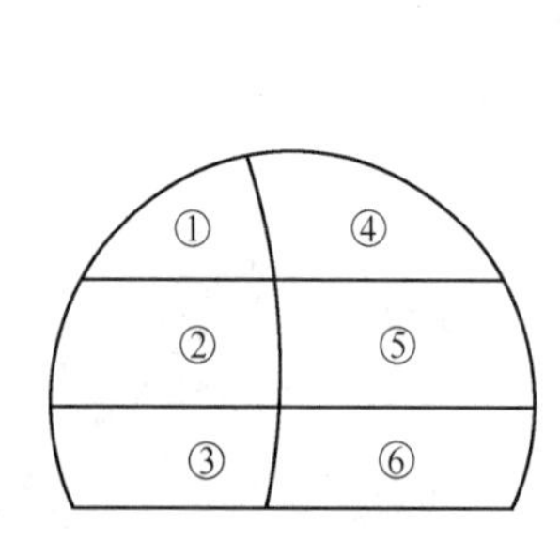

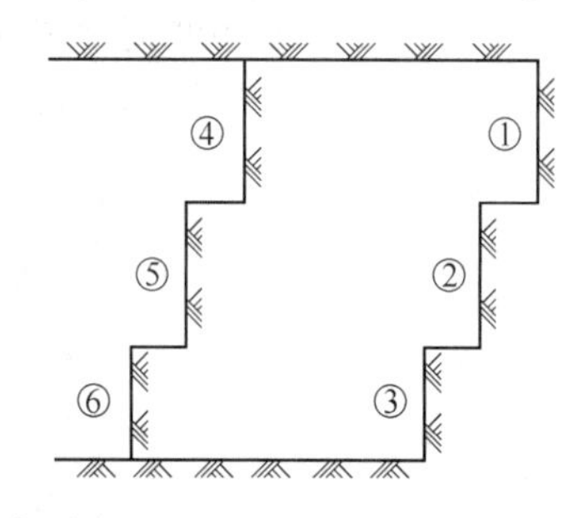

图 6-6 中隔壁开挖法

该方法适用于在软弱地层或特殊土层（如膨胀土）内开挖大断面隧道，对控制地表沉降具有很好的效果，但支护工程量较大，造价较高。

6.1.3 爆破设计

6.1.3.1 炮孔种类

在城市地下隧道开挖爆破过程中，多采用掏槽爆破的方法掘进。该方法首先在断面中心偏下的位置布置数个炮孔，在爆破时最先起爆，以便将炮孔周围的岩石抛掷出来，形成新的自由面，为其他炮孔爆破创造良好的条件。这种先行爆破出槽口的方式称作掏槽爆破，用于掏槽的炮孔被称作掏槽孔。一般情况下，为保证岩石顺利抛掷，掏槽孔的装药量较多。用来进一步扩大掏槽孔爆破形成自由面的炮孔，称作辅助孔。布置在开挖面最外面一层的炮孔被称作周边孔，其作用是使爆破隧道的形状、断面和方向符合设计要求。在爆破过程中，按照不同分区顺序起爆开挖断面上布置的不同种类的炮孔，逐步扩大槽口至设计轮廓，共同实现一个循环的爆破掘进。炮孔种类及炮孔布置示意图如图 6-7 所示。

根据掏槽孔与开挖断面的位置关系，可将掏槽方式分为斜眼掏槽和直眼掏槽两大类。

斜眼掏槽主要包括单斜掏槽、锥形掏槽和楔形掏槽，其施工示意图如图6-8所示。该方法主要适用于开挖断面较大的隧道爆破。斜眼掏槽的优点在于按照岩层的实际情况选择掏槽方式和角度，掏槽眼个数较少，炸药单耗较低，容易把渣石抛出，掏槽所形成的临空面比直眼掏槽效果好。但该方法的炮孔深度受隧道断面尺寸的限制，且钻孔方向不易准确控制。

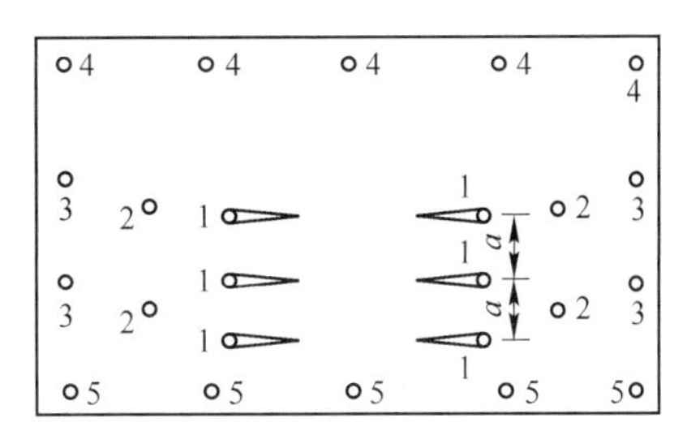
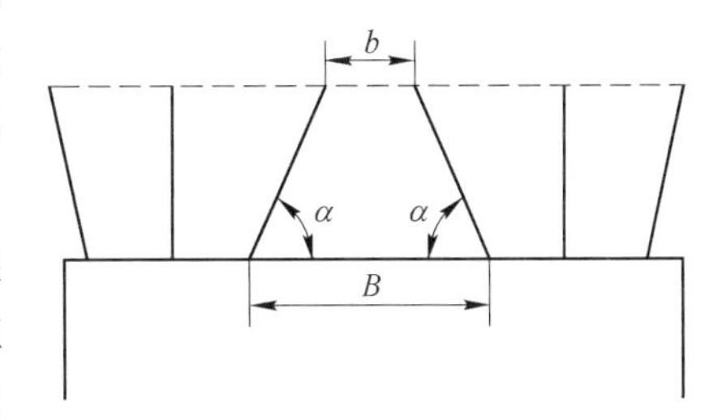

图6-7 炮孔种类

1—掏槽眼；2—辅助眼；3~5—周边眼

（1）单斜掏槽。单斜掏槽适用于中硬或有明显层理、节理和软弱夹层的岩层。根据软弱夹层的位置可再将其细分为顶部掏槽、底部掏槽和侧向掏槽。

（2）锥形掏槽。该方法多用于坚硬或中硬岩层，不受作业面岩层的层理、节理和软弱夹层影响，爆破后的槽口呈锥形，在施工中较为常用。但该方法在钻孔时难以掌握方向。

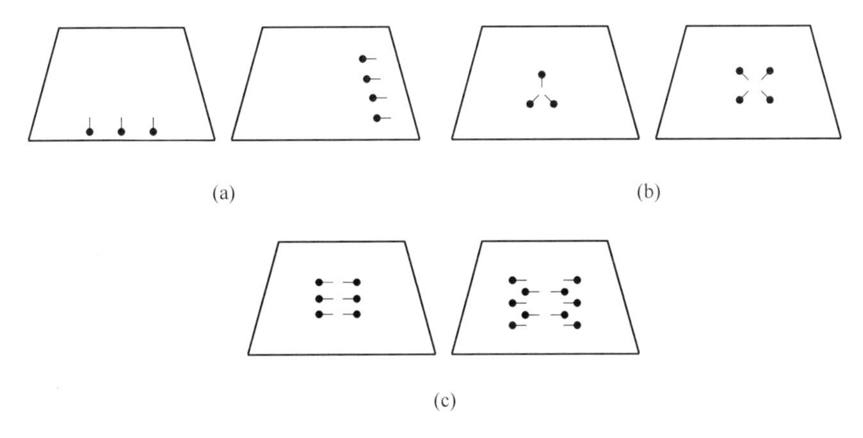

图6-8 斜眼掏槽施工示意图

（a）单斜掏槽；（b）锥形掏槽；（c）楔形掏槽

（3）楔形掏槽。该方法适用于中硬以上的稳定岩层，一般由2排相向的斜眼组成，炮孔底部集中在一点附近，采用集中装药、一齐起爆的方法。

直眼掏槽主要包括平行掏槽、角柱式掏槽和螺旋式掏槽，施工示意图如图6-9所示。其特点在于所有的炮孔都垂直于工作面，可通过机械化作业提高工作效率；且炮孔深度不受巷道断面限制，可进行中深孔爆破；岩石的抛掷距离较近，不容易破坏隧道壁和施工设备。但该方法需要较多的炮眼，炸药消耗量较高。

（1）平行掏槽。该方法适用于坚硬或中等坚硬的脆性岩石和小断面巷道，掏槽孔布置成一条直线，各个炮孔的轴线相互平行。掏槽孔的间距通常取1~2倍的炮孔直径。

（2）角柱式掏槽。角柱式掏槽掏槽孔（装药孔和空孔）相互平行，对称分布。其中空孔的直径与装药孔相同或更大，用以增加人工自由面。该方法的钻孔技术容易掌握，掏槽体积较大，普遍应用在中硬岩石中。

（3）螺旋式掏槽。螺旋式掏槽由角柱式掏槽演变而来，适用于坚硬或中等坚硬岩石，其特点在于装药孔到空孔的距离逐次递增，呈螺旋线布置，由近及远依次起爆。该方法能够充分利用自由面，保证掏槽效果。

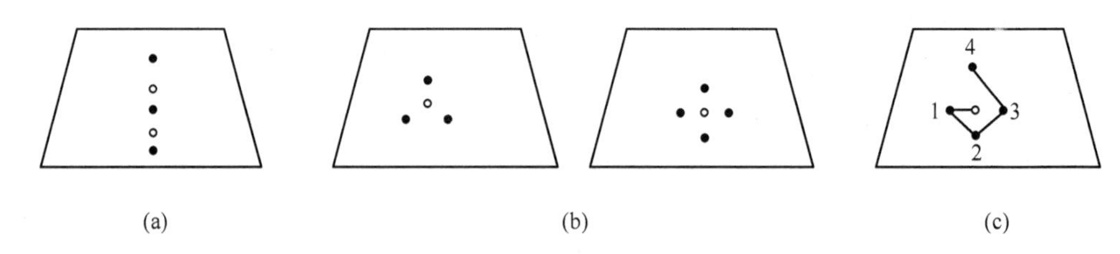

图 6-9　直眼掏槽施工示意图

（a）平行掏槽；（b）角柱式掏槽；（c）螺旋式掏槽

6.1.3.2　炸药用量计算

炮孔装药量是影响爆破效果的重要因素。装药量取决于炸药性能、地质条件和开挖面条件等因素。目前，地下隧道爆破一个循环的用药量多采用体积法计算，然后根据炮孔的种类和爆破特性进行分配，并根据爆破实际情况进行修正。体积法的计算公式如式（6-1）所示。

$$Q = kLS \tag{6-1}$$

式中　Q——单次循环所需的炸药量，kg；

k——炸药单耗，kg/m^3；

L——单次循环内爆破掘进尺寸，m；

S——断面面积，m^2。

根据以往的隧道施工经验可知，实际爆破炸药单耗 k 通常取 0.7~2.5 kg/m^3。当施工工作面只有一个临空面，断面面积为 4~20 m^2，一次掘进长度为 3 m 左右，采用硝铵炸药进行爆破时，可参考表 6-1 中的取值。超过 20 m^2 的大断面隧道，可参考类似工程进行选取。

表 6-1　隧道爆破炸药单耗　（kg/m^3）

岩石坚固性系数	掘进断面/m^2				
	4~6	7~9	10~12	13~15	16~20
$f<3$	1.50	1.30	1.20	1.20	1.10
$3\leqslant f<6$	1.80	1.60	1.50	1.40	1.30
$6\leqslant f<10$	2.30	2.00	1.80	1.70	1.60
$f\geqslant 10$	2.90	2.50	2.25	2.10	2.00

6.1.3.3　装药系数及不耦合系数

装药系数 α 为装药长度和炮孔长度的比值，其参考值可见表 6-2。

表 6-2 装药系数参考值

炮孔种类	围岩级别			
	Ⅳ，Ⅴ	Ⅲ	Ⅱ	Ⅰ
掏槽眼	0.50	0.55	0.60	0.65~0.80
辅助眼	0.40	0.45	0.50	0.55~0.70
周边眼	0.40	0.45	0.55	0.60~0.75

隧道爆破施工时，多采用不耦合装药，即装入药卷与炮孔之间存在一定的空隙。常用不耦合系数 λ 表示（炮孔直径/药卷直径）。目前，常用的不耦合系数在 1.1~1.4 之间。

6.1.3.4 炮孔密度、深度与个数

炮孔密度是指每平方米开挖断面上的钻眼个数。炮孔的密度越大，炸药在岩石中越分散，爆破后出渣的块度越均匀，坑道周边的轮廓越平整。炮孔密度一般根据岩石的坚固程度、临空面的个数和炮孔的作用来确定。一般情况下，一个临空面的作业面爆破，炮孔密度为 2~6 个/m^2。若岩体较为坚固，则应该取较大值；周边孔一般取较大的密度值，辅助孔取较小的密度值。

炮孔的深度可采用两种方法确定。当采用斜眼掏槽时，炮孔深度受到开挖面的影响，一般取断面宽度（或高度）的 0.5~0.7 倍。另一种方法是根据设计的一次掘进循环长度和实际炮孔利用率来确定，见式（6-2）。

$$l = L/\eta \tag{6-2}$$

式中 l——炮孔深度，m；

L——一次掘进循环长度，m；

η——炮孔利用率，一般取值不低于 85%。

各个部位的炮孔个数的平均值，可采用式（6-3）进行计算。

$$n = \frac{Q}{q} = \frac{kS}{\alpha\beta} \tag{6-3}$$

式中 n——各部位炮孔个数；

q——各部位炮孔平均装药量，kg，$q=\alpha\beta L$；

α——各部位炮孔装药系数；

β——药卷单位长度的质量，kg/m。

6.1.3.5 起爆顺序及起爆方式

目前，地下工程矿山法施工的起爆方法可分为电起爆法和非电起爆法。

电爆网路由电源、导线和毫秒电雷管组成，其连接方式分为串联、并联和串并联混合多种形式。采用串联起爆时，通过每个雷管的电流相同，起爆网路的计算、布设、接线和检查比较简单；其缺点在于当一处线路或雷管短路时，可导致网路中的其他雷管拒爆。并联起爆时要求的电流较大，而且线路连接、检查较困难。实际施工中应结合具体情况，通过串并联的合理组合网路，确保每个电雷管都可顺利起爆。

目前，非电起爆法多采用导爆管法进行起爆，是新发展的一种安全可靠、操作方便的起爆系统。该起爆方法的器材主要包括导爆管、雷管和连接件。非电起爆法的雷管包括瞬发、延期、毫秒和半秒等多种类型，可实现控制起爆顺序。

6.1.3.6 光面爆破和预裂爆破

当采用矿山法进行地下工程施工时，为保证开挖轮廓线符合设计要求，减少超挖或欠挖，严格控制爆破对围岩的扰动，可采用光面爆破或预裂爆破技术。

光面爆破的设计原则是通过设计炮眼爆破参数，最大限度地减少爆破对围岩的震动和破坏，维持围岩的完整性和稳定性。相较于普通的爆破设计，光面爆破沿隧道轮廓线布置的炮孔间距较小且相互平行，并采用不耦合装药、同时起爆的方式，使得设计轮廓线无明显的爆破裂缝，围岩壁上留下均匀的炮眼痕迹，进而达到岩面施工对平整、超挖和欠挖要求。

在实际施工过程中，通常根据工程类比结合现场爆破试验确定实际爆破参数。若无实验条件时，可参考《地下铁道工程施工标准》（GB/T 51310—2018）规定的参数内容进行设计，见表 6-3。

表 6-3 光面爆破参数参考值

岩石种类	单轴抗压强度 R_b/MPa	装药不耦合系数 K	周边眼间距 E/cm	周边最小抵抗线 W/cm	周边孔密集系数 m	周边眼装药集中度 q/kg·m^{-1}
硬岩	>60	1.25~1.50	55~70	60~80	0.7~1.0	0.30~0.35
中硬岩	30~60	1.50~2.00	45~65	60~80	0.7~1.0	0.20~0.30
软岩	≤30	2.00~2.50	35~50	45~60	0.5~0.8	0.07~0.12

注：该表适用于炮眼深度 1~1.5 m，炮眼直径 40~50 mm，药卷直径 20~25 mm 的光面爆破参数设计。

预裂爆破与光面爆破的爆破原理基本相同，仅在起爆顺序方面存在差异。光面爆破的起爆顺序是掏槽眼—辅助眼—周边眼，其中周边眼间距和光爆层厚度（周边眼最小抵抗线）控制光面爆破效果。而预裂爆破首先起爆周边眼，使得周边眼中心的连线产生预裂面，随后依次起爆掏槽眼和辅助眼。预裂面能够对掏槽眼和辅助眼的爆破起缓冲作用，降低爆轰波对围岩的破坏。

6.1.4 支护施工

根据施加时间的不同，可将支护施工分为预支护、初期支护和永久支护三部分。具体施工支护方式应根据工程地质条件、围岩性质和工程埋深等条件确定。目前，地下工程的支护方式多采用锚喷支护、超前支护和浇筑混凝土支护等方式进行施工。

6.1.4.1 锚喷支护

锚喷支护是由锚杆和喷射混凝土组成的支护方式。其原理在于通过将锚杆、混凝土和围岩形成共同作用的整体，充分发挥围岩自身的承载能力，调整围岩的应力分布，限制围岩的变形和自由发展。该方法具有较高的灵活性，围岩与支护之间密贴封闭，能够在不同岩性、跨度和用途的地下工程中使用。

喷射混凝土的方法可分为干喷和湿喷两种方式。在大断面硐室采用分部开挖时，达到设计轮廓的部分要及时支护，尽早将洞壁部分的围岩封闭起来。

锚杆主要分为三种，分别为全长黏结式锚杆、端头锚固式锚杆和摩擦式锚杆。

6.1.4.2 超前支护

在交通繁忙的城市道路、铁路或建筑物下修建隧道、地下仓库等工程时，可采用超前支护的方法对地层进行预加固，保证施工的顺利进行，常用的超前支护法主要包括超前管棚支护和超前导管注浆支护。

超前管棚法是沿开挖轮廓线向开挖面前方打入钢管、钢板或钢拱架，并注浆固结，形成一种钢管棚架或钢板棚架，起到预支护的措施。构筑的管棚可以预先支护开挖面前方的围岩，并在其保护下进行开挖作业，属于先护后挖的逆序作业。该方法构筑的管棚整体刚度较大，可承受较大的围岩压力，多应用于软弱破碎围岩，且对围岩变形及地表下沉有严格限制的工程中。

超前管棚支护的施工流程如图6-10所示。其中最为关键的步骤是钻机钻孔，其作用是沿着隧道断面的外轮廓超前钻孔，为管棚安装提供条件。对于较短的隧道工程，如地下街道等，可考虑采用普通钻机。若施工隧道较长，尽量采用专用的管棚钻机。

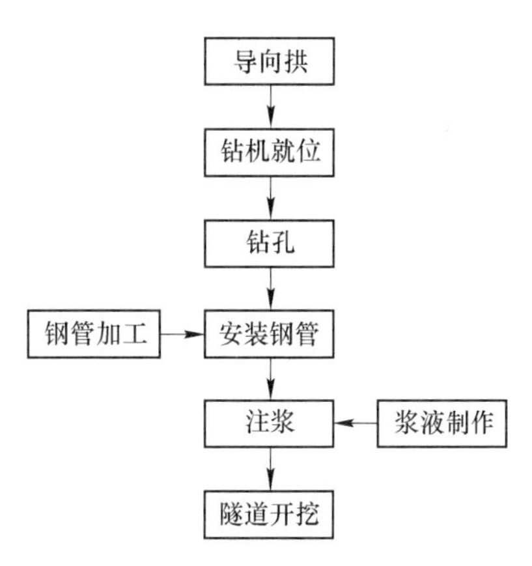

图6-10 超前管棚支护施工流程

该方法的设计、施工要点如下：

（1）钢管宜采用热轧无缝钢管，直径一般在80~180 mm之间，钢管的布置间距在300~500 mm之间，钢管总长度一般为10~45 m。若采用分段连接，每根钢管长度可在4~6 m之间，并采用丝扣连接。钢管沿拱外的夹角应不大于3°。两组管棚间的水平搭接长度应不小于1.5 m。

（2）注浆方面，钢管的注浆孔沿管壁呈梅花状布置，注浆孔直径为10~15 mm，注浆压力在0.2~2.0 MPa之间。

（3）应打一眼装一管，若钻孔时出现卡钻或坍塌现象，应在孔内注浆后再进行钻孔。部分土层可直接将钢管打入。

包西铁路陕西段田庄隧道进口段和出口段均采用超前管棚支护。隧道洞口附近为砂岩夹页岩，节理较发育，风化层厚1~5 m。洞口需穿越厚1~10 m的风积砂质黄土层。进口段和出口段分别采用长30 m和20 m的管棚预支护，如图6-11所示。

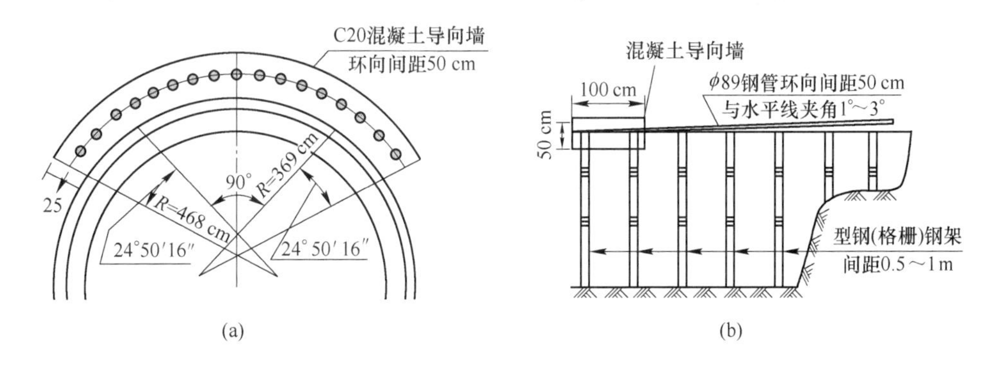

图6-11 超前管棚施工方案
（a）正面布置；（b）纵向布置

超前导管注浆支护是指在开挖前，先用喷射混凝土将开挖面一定范围内的坑道围岩封闭，然后沿着坑道周边的轮廓向前方围岩打入带孔的小导管，并通过导管向围岩内注浆。

待围岩内的浆液硬化后，在此加固圈的保护下进行挖掘工作，支护结构如图 6-12 所示。该方法施工工艺简单、施工安全、注浆凝结时间快、成本低，是目前最常用的加固方式。一般适用于软弱破碎围岩或地下水丰富的破碎围岩段。

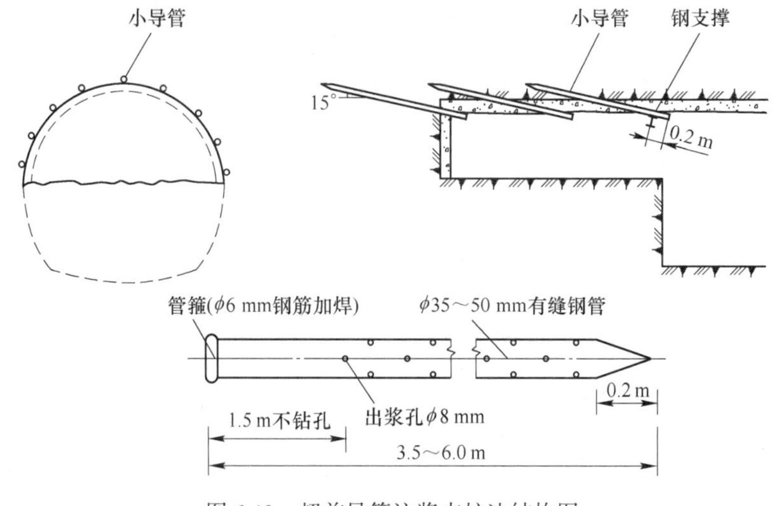

图 6-12　超前导管注浆支护法结构图

该方法的设计、施工要点如下：

（1）其布置方式与超前管棚支护法类似，均沿着设计轮廓线外 0.5~1.0 m 布置。

（2）超前导管注浆支护法的钢管直径一般在 40~50 mm 之间，每根钢管长度在 3~5 m 之间，钢管沿拱外的夹角应在 5°~15°之间，钢管间的间距范围应在 300~500 mm 之间，两组管棚间的水平搭接长度应不小于 1.0 m。

（3）注浆时，一般由两侧向中间进行，自上而下逐孔注浆，先内圈后外圈，先无水孔后有水孔的顺序进行注浆。

（4）注浆压力一般在 0.5~1.5 MPa 之间，应严格控制最高压力以防压裂开挖面。注浆时，一般要求单管注浆的扩散半径在 0.5~1.0 m 的范围内。

6.1.4.3　浇筑混凝土支护

为保证地下空间的长期稳定，其永久支护一般都采用浇筑混凝土支护的方式。在进行支护施工时，应注意以下要求：

（1）在衬砌施工开始前，首先应清理场地，检查开挖断面是否符合设计要求，并在灌注混凝土前清除虚渣，排除积水。

（2）受施工条件的限制，混凝土一般在洞外制备好后，用运输工具输送至工作面胶固。

（3）混凝土浇筑时，应保证振捣密实，整体模筑时，应注意对称灌注，防止混凝土对模板产生偏压导致衬砌尺寸不符合要求。

（4）衬砌混凝土的强度达到 2.5 MPa 时，方可脱模。

6.2　新　奥　法

新奥法是新奥地利隧道施工方法的简称（New Austrian Tunnelling Method，NATM），

该方法是以隧道工程经验和岩体力学理论为基础，在利用围岩本身所具有的承载效能的前提下，采用毫秒爆破和光面爆破技术，进行全断面开挖施工，并形成复合式内外两层衬砌来修建隧道的洞身。以喷射混凝土、锚杆、钢筋网、钢支撑等为初次柔性支护，系在洞身开挖之后必须立即进行的支护工作，第二次衬砌主要是起安全储备和装饰美化作用。

该方法通过适当的支护，控制围岩的变形和松弛，使围岩成为地下工程支护体系的组成部分，并通过对围岩和支护的测量、监控，进而指导隧道和其他地下工程的施工设计。新奥法在20世纪70年代末至80年代初得到迅速发展，可以说所有重点难点的地下工程都离不开新奥法，几乎成为软弱破碎围岩地段修筑隧道的一种基本方法。

新奥法施工具有以下特点：

(1) 及时性。新奥法施工可以最大限度地紧跟开挖作业面施工，利用开挖施工面的时空效应，限制支护前的变形发展，阻止围岩进入松动的状态。在必要的情况下可以进行超前支护，保证支护的及时性和有效性。在巷道爆破后立即施工，喷射混凝土支护能有效地制止岩层变形的发展从而减轻支护的承载，增强岩层的稳定性。

(2) 封闭性。由于喷锚支护能及时施工，并且是全面紧密的支护，因而能及时有效地防止因水和风化作用造成围岩的破坏和剥落，避免膨胀岩体的潮解和膨胀，保护原有岩体强度。巷道开挖后，喷射混凝土以较高的速度射向岩面，很好地充填了围岩的裂隙和节理，从而极大提高了围岩的强度。

(3) 黏结性。喷锚支护同围岩能全面黏结，这种黏结作用可以产生以下三种作用。

1) 联锁作用：开巷后，及时进行喷锚支护，利用喷锚支护的黏结力和抗剪强度，可以抵抗围岩的局部破坏，防止个别围岩活石的滑移和坠落，从而保持围岩的稳定性。

2) 复合作用：喷锚支护可以提高围岩的稳定性和支撑能力，同时与围岩形成了一个共同工作的力学系统，具有把岩石荷载转化为岩石承载结构的作用，从根本上改变了支架消极承担的弱点。

3) 增加作用：一方面将围岩表面的凹凸不平处填平，消除因岩面不平引起的应力集中现象；另一方面，使巷道周边围岩处于双向受力状态，提高了围岩的黏结力和内摩擦角，从而提高了围岩的强度。

(4) 柔性。喷锚支护属于柔性薄层支护，能够和围岩紧粘在一起共同作用，和围岩共同产生变形，在围岩中形成一定范围的非弹性变形区，允许围岩塑性区有适度的发展，从而使围岩的自承能力得以充分发挥。另外，喷锚支护在与围岩共同变形中受到压缩，对围岩产生越来越大的支护反力，抑制围岩产生过大变形，防止围岩发生松动破坏。

由于新奥法是通过把测量结果及时地反馈给下一阶段的设计和施工，实现施工过程中的安全性和经济性。因此，快速、准确地进行现场测量和数据处理就成为了新奥法施工的关键。在施工过程中，应加强如下方面的工作：

(1) 加强施工过程的地质调查。其目的是为局部施工方法和施工计划的变更及保证施工安全提供依据。地质调查的工作内容主要包括开挖面地质情况的描述、岩体结构面产状的分析、岩石力学试验和水文状况调查等。

(2) 加强现场监控和量测。现场监控和量测是新奥法施工的前提和核心，应根据隧道实际条件制定。现场监控和量测的内容包括量测项目和方法、量测仪器选用、测点布置、数据采集、数据处理、信息反馈及量测人员组织等。

(3) 加强施工设计修正。施工设计修正的内容包括评判监控量测的成果，补充完善监控量测设计；设计参数的修改或确认；顶部开挖轮廓变形量的修正；采取辅助施工措施的建议；施工工序、施工方法的改变等。

新奥法设计与施工程序，如图 6-13 所示。

新奥法是由矿山法发展而来，但在设计理论和施工方法上有根本的区别。矿山法是将隧道断面分成若干小块进行开挖，并用钢材和木杆支撑。随后从上到下，或从下到上地砌筑刚性衬砌。在施工过程中始终将围岩看成是必定要松弛塌落并成为作用于支护结构上的荷载，即“松弛理论”。而新奥法则是应用“岩承理论”，以维护和利用围岩的自承能力为基点，采用锚杆和喷射混凝土等方法为主要支护手段，及时地进行支护，通过控制围岩的变形和松弛，减小围岩应力，并且使围岩成为支护体系的组成部分。通过对围岩和支护的测量监控，预测其发展趋势，以便及时调整支护时机、支护参数、开挖方法和施工进度等，保证支护结构尽快闭合。

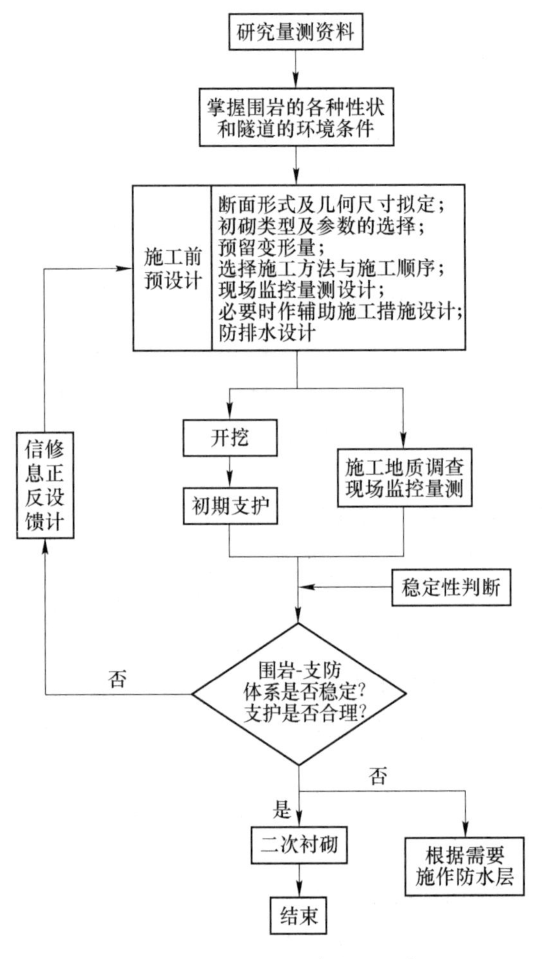

图 6-13 新奥法设计施工程序

经过近 60 年的发展，新奥法依然是隧道工程中的主要施工方法。以遵义市某排污隧道工程为例，该项目隧道地处云贵高原偏东北斜坡地带的大娄山山脉的中段，海拔高度 1000~1500 m。隧道设计成形净尺寸为 3 m（净宽）×3.5 m（净高），隧道洞身段长为 2423 m。

该工程采用新奥法组织施工。洞身开挖施工工序为施工准备—围岩处理—测量放线—钻孔—装药—爆破。采用全断面开挖，若遇特殊地质围岩可调整为上下台阶开挖法。其中，隧道各段围岩的等级、衬砌类型分布见表 6-4。

表 6-4 隧道各段围岩的等级、衬砌类型分布

隧道总长/m	围岩类别	衬砌类型	长度/m	施工方法
2423	Ⅴ	A	237	全断面开挖，每个循环进尺 0.5~1 m
	Ⅳ	B1	1063	全断面开挖，每个循环进尺 0.8~1.6 m
	Ⅲ	B2	1000	全断面开挖，每个循环进尺 2~2.4 m
	Ⅱ	C	123	全断面开挖，每个循环进尺 2.5~3 m

6.3 浅埋暗挖法

浅埋暗挖法是一种在距离地表较近的地下进行地下硐室施工的方法。该方法是城市地下工程施工的主要方法之一，适用于不宜采用明挖施工且含水量较小的各种地层，尤其是当城市城区地面建筑物密集、交通运输繁忙、地下管线密布，且对地面沉降有严格要求的情况时，修建埋置较浅的地下结构工程更为适用。浅埋暗挖法最大的优点是避免了大量拆迁和改建工作，同时可以减少对周围环境的粉尘污染和噪声污染，对城市交通的影响较小。

但该方法在实际应用中存在以下几个方面的问题：

（1）初期支护刚度要求大。需要在初期调节支护刚度，以提高城市地表的承载能力，从而降低地下浅层施工对地表的破坏性。

（2）施工速度慢。由于浅埋暗挖法要考虑地表施工土层的承载能力，需要进行大量的检测工作，导致施工缓慢。

（3）高水位地层结构防水较困难。

浅埋暗挖法吸收了新奥法中广泛采用的顺序开挖、地面加固、喷射混凝土及监控量测等技术，在施工中采用多种辅助措施加固围岩，充分调动围岩的自承能力，开挖后及时支护、封闭成环，使其与围岩共同作用形成联合支护体系，是一种抑制围岩过大变形的综合配套施工技术。最后基于综合配套技术来达到不塌方、少沉降、安全施工的目的。经过多年的工程实践以及理论提升，浅埋暗挖法的核心理念被归纳为“管超前、严注浆、短开挖、强支护、快封闭、勤量测”十八字口诀方针。

6.3.1 浅埋暗挖法施工的埋深分界

确定深埋隧道与浅埋隧道的判断标准为覆盖岩层的厚度。由于浅埋隧道距地表较近，覆盖层较薄，一般情况下隧道的开挖将会波及地表，为此需要对二者进行区分。确定深、浅埋隧道覆盖厚度分界值 h_p 的经验公式如式（6-4）和式（6-5）所示。

$$h_p = (2.0 \sim 2.5)h_a \tag{6-4}$$

$$h_a = (0.225 + 0.045B) \times 2^{S-1} \tag{6-5}$$

式中 h_p——深、浅埋隧道覆盖厚度分界值，m；

h_a——隧道垂直荷载的计算高度，m；

B——开挖坑道宽度，m，$B \geqslant 5$ m；

S——围岩级别，如Ⅲ级围岩取 $S=3$。

当隧道覆盖厚度 h 小于 h_p 时为浅埋隧道。计算 h_p 时，Ⅳ~Ⅴ级围岩取上限值；当有不利于隧道稳定的地质构造时，应适当加大 h_p 值；采用非爆破法开挖及采用喷锚支护时，h_p 可适当减小；隧道开挖宽度大时宜采用上限值。

对于软弱围岩，还可以通过试验进行荷载实测，根据实测压力 P 与垂直土柱重 γh 之比来确定隧道处于何种埋深：当 $P/(\gamma h) \leqslant 0.4$ 时为深埋隧道，$P/(\gamma h) > 0.4$ 时为浅埋隧道。

6.3.2 开挖方法与支护形式

6.3.2.1 开挖方法

采用浅埋暗挖法进行地下工程施工时，应根据工程要求、围岩地质条件、地表环境要求以及施工设备等因素，选择适宜的开挖方法及掘进方式。目前，浅埋暗挖法施工中常用的开挖方法包括台阶法和适用于特殊条件下的分部开挖法。一般岩石地层的隧道可采用正台阶法施工。城市及附近地区的一般隧道可采用上台阶分部开挖或短台阶法施工。大断面的隧道工程可采用中隔壁加台阶法、单侧壁导坑法、中隔壁法、交叉中隔壁法或双侧壁导坑法施工。城市地铁车站、地下停车场等大跨度隧道多采用柱洞法、侧洞法或中洞法施工，如图 6-14 所示。

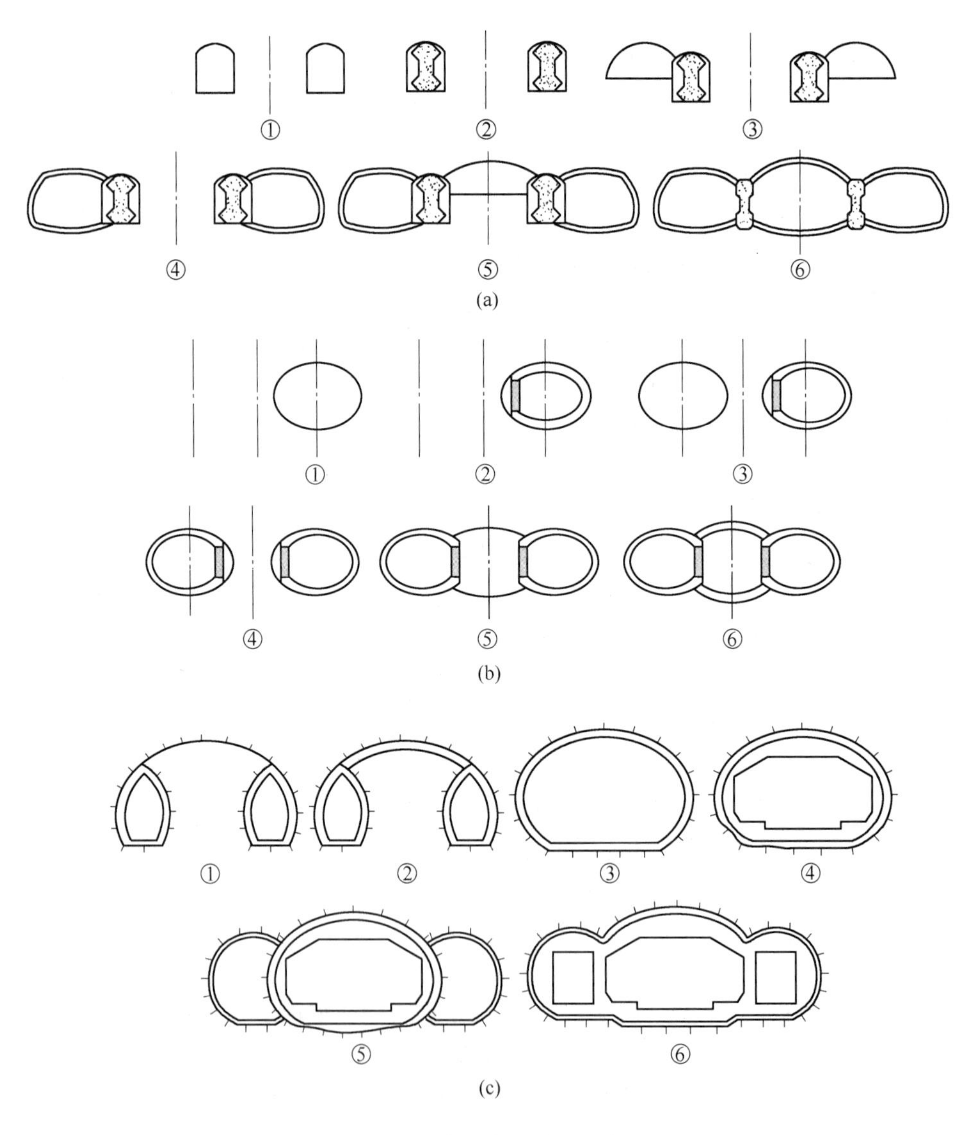

图 6-14 浅埋车站施工示意图

（a）柱洞法施工顺序；（b）侧洞法施工顺序；（c）中洞法施工顺序

随着地下工程施工工艺的不断创新，提出了许多新的施工方法，其中暗挖洞桩法(Pile-Beam-Arch-method，PBA）施工方法就是具有代表性的一种。PBA 法的原理就是将明挖框架结构施工方法和暗挖法进行有机结合，即地面不具备施工基坑围护结构条件时，改在地下先行暗挖的导洞内施作围护边桩、桩顶纵梁，使围护桩、桩顶纵梁、顶拱共同构成桩（Pile)、梁（Beam)、拱（Arch）支撑框架体系，承担施工过程的外部荷载；然后在顶拱和边桩的保护下，逐层向下开挖（必要时施加横向支撑)，建设内部结构，最终形成由外层边桩及顶拱初期支护和内层二次衬砌组合而成的永久承载体系。

在施工开始时，当施工竖井开挖到位井底封闭后，按照先下后上、先两边后中间的顺序进行主站体导洞的开挖；然后在主体下部边导洞内施工条形基础，下部中导洞内施工底纵梁；之后在上部边导洞内施工挖孔灌注桩和桩顶冠梁，中部上导洞内挖孔吊装钢管柱，接着浇筑柱顶纵梁；待主体桩柱梁体系形成后，开挖车站主体上部导洞间主体拱部土体，及时施工初期支护，形成主体初支顶拱，然后在桩、梁、拱框架支撑体系的保护下，边向下开挖土体边施工混凝土结构，按逆筑法完成车站主体结构。苏州街暗挖车站双层结构PBA 洞桩法施工步骤如图 6-15 所示。

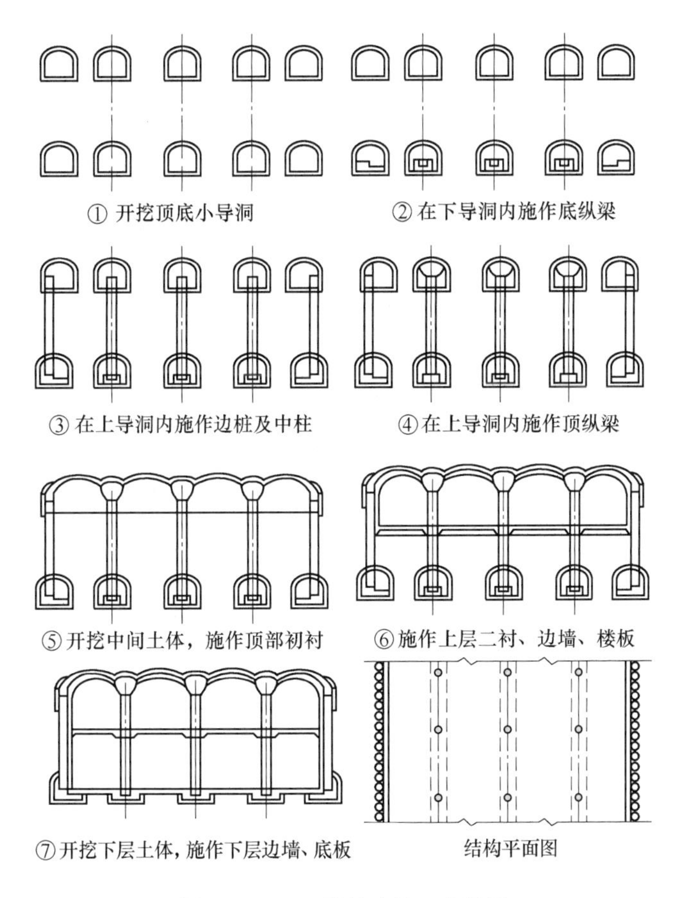

图 6-15　PBA 洞桩法施工步骤图

6.3.2.2　支护形式

浅埋暗挖法施工的隧道多采用复合式衬砌。支护设计时可分为 3 种情况：

（1）初期支护承受全部荷载，二次支护或内层衬砌仅作为安全储备。

（2）初期支护与二次支护共同承担荷载。

（3）初期支护仅作为施工期间的临时支护，二次支护作为主要承载结构。

设计时应将结构设计、施工方法、支护方式、辅助施工方法等进行综合研究，并经过试验验证，在施工过程中根据量测数据不断进行调整和优化。

在一般地质条件下，初期支护类型由喷射混凝土、锚杆、钢筋网、钢架、格栅钢架等组成不同的结构形式。对于浅埋软弱地层，锚杆的作用明显降低，其顶部锚杆由于作用不大而常被取消，应采用刚度较大的初期支护。

6.3.3　监控量测

监控量测是浅埋暗挖法施工过程中的重要组成部分。在施工过程中，可根据监控量测得到的位移、应力、应变等动态曲线，用于分析各个工序对隧道变形的影响，是判断地层是否稳定的重要依据。其目的在于：

（1）保证施工安全。通过及时、准确的现场监测结果判定地下空间及周边环境是否安全，并根据实际情况调整设计和施工参数，可以减少对周边环境的影响，保证施工安全。

（2）量测施工引起的地表变形。通过地表变形的发展趋势，决定是否采取保护措施，并为确定经济合理的保护措施提供理论依据。

（3）控制各项监测指标。根据已有经验及规范要求，检查施工中各项环境控制指标是否超过规定范围，并在发生环境事故时提供有效的仲裁依据。

（4）验证和修正支护结构设计方案。地下结构施工实测的结构受力、变形情况往往与理想情况存在一定差异，将施工中的监测信息及时反馈，便于设计方案的完善和修正。

（5）工程总结。地下工程施工过程中结构及周边环境的受力和变形资料，对于其他工程的设计、施工及经验总结具有重要意义。

监控量测的主要范围包括地下结构物纵向中心线两侧 30 m 范围内的地下、地面建（构）筑物管线、地面及道路。其必测项目内容包括洞内外观察、水平相对净空变化量测、浅埋地段地表下沉量测、拱顶相对下沉量测。选测项目内容包括围岩内部变形量测、锚杆轴应力量测、围岩压力量测、支护及衬砌应力量测、钢架内力及所承受的荷载量测、围岩弹性波速度测试。

以隧道监控量测为例，在施工前应根据建筑埋深、地质条件、开挖断面及施工方法拟定监控方法，监控量测方案可参考表 6-5 进行拟定。

表 6-5　监控量测项目和量测频率

类别	量测项目	量测仪器和工具	测点布置	量测频率
必测项目	围岩及支护状态	地质描述及拱架支护状态观察	每一开挖环	开挖后立即进行
	地表、地面建筑、地下管线及构筑物变化	水准仪和水平仪	每 10 ~ 50 m 一个断面，每个断面 7 ~ 11 个测点	开挖面距量测断面前后<2B 时 1~2 次/天 开挖面距量测断面前后<5B 时 1 次/2 天 开挖面距量测断面前后>5B 时 1 次/周

续表 6-5

类别	量测项目	量测仪器和工具	测点布置	量测频率
必测项目	拱顶下沉	水准仪、钢尺等	每 5~30 m 一个断面，每个断面 1~3 个测点	开挖面距量测断面前后<2B 时 1~2 次/天 开挖面距量测断面前后<5B 时 1 次/2 天 开挖面距量测断面前后>5B 时 1 次/周
	周边净空收敛位移	收敛仪	每 5~100 m 一个断面，每个断面 2~3 个测点	开挖面距量测断面前后<2B 时 1~2 次/天 开挖面距量测断面前后<5B 时 1 次/2 天 开挖面距量测断面前后>5B 时 1 次/周
	岩体爆破地面质点震动速度和噪声	声波仪及测斜仪等	质点震速根据结构要求设点，噪声根据规定的测距设点	隧道爆破及时进行
选测项目	围岩内部位移	地面钻孔安防位移计、测斜仪等	取代表性地段设一断面，每断面 2~3 孔	开挖面距量测断面前后<2B 时 1~2 次/天 开挖面距量测断面前后<5B 时 1 次/2 天 开挖面距量测断面前后>5B 时 1 次/周
	围岩压力及支护间应力	压力传感器	取代表性地段设一断面，每断面 15~20 孔	开挖面距量测断面前后<2B 时 1~2 次/天 开挖面距量测断面前后<5B 时 1 次/2 天 开挖面距量测断面前后>5B 时 1 次/周
	钢筋格栅拱架内力及外力	支柱压力机或其他测力计	每 10~30 榀钢拱架设一对测力计	开挖面距量测断面前后<2B 时 1~2 次/天 开挖面距量测断面前后<5B 时 1 次/2 天 开挖面距量测断面前后>5B 时 1 次/周
	初期支护、二次衬砌内应力及表面应力	混凝土内的应变计及应力计	每代表性地段设一断面，每断面 11 个测点	开挖面距量测断面前后<2B 时 1~2 次/天 开挖面距量测断面前后<5B 时 1 次/2 天 开挖面距量测断面前后>5B 时 1 次/周
	锚杆内力、抗拔力及表面应力	锚杆测力计及拉拔器	必要时进行	开挖面距量测断面前后<2B 时 1~2 次/天 开挖面距量测断面前后<5B 时 1 次/2 天 开挖面距量测断面前后>5B 时 1 次/周

注：*B* 为隧道开挖跨度。

6.3.3.1 地表沉降监测

在隧道开挖过程中，会导致地层中的围岩力学形态发生变化，应力扰动区延伸至地表，造成地表沉降。尤其是在进行城市地下工程施工时，若施工地段地表附近有建筑物时，需特别注意对地表沉降和四周建筑物的变形监测，随时了解施工对四周建筑物的影响程度及影响范围，便于及时发现并解决问题，将变形控制在建筑物安全警戒值内，保证四周建筑物的安全。

地表监测基点为标准水准点（高程已知），监测时通过测得各测点与地表监测基点的高程差 ΔH，可得到各监测点标准高程 H_i，然后与上次测得的高程进行比较，差值 Δh 即为该测点的沉降值。建筑物的基点埋设方法与地表基点相似。每栋建筑物一般布置 4 个监测点，重要建筑布置 6~8 个测点，计算方法与地表沉降计算方法相同。

地表沉降的监测基点埋设有以下要求：

（1）基点应埋设在沉降影响范围以外的稳定区域内；

（2）应埋设至少两个基点，以便基点互相校核；

（3）基点的埋设要牢固可靠，并做好防护；

（4）基点应和四周水准点联测取得原始高程，并埋设在视野开阔的地方，以利于观测。

6.3.3.2 裂缝发展监测

由于建筑物的沉降和倾斜必然会影响结构构件的应力调整进而产生裂缝，因此裂缝发展状况监测是评价地下工程开挖对地表影响程度的重要依据之一。采用直接观测的方法对产生的裂纹进行编号并统计其位置，并采用裂缝观测仪测量裂缝宽度。在建筑物出现较大变形的同时密切关注是否有裂缝产生，并跟踪观测。

6.3.3.3 拱顶变形监测

隧道拱顶变形的监测，应根据暗挖施工时隧道初期支护结构拱顶的变形情况，通过数据分析来总结规律，从而决定监测方案。通常可沿隧道纵向间距每隔 10 m 埋设一个拱顶沉降测点，从而计算测点的变形参数。

6.3.3.4 隧道净空收敛监测

净空收敛又称净空变形，指隧道开挖后周边岩体向隧道净空侵入的现象。由于地下工程自身固有的错综复杂性和变异性质，传统设计方法难以全面、适时地反映出各种情况下支护系统的受力变化情况，因此隧道净空收敛监测是隧道施工中一项必不可少的监测内容。

复习思考题

（1）矿山法施工的优缺点是什么？简述施工过程中的基本原则。

（2）矿山法的开挖方式有哪些？简述其施工工序。

（3）矿山法爆破设计中的炮眼如何布置？

（4）简述光面爆破和预裂爆破的施工工序。

（5）矿山法支护施工可分为哪几类？简述其施工要点。

（6）简述新奥法的施工特点。简述新奥法与矿山法有何区别？

（7）PBA 法的施工流程是什么？

（8）监控量测的主要范围、必测项目和选测项目是什么？

7 盾 构 法

本章学习重点

（1）掌握盾构机的基本构造和分类方法，了解不同种类盾构机的施工方法。

（2）了解盾构机的选型依据及参数计算，掌握土压力计算的方法。

（3）了解盾构机施工的具体步骤，掌握盾构机施工地层变形的原因及管理措施。

盾构法是在地表以下土层或松软岩层中开挖隧道的一种施工方法。它将盾构机械置于地下推进，通过盾构外壳和管片支承四周围岩，防止发生坍塌。同时在开挖面前方用切削装置进行土体开挖，通过出土机械运出洞外，靠千斤顶在后部加压顶进，并拼装预制混凝土管片从而形成隧道结构。盾构法由法国工程师 Brunel 发明，经过二百多年的应用与发展，使盾构法可以适用于任何水文地质条件下的施工环境，包括松软地质、坚硬地质、有地下水和无地下水地质条件的隧道暗挖工程。而在松软含水层中修建埋深较大的长隧道，盾构法往往具有技术和经济方面的优越性。

20 世纪 50 年代初期，我国在阜新煤矿采用直径 2.6 m 的手掘式盾构及小混凝土预制块修建了一条疏水巷道，这是我国首条用盾构法施工的隧道。此后的 20 世纪 80—90 年代，盾构法在全国大中城市地下工程中开始广泛应用，进入 21 世纪，盾构法已成为我国城市地铁隧道的主要施工方法。2015 年 1 月，我国首台自主研发的盾构机在长沙下线，打破了国外近一个世纪的技术垄断。2020 年 5 月 10 日，国产盾构主轴承减速机工业试验成果发布，首批国产化 6 m 级常规盾构 3 m 直径主轴承、减速机通过试验检测，标志着我国盾构核心部件国产化取得了新的重大突破。截至 2022 年底，国内盾构机总市场存量 3500 台，新增市场规模保持在 500~600 台/a。盾构法将在隧道施工中发挥不可替代的作用。

盾构法施工之所以被世界各国广泛采用，除了近代城市地下工程发展的客观需要外，还由于该法本身具有以下突出的优越性：

（1）施工安全、高效。可在盾构设备掩护下，在各种复杂不稳定土层中安全地进行土层开挖与支护工作。

（2）机械化程度高，施工人员少，管理方便。在工程条件差、水位高、埋深较大的隧道施工，盾构法具有较高的技术、经济优越性。

（3）对地表正常生产活动影响小。盾构法施工时不影响地表交通，尤其是在城区建筑物密集和交通繁忙地段，盾构法更有优越性，且不受气候条件的影响。

（4）施工震动和噪声小，同时可以控制地表沉陷，对施工区域环境的干扰较小。

7.1 盾构机的基本构造及分类

7.1.1 盾构机基本构造

盾构机是盾构法施工中的主要工程机械。因特定隧道断面的要求，除了外形为圆形的标准形状外，也存在矩形、椭圆形、马蹄形、半圆形、双环及多环形等。但其基本构造主要由盾构壳体、开挖系统、推进系统、衬砌管片拼装系统四大部分组成，如图 7-1 所示。

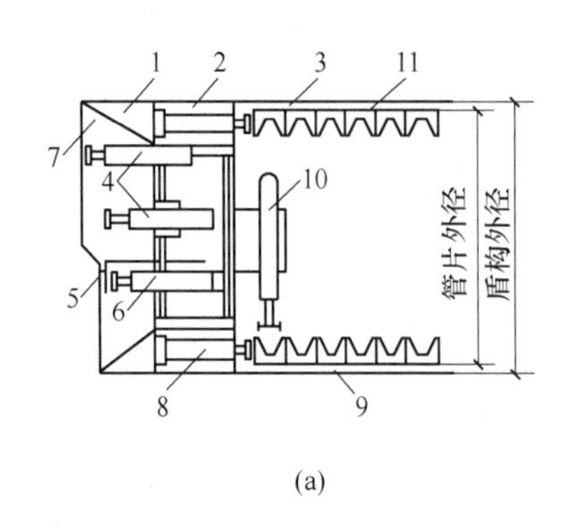

(a)

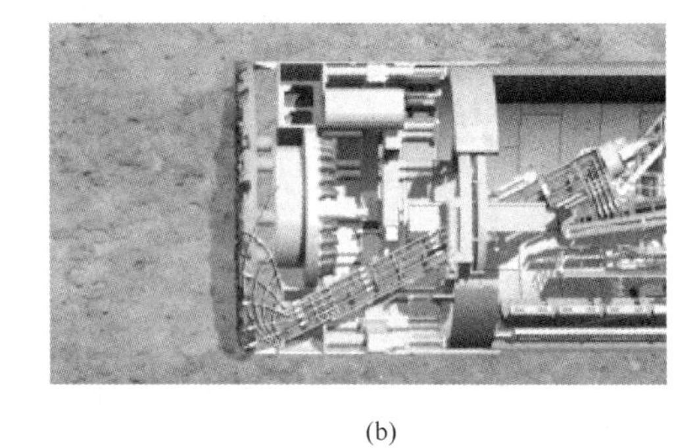

(b)

图 7-1 盾构机构造示意图

(a) 盾构机构造示意图；(b) 土压平衡盾构构造示意图

1—切口环；2—支承环；3—盾尾；4—支撑液压千斤顶；5—活动平台；6—活动平台液压千斤顶；7—切口；8—盾构推进液压千斤顶；9—盾尾空隙；10—管片拼装器；11—管片

7.1.1.1 盾构壳体

盾构壳体的作用是保护切削、排土、推进、衬砌等施工设备的安全，其整体外壳由钢板制成，并用环形梁加固制成。盾构壳体主要由切口环、支承环和盾尾三部分组成。

(1) 切口环。它处于盾构机的最前端，在施工时切入地层并掩护开挖作业，装有切削机械和挡土设备。切口环前端制成刃口，以减少切土阻力和对地层的扰动。盾构开挖系统置于切口环中。早期手掘式盾构的切口顶部比底部长，部分盾构还设有液压千斤顶操纵的活动前檐，用以增加掩护长度。而在局部气压、泥水加压和土压平衡式盾构中，其切口部分的压力高于隧道内部的常压，需要在切口与支撑之间用密封隔板隔开，又称为闭胸式盾构。

(2) 支承环。支承环位于盾构中部，为切口环和盾尾相连的中间部分。该结构是具有较强刚性的圆环结构，所有地层的土压力，千斤顶顶力，切口环、盾尾、衬砌拼装的施工荷载均传至支承环承担。支承环的外沿布置盾构推进千斤顶。大型盾构的所有液压、动力设备、操作控制系统、衬砌拼装机等均设置在支承环位置；中、小型盾构则可把部分设备移到盾构后部的车架上。

(3) 盾尾。盾尾一般由盾构外壳钢板延伸构成，主要用于掩护隧道衬砌的安装工作。为了防止水、土及浆液由盾尾与衬砌之间的间隙进入盾尾，在盾尾末端需要设有密封装置。目前较为常用的密封形式主要有两种：一是在盾尾内壁装 2~3 道钢丝刷密封；二是靠充满整个油脂腔的盾尾油脂建立起压力进行密封，尾刷之间充满油脂，其示意图如图 7-2 所示。

7.1.1.2 开挖系统

(1) 盾构开挖系统设置于切口环中，切削刀盘与切口环的位置如图 7-3 所示。

1) 切削刀盘位于切口环内，该形式适用于软弱地层，切口环插入地层中；

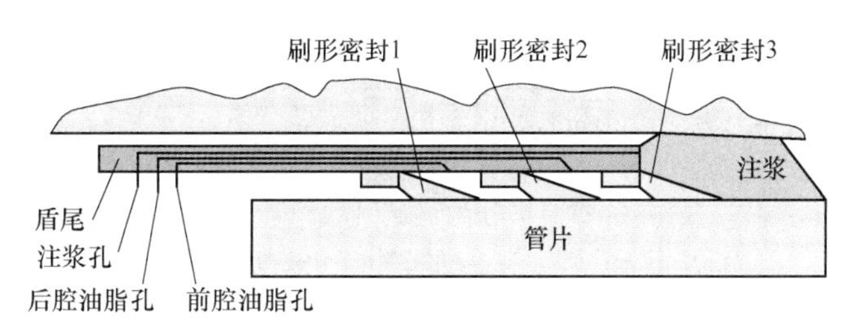

图 7-2　常用的盾尾密封形式

2）切削刀盘外圈突出于切口环，该形式的盾构使用较为广泛，超挖刀盘容易安装，方向也容易控制；

3）切削刀盘与切口环处于同一位置。

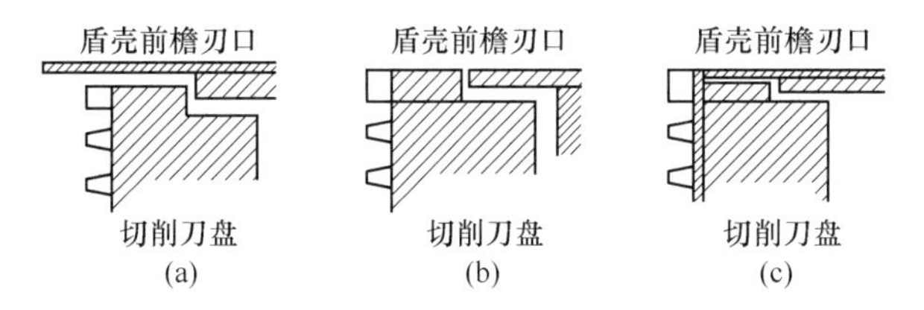

图 7-3　切削刀盘与切口环的位置示意图

（a）切削刀盘位于切口环内；（b）切削刀盘外圈突出于切口环；（c）切削刀盘与切口环处于同一位置

（2）切削刀盘形状，如图 7-4 所示。

1）垂直平面形，为常用形状；

2）圆锥形；

3）中心掏挖形，便于添加剂与土搅拌，并能够减少阻力；

4）半球形；

5）倾斜形，接近土层的内摩擦角，能够保持工作面的稳定性；

6）缩小形。

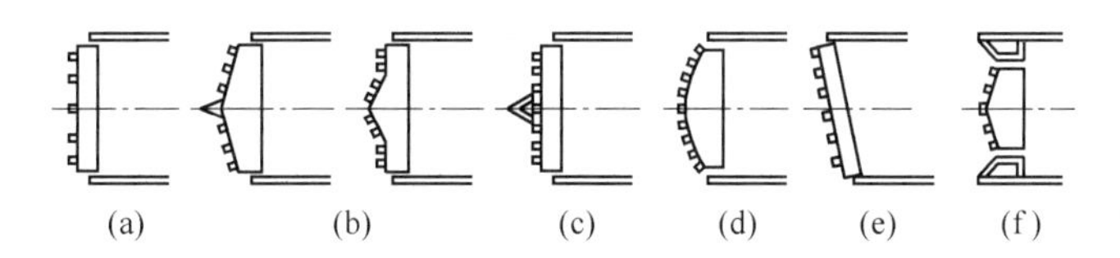

图 7-4　切削刀盘形状示意图

（a）垂直平面形；（b）圆锥形；（c）中心掏挖形；（d）半球形；（e）倾斜形；（f）缩小形

7.1.1.3　推进系统

盾构推进系统由液压设备及液压千斤顶组成。盾构液压千斤顶设置在支承环内侧，其推力作用在预设管片上促使盾构前进，其结构如图 7-5 所示。

7.1.1.4　衬砌管片拼装系统

盾构衬砌管片拼装系统是为了将管片按照设计的形状安全迅速地进行拼装的机械装置，由举重臂和真圆保持器组成。举重臂的功能是夹持管片或衬砌构件，将其送到需要安装的位置。当盾构向前推进时，管片拼接环将会从盾尾处脱离。由于管片接头缝隙、自重

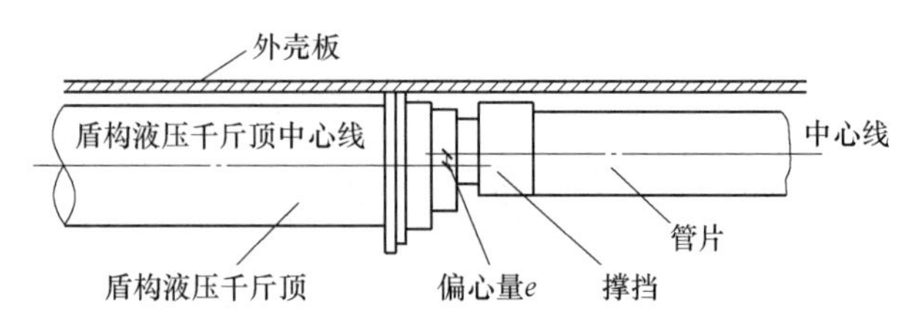

图 7-5 盾构液压千斤顶工作结构示意图

力和土压作用，管片拼接环会产生变形从而给后续施工带来困难，因此需要使用真圆保持器来保持拼装后管环的正确位置。

7.1.2 盾构机的分类

按照盾构机的尺寸大小，可分为以下几种。

（1）微型盾构，其直径 $D \leqslant 2$ m；

（2）小型盾构，指直径范围在 2 m$<D \leqslant$3.5 m 的盾构；

（3）中型盾构，指直径范围在 3.5 m$<D \leqslant$6 m 的盾构；

（4）大型盾构，指直径范围在 6 m$<D \leqslant$14 m 的盾构；

（5）特大型盾构，指直径范围在 14 m$<D \leqslant$17 m 的盾构。

按照挖掘土体的方式，可将盾构机分为手掘式盾构、挤压式盾构、网格式盾构、半机械式盾构和机械式盾构等多种类型。

7.1.2.1 手掘式盾构

手掘式盾构的切削和出土均由人工操作，多用于地质条件较好的小型隧道开挖，其结构如图 7-6 所示。开挖面可以根据地质条件全部敞开，也可以采取正面支撑，随挖随撑。

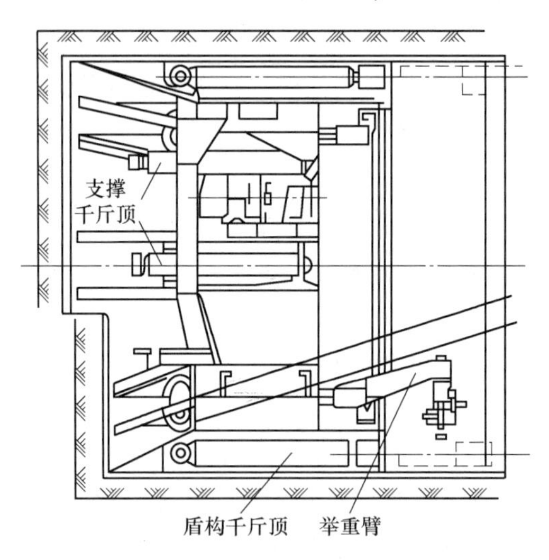

图 7-6 手掘式盾构结构示意图

7.1.2.2 挤压式盾构

当在地质条件很差的地层中施工时，如粉砂土质地层、黏土层中施工时，极易引起工作面坍塌，此时可采用挤压式盾构进行作业。挤压式盾构分为全挤压式和半挤压式两种。

全挤压式盾构是将开挖工作面用胸板全部封闭，把土层挡在胸板外，没有水土涌入及土体坍塌危险，安全可靠，并省去了出土工序。半挤压式盾构是在封闭胸板上局部开孔，盾构推进时，土体从孔中挤入盾构，装车外运，其结构如图 7-7 所示。其胸板上开口率的大小应根据地质条件、盾构的外径和长度及推进速度确定。

挤压式盾构在向前推进时，通过推力将前方土层挤入盾构四周外侧，适用于松软的黏性土层或粉砂层（$N<10$）。由于其工作面不出土，在盾构前进过程中将引起较大幅度的地表隆起，一般只适用于空旷地带，应避免在地表建筑下施工。

7.1.2.3 网格式盾构

网格式盾构是介于手掘式和半挤压式之间的一种盾构形式，其正面由钢制的开口格栅代替胸板，其结构如图 7-8 所示。盾构推进时，网格将土体切成条状进入盾构内，并由输送机运走。当盾构停止推进时，网格可以起到挡土的作用，保证工作面的稳定。

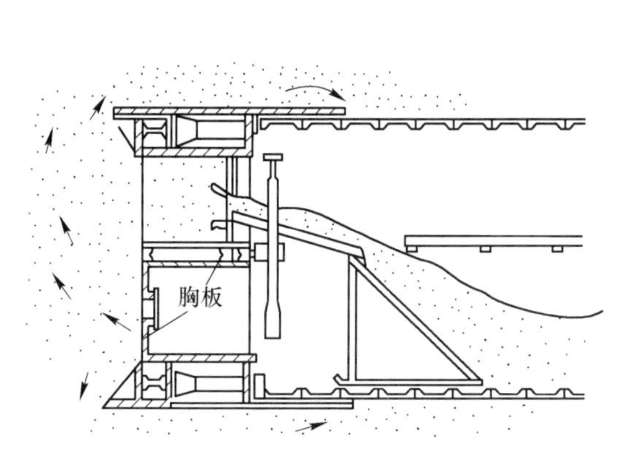

图 7-7 半挤压式盾构结构示意图

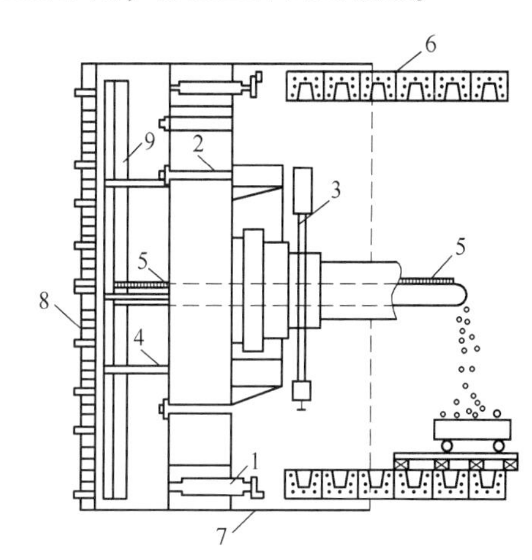

图 7-8 网格式盾构结构示意图

1—盾构千斤顶；2—开挖面支撑千斤顶；3—举重臂；4—堆土平台；5—刮板输送机；6—装配式衬砌；7—盾构钢壳；8—开挖面钢网格；9—转盘

7.1.2.4 半机械式盾构

半机械式盾构是在手掘式盾构的正面加装挖土机械，用以代替人工开挖。可根据地质条件要求，加装反向铲挖掘机、螺旋切削机或软岩掘进机等。这种盾构的造价比机械化盾构低廉，效率也较高，在地下施工中应用广泛。

7.1.2.5 机械式盾构

机械式盾构通过在盾构切口环外安装与盾构直径相匹配的旋转切削刀盘，实现全断面开挖。其优点在于能够改善作业环境，显著提高推进速度。机械式盾构可分为开胸式盾构和闭胸式盾构，闭胸式盾构又包括局部气压盾构、泥水加压盾构和土压平衡盾构。目前，世界各国在机械式盾构方面发展迅速，尤其是闭胸式盾构施工技术应用更为广泛。

（1）开胸式机械盾构。开胸式机械盾构是在切口环处安装与盾构直径相适应的刀盘，以进行全断面开挖。刀盘辐条后面没有胸板封闭，适用于地层能够自立或采用辅助措施能够自立的情况。

（2）局部气压盾构。局部气压盾构是在开胸式机械盾构切口环和支承环之间装有密封隔板，使切口环部分形成一个密封舱。密封舱内通入压缩空气，以平衡开挖面的土压力，维持开挖稳定。其结构如图 7-9 所示。但目前该盾构技术存在如压缩空气的容量小、密封舱和盾尾及管片接缝处易出现空气泄漏的问题。因此，该方法已被泥水加压盾构和土压平衡盾构所替代。

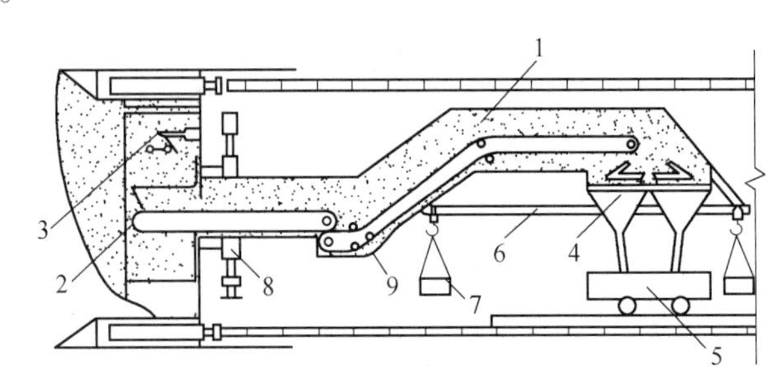

图 7-9 局部气压盾构结构示意图

1—气压内出土运输系统；2—胶带输送机；3—排土抓斗；4—出土斗；
5—运土车；6—运送管片单轨；7—管片；8—衬砌拼装器；9—伸缩接头

（3）泥水加压盾构。该方法在盾构开挖面的密封舱内注入泥水，通过泥水加压从而平衡作业面的土压，并用全断面机械化切削机管道输送泥水出土，完成盾构开挖的整个流程。盾构向前推进时，开挖下来的土进入盾构前端的泥水室进行搅拌，并由泥浆泵输送至地面。泥水在地面经过水土分离后，送入地下盾构的泥水室，不断排渣循环使用。其工作原理及结构如图 7-10 所示。

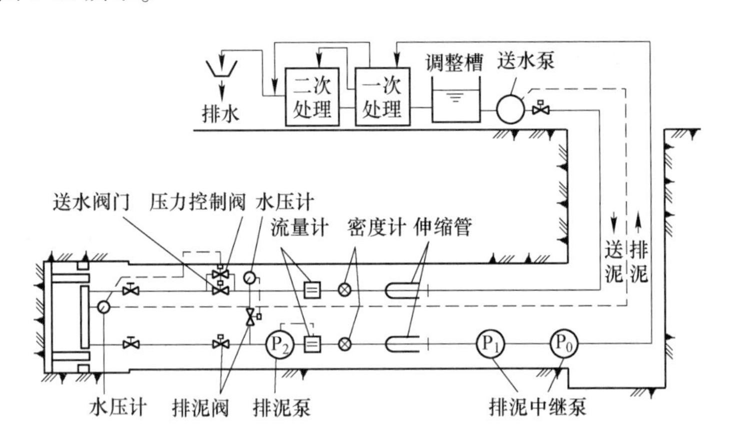

图 7-10 泥水加压盾构

泥水加压盾构实现了管道连续出土，在防止开挖面坍塌的同时又改善了盾尾漏浆的问题，一般适用于河底、海底等高水压力地质条件，也适用于砂、粉砂、黏土层、弱固结的土层及含水量高、开挖面不稳定的地层。目前，该方法在城市地下工程中，尤其是大断面隧道施工中应用较为广泛。

（4）土压平衡盾构。土压平衡盾构是在局部气压及泥水加压盾构的基础上发展起来的。适用于含水饱和软弱地层中施工的新型盾构。其头部装有全断面切削刀盘，在切口环与支承环间设有密封隔板形成密封舱，如图 7-11 所示。其基本原理是盾构推进时，由旋转刀盘切削下来的土体进入密封舱内，在舱内的土砂中注入一种具有流动性和不透水性的“注浆材料”，经刀盘后的叶片强制搅拌，使切削下来的土拌成为一种具有可流动、不透水的浆化泥土，充满密封舱及与之相连的长筒形螺旋输送机。盾构推进时，浆化泥土产生压力作用于开挖面，实现与土体静压和水压平衡，同时由螺旋输送机出土。

土压平衡盾构适用于含水量和粒度组成比较适中的粉土、黏土、砂质黏土等土砂，但对含砂量过多、不具备流动性的土层不宜选用。

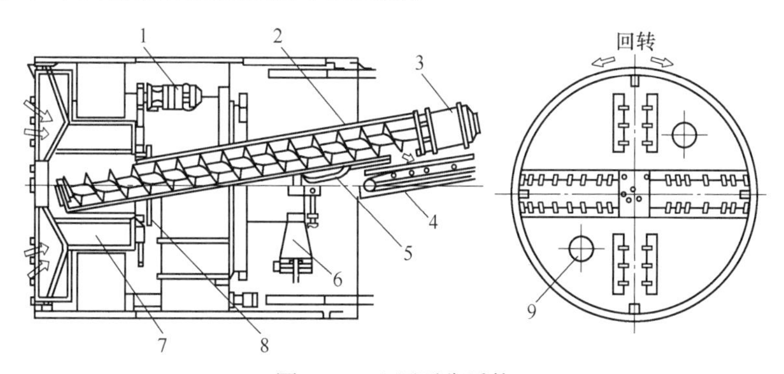

图 7-11　土压平衡盾构

1—刀盘用油马达；2—螺旋输送机；3—螺旋输送机马达；4—胶带输送机；
5—闸门千斤顶；6—管片拼装器；7—刀盘支架；8—隔板；9—紧急出入口

7.2　盾构机选型

7.2.1　盾构机选型的影响因素及原则

影响盾构施工的因素很多，包括地质条件（岩土体的强度、颗粒级配、砂砾和卵石含量等）、水文条件、隧道长度和线形、后续设备与盾构机的配套能力、工作环境、覆盖层厚度以及有无辅助工法等。图 7-12 是以盾构选型为核心的各因素的影响及其相互作用关系。在进行盾构机选型时应遵循以下原则：

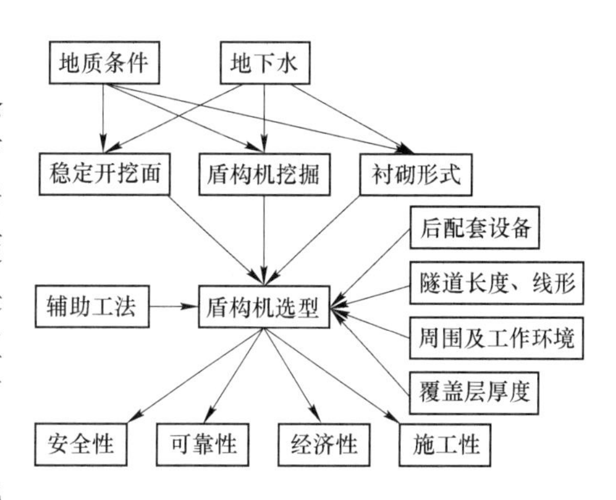

图 7-12　盾构机选型关系图

（1）满足施工的安全要求，并对工程地质、水文地质有较强的适应性；

（2）安全性、技术先进性、经济性相统一，在设备安全可靠的情况下，考虑技术先进性和经济合理性；

（3）满足隧道外径、长度、埋深、施工场地和周围环境的要求。

7.2.2　盾构设备选型依据

（1）根据工程地质条件选型。

1）对于砂质土等自立性能较差的地层，应尽量使用密封性盾构施工。若为地下水较丰富且透水性较好的砂质土地质，则应优先考虑使用泥水加压盾构。对于黏性土，则可首先考虑土压平衡盾构。砂砾和软岩等强度较高地层的自立性较好，可优先考虑半机械式或敞口机械式盾构施工。

2）针对地下水条件，若水压力值较大（大于 0.1 MPa），则应优先考虑使用密封性的盾构，以保证工程的安全。

3）对于粒径较小的地层，盾构选型不受限制。若粒径较大，除自立性能较好的地层可考虑采用手掘式或半机械式盾构外，一般使用土压平衡盾构；但若地层含水量较大，应在地层中注入泥浆、膨润土、泡沫等材料来增加渣土的流动性和止水性，以保证开挖面的稳定；若采用泥水加压盾构，则需设置碎石机辅助泥浆输出。

（2）根据其他条件选型。除地质条件以外，盾构选型的制约条件还很多，如工期、造价、环境因素等。

1）工程条件。手掘式与半机械式盾构机使用人工较多，机械化程度低，故施工进度慢。其余各类型盾构机都是机械化掘进和运输，平均掘进速度比前者快。

2）造价因素。一般敞口式盾构的造价比密封式盾构低，主要原因是敞口式盾构不需要密封式盾构的后配套系统。在地质条件允许的情况下，从降低造价考虑，宜优先选用敞口式盾构掘进机。

3）环境因素。敞口式盾构施工引起的地表沉降大于网格式盾构，更大于密封式盾构，因此需要根据周围环境的保护等级来选择。

7.3 盾构机参数设计

7.3.1 盾构尺寸计算

7.3.1.1 盾构壳体外径 D

在盾构施工过程中，可能存在边坡段和转弯段。在掘进过程中为了控制隧道轴线的偏离并便于衬砌拼装工作，需要预留足够的间隙，即盾构机的内径 D_0 应略大于隧道衬砌的外径，避免施工时盾构机卡机或管片损伤。建筑空隙的大小由盾构制造及衬砌拼装的允许误差决定。为此，通常采用式（7-1）计算盾构外径。

$$D = D_0 + 2(x + \delta) \tag{7-1}$$

式中 D_0——衬砌管片外径，mm；

x——掘进时相应曲线半径所需的最小盾尾间隙，mm；

δ——盾壳厚度，mm。

根据盾构纠偏和方向调整的要求，最小盾尾间隙 x 多为衬砌管片外径 D_0 的 0.8%～1.0%左右。一般取 x 为 30～60 mm。

7.3.1.2 盾构机长度 L

盾构机的长度为前檐、切口环、支承环和盾尾长度的总和，其计算方法如式（7-2）所示，其结构示意图如图 7-13 所示。

$$L = L_0 + L_1 + L_2 + L_3 \tag{7-2}$$

式中　L_0——盾尾长度，m，通常取 $L_0=M+M_1+M_2$；

M——盾尾遮盖的衬砌长度，m，一般取一环衬砌宽度的 1.2~2.2 倍；

M_1——盾构千斤顶顶块与刚拼完的衬砌环之间的间隙，m，一般取 0.1~0.2 m；

M_2——千斤顶缩回后露在支承环外的长度，m，一般取 0.5~0.7 m；

L_1——支承环长度，m，一般取衬砌环宽度加 0.2~0.3 m 的余量；

L_2——切口环长度，m，在机械化盾构中仅考虑能容纳开挖机具即可，在手掘式盾构中一般取 L_2 的最大值为 $L_{2\max}=D\tan\phi$ 或 $L_{2\max}\leqslant 2$ m，ϕ 为开挖土面的坡度，一般为 45°左右；

L_3——盾构前檐宽度，m，一般在手掘式盾构中设置，长度一般为 0.3~0.5 m。

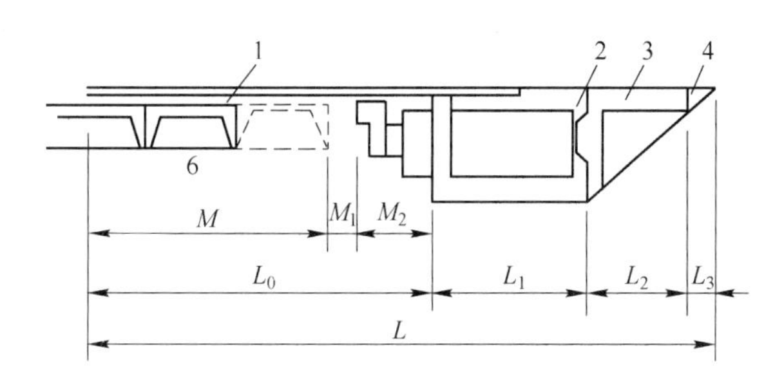

图 7-13　盾构结构示意图

1—盾尾；2—支承环；3—切口环；4—前檐

7.3.2　盾构刀盘扭矩计算

采用土压平衡式盾构机进行施工时，其刀盘对土体进行切削，此时需要克服刀盘与土体之间的摩擦阻力扭矩、地层抗力扭矩、搅拌土体时的搅拌扭矩、刀具受到的摩擦阻力。因此，土压平衡式盾构机刀盘受到的扭矩可由式（7-3）组成。

$$T_N = T_1 + T_2 + T_3 + T_4 + T_5 + T_6 + T_7 \tag{7-3}$$

式中　T_N——刀盘扭矩，N·m；

T_1——刀盘正面、侧面与土体之间的摩擦阻力扭矩，N·m；

T_2——刀盘背面与压力舱内土体的摩擦阻力扭矩，N·m；

T_3——压力舱内刀盘和搅拌叶片的搅拌扭矩，N·m；

T_4——刀具切削土体时的地层抗力扭矩，N·m；

T_5——刀盘密封的摩擦阻力扭矩，N·m；

T_6——轴承的摩擦阻力扭矩，N·m；

T_7——减速装置的机械损失扭矩，N·m。

根据实际施工资料及研究文献可知，刀盘扭矩的大小主要受刀盘正面、侧面与土体之间的摩擦阻力扭矩 T_1、刀盘背面与压力舱内土体的摩擦阻力扭矩 T_2、压力舱内刀盘和搅拌叶片的搅拌扭矩 T_3、刀具切削土体时的地层抗力扭矩 T_4 影响。刀盘扭矩计算示意图如图 7-14 所示。

A 刀盘正面、侧面与土体之间的摩擦阻力扭矩 T_1

$$T_1 = T_{11} + T_{12} = \frac{\pi D^3}{12} Kf\gamma H(1-\eta) + \frac{\pi D^2}{4}(1+K)f\gamma HW \tag{7-4}$$

式中 T_{11}——刀盘正面与土体之间的摩擦阻力扭矩，N·m；

T_{12}——刀盘侧面与土体之间的摩擦阻力扭矩，N·m；

D——刀盘直径，m；

K——侧压力系数；

f——刀盘与土体之间的摩擦系数；

γ——土体比重，N/m³；

η——刀盘开口率,%，为刀盘开口面积与刀盘总面积的比值，一般在复合地层或硬岩地层中，刀盘开口率取5%~35%，均一性较好的软土地层，开口率一般在40%~80%；

H——隧道中心到地表的距离，m；

W——刀盘外沿宽度，m。

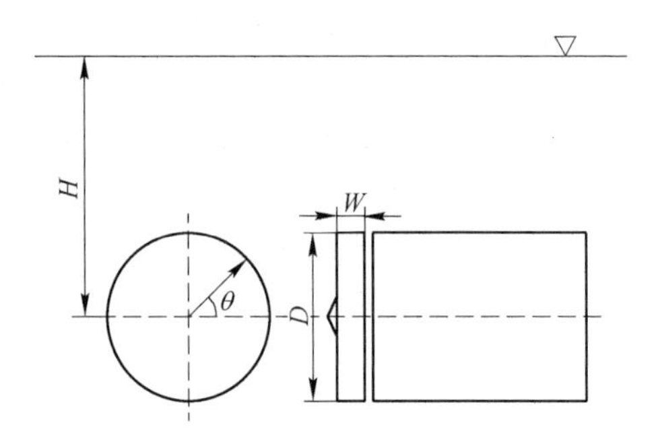

图7-14 刀盘扭矩计算示意图

B 刀盘背面与压力舱内土体的摩擦阻力扭矩 T_2

$$T_2 = k_e \frac{\pi D^3}{12} Kf'\gamma H(1-\eta) \tag{7-5}$$

式中 k_e——压力舱内土压力与开挖面上土压力的比值；

f'——刀盘与压力舱内渣土的摩擦系数。

C 压力舱内刀盘和搅拌叶片的搅拌扭矩 T_3

$$T_3 = \gamma k_e \sum_n H_m D_m L_m R_m f' \tag{7-6}$$

式中 H_m——地面到刀盘梁或搅拌翼板的高度，m；

D_m——搅拌翼板的直径，m；

L_m——搅拌翼板的长度，m；

R_m——搅拌翼板到盾构机刀盘中轴线的距离，m；

n——刀盘梁及搅拌翼板的数量，个。

D 刀具切削土体时的地层抗力扭矩 T_4

$$T_4 = \sum_{i=1}^{n} [c + K\gamma(H - L_i \sin\theta_i)\tan\varphi] w_i \frac{\beta_i v \tan\alpha_i L_i}{360\omega} \tag{7-7}$$

式中 c——土体内聚力，kPa，当土体为无黏性土时，取0；

L_i——第 i 把刀具到刀盘中心的距离，m；

θ_i——第 i 把刀具和中心水平线的夹角，(°)；

φ——土体内摩擦角，(°)；

w_i——第 i 把刀具的刀刃宽度，m；

β_i——第 i 把刀具与相邻相同切削轨迹的刀具之间的夹角，(°)；

v——掘进速度，m/min；

ω——刀盘转速，r/min；

α_i——第 i 把刀具的前角，(°)。

7.3.3　盾构推力计算

盾构机主要依靠千斤顶来进行推进及转向，因此需要计算盾构机在行进过程中所遇到的各种阻力，进而得到盾构机的推力。盾构机的推力计算主要包括软土和硬岩两种情况。

（1）当盾构机处于软土条件时，盾构推力 F 主要由五部分组成。同时在计算时，需要考虑安全系数。因此，盾构的推力 F 计算方法可由式（7-8）所示。

$$F = a(F_1 + F_2 + F_3 + F_4 + F_5) \tag{7-8}$$

式中　a——安全系数，一般取 1.5~2.0；

F_1——盾构外壳与土体之间的摩擦力，N；

F_2——刀盘上的水平推力，N；

F_3——切削土体所需的推力，N；

F_4——盾尾与管片之间的摩擦阻力，N；

F_5——盾构自重产生的摩擦阻力，N。

其中，盾构外壳所受压力如图 7-15 所示，与土体之间的摩擦力 F_1 可由式（7-9）计算得到。

$$F_1 = \frac{\pi}{4}(P_e + P_1 + P_2 + P_{01})DL\mu \tag{7-9}$$

式中　P_e——盾构机上部的均布压力，Pa，$P_e = \gamma H + P_0$；

P_0——地表荷载，Pa；

P_1——盾构机拱顶处的侧向压力，Pa，$P_1 = \lambda P_e$；

P_2——盾构机底部的侧向压力，Pa，$P_2 = \lambda(P_e + \gamma D)$；

P_{01}——盾构机底部的均布压力，Pa，$P_{01} = P_e + \dfrac{G}{DL}$；

D——盾构机外径，m；

L——盾构机长度，m；

μ——盾构外壳与土之间的摩擦系数；

γ——土体容重，N/m^3；

H——盾构顶部与地表之间的距离，m；

λ——水平侧压系数；

G——盾构机重量，N。

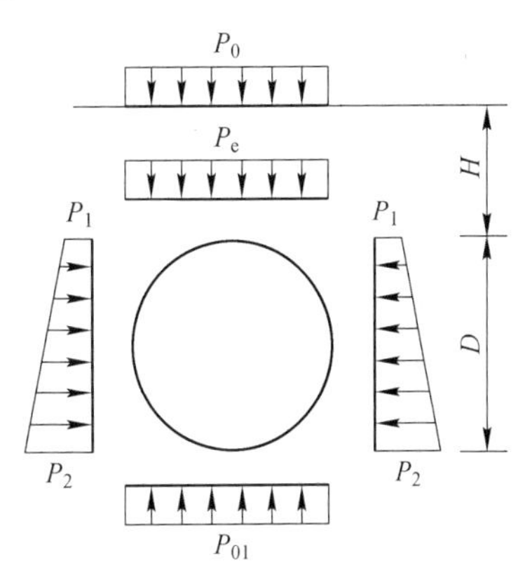

图 7-15　盾构受力示意图

（2）当盾构机处于硬岩中掘进时，硬岩具有自稳能力。因此盾构机的拱顶、两侧和底部所受的压力均很小，对其推进能力的影响不大。盾构机的推力主要消耗在滚刀贯入岩石所需要的推力，因此可以近似地将滚刀贯入岩石的力看作盾构机所需的推力，并在此基础上增加盾构机所需的推力富余量。

盘形滚刀所需的总推力计算公式可采用式（7-10）进行计算。

$$F_{总} = mF_{盘} \tag{7-10}$$

式中 $F_{总}$——盘形滚刀贯入岩石所需要的总推力，N；

$F_{盘}$——单个滚刀贯入岩石所需要的推力，N；

m——刀盘上安装滚刀的数量，个，$m = \dfrac{D}{2B_m}$；

D——刀盘外径，m；

B_m——滚刀的刀间距，m。

其中，单个滚刀贯入岩石所需要的推力 $F_{盘}$可参考式（7-11）进行计算。

$$F_{盘} = \frac{4}{3}K_d R_{压}\left(\frac{r_i}{1.5}\right)^{0.5}\left(\frac{\theta_i}{35}\right)^{1.4} h\sqrt{2Rh - h^2}\tan\frac{\varphi}{2} \tag{7-11}$$

式中 K_d——岩石的滚压系数；

$R_{压}$——岩石的抗压强度，MPa；

r_i——盘形滚刀的刃角半径，m；

θ_i——盘形滚刀破岩刃弧段所对应的圆心角，(°)；

φ——岩石自然破碎角，(°)；

h——盘形单刃滚刀每转切深，m；

R——盘形单刃滚刀的半径，m。

7.4 土压力计算

7.4.1 土压力类型

根据挡土结构的位移方向、大小及土体所处的极限平衡状态，可将土压力分为静止土压力、主动土压力和被动土压力三种。

（1）静止土压力。挡土结构静止不动时，土体由于挡土结构的侧限作用而处于弹性平衡状态，此时土体所施加的压力称为静止土压力。

（2）主动土压力。挡土结构在土体的推力作用下向前移动，土体随之向前移动。在此过程中，土体自身强度主动发挥作用阻止移动，使施加在挡土结构上的土压力减小。当挡土结构移动至极限平衡状态时，所受到的土压力为最小值，此时的最小土压力称为主动土压力。

（3）被动土压力。挡土结构在较大的外力作用下，背向掘进方向移动，使其受到挤压，所受的土压力也随之增大。当挡土结构向后移动到极限平衡状态时，所受到的土压力达到最大值，此时的最大土压力称为被动土压力。

7.4.2 土压力计算方法

7.4.2.1 静止土压力

若地基是由多层土组成，设土层的厚度为 H_1、H_2、H_3 等，对应的容重为 γ_1、γ_2、γ_3

等，则地基中第 n 层土体底面累计的垂直土压力 σ_z 可由式（7-12）计算得到。

$$\sigma_z = \gamma_1 H_1 + \gamma_2 H_2 + \cdots + \gamma_n H_n = \sum_{i=1}^{n} \gamma_i H_i \tag{7-12}$$

式中　σ_z——垂直土压力，Pa；

H_i——第 i 层土体的厚度，m；

γ_i——第 i 层土体的容重，N/m^3。

设 σ_{x1}、σ_{y1} 为水平方向上的应力，由侧限条件可知，两个水平方向上的应力值相等，可采用式（7-13）计算。

$$\sigma_{x1} = \sigma_{y1} = K_1 \sigma_z \tag{7-13}$$

式中　K_1——土的侧压系数。

需要说明的是，在计算过程中，K_1 为开掘隧道所处地层处的侧压力系数，一般可根据 $K_1 = \mu/(1-\mu)$ 计算得到，μ 为土的泊松比；而对于无黏性土及正常固结黏性土，也可采用经验公式 $K_1 = 1 - \sin\varphi_1$ 计算得到，$\sin\varphi_1$ 为土的有效内摩擦角。

7.4.2.2　主动土压力

主动土压力计算过程中，自重应力 σ_z 的计算方法与式（7-12）一致。设 σ_{x2}、σ_{y2} 为水平方向上的应力，则可采用式（7-14）计算。

$$\sigma_{x2} = \sigma_{y2} = K_2 \sigma_z = \tan^2(45° - \varphi/2)\sigma_z \tag{7-14}$$

式中　K_2——主动土压力条件下的侧压系数；

φ——土的内摩擦角，(°)。

7.4.2.3　被动土压力

当隧道所处的岩土为松散介质时，可采用太沙基理论中提出的土压力计算公式。如图 7-16 所示，太沙基理论假设隧道开掘后，会以隧道侧壁为中心在一定的范围内发生形变，进而产生土压力。此部分移动的土柱宽度可采用式（7-15）计算：

$$B = R\cot\left(\frac{\pi/4 + \varphi/2}{2}\right) \tag{7-15}$$

式中　B——松动土体宽度，m；

R——开挖半径，m。

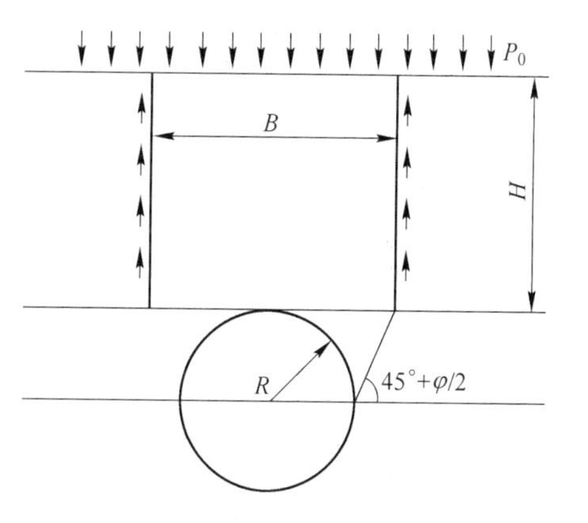

图 7-16　太沙基法土压力计算示意图

若开掘浅埋隧道，可采用式（7-16）和式（7-17）计算垂直土压力和水平土压力。

$$\sigma_v = \frac{B(\gamma - c/B)}{K\tan\varphi}\left(1 - e^{-K\tan\varphi H/B}\right) + p_0 e^{-K\tan\varphi H/B} \tag{7-16}$$

$$\sigma_H = K_a \sigma_v \tag{7-17}$$

式中　σ_v——垂直土压力，Pa；

c——土体黏聚力，Pa；

K——土压力经验系数；

H——土层厚度，m；

p_0——上部荷载，Pa；

K_a——主动土压力侧压系数。

若开挖深度较大，由于上部土体会产生拱效应，此时土压力将不随移动土柱高度的增加而增加，垂直土压力将趋于定值，可采用式（7-18）计算。

$$\sigma_v = \frac{B(\gamma - c/B)}{K\tan\varphi} + p_0 \tag{7-18}$$

7.5 盾构机施工步骤

7.5.1 盾构安装

在盾构施工开始前，需要在始发端安装盾构，在完成区段施工任务后开展盾构的拆卸工作。隧道的埋深较浅时，可采用临时基坑法构筑始发井，即用板桩法或明挖法围成临时基坑，在其中进行盾构安装和运输工作。当隧道坡度较大并且与地面直接连通时，可采用逐步掘进法施工，盾构由浅入深掘进，直到全断面进入地层形成洞口。

目前，工作井法是应用最多的盾构安装方法。该方法首先构筑始发竖井，将盾构机分解件及附属设备从始发井送至地下，然后在井内组装盾构机，也可作为施工人员进出和各种材料、设备的运输通道。盾构法始发井的平面形状多为矩形或圆形竖井，其构筑工法有明挖工法、沉箱工法、沉井工法、人工挡土墙法，包括钻孔灌注桩法、钢板桩工法、搅拌桩工法和地下连续墙工法等。图 7-17 为盾构始发井平面和纵向布置示意图。

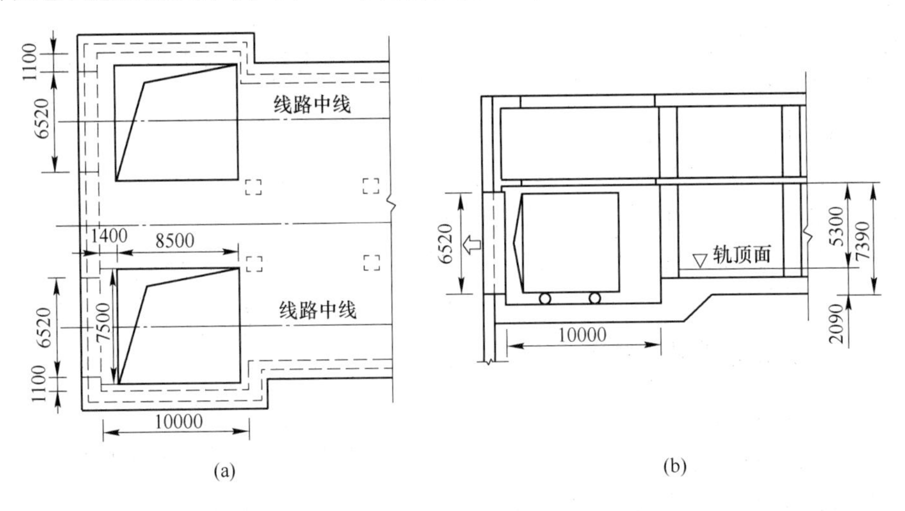

图 7-17 盾构始发井平面和纵向布置示意图
（a）盾构始发井平面；（b）盾构始发井纵剖面

7.5.2 施工作业流程

根据地层条件及施工要求确定好盾构参数及施工参数后，开始掘进作业，盾尾进行同步注浆。当到达一个循环的掘进进尺后，开始进行管片拼装工作。同时隧道内渣土车运出土方，隧道外建筑材料装车运至工作面。当掘进至一定长度后，列车轨道随掘进方向向前铺设。具体作业流程如图 7-18 所示。

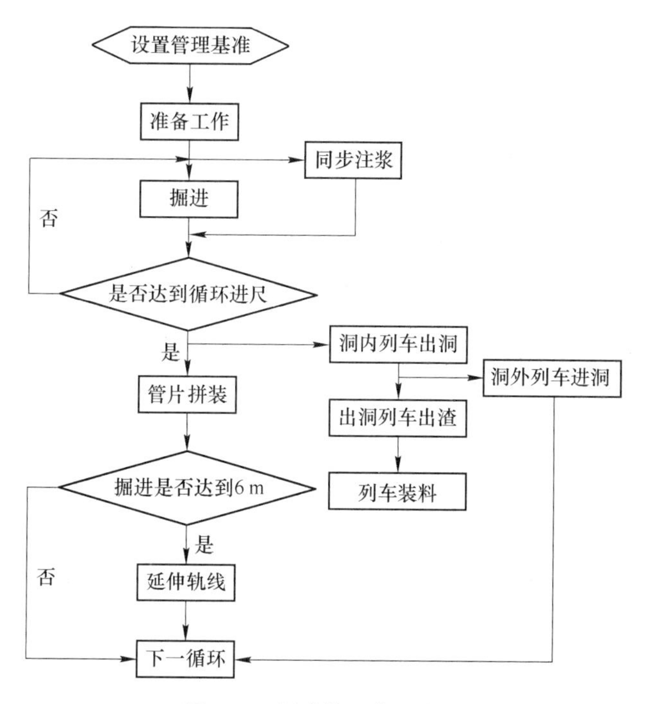

图 7-18 掘进施工作业流程

7.5.3 盾构注浆

盾构机掘进施工时，盾尾与已拼装好的管片之间存在空隙。当盾尾脱出后，地层将失去支撑产生面向管片的位移，造成地层变形及土体强度下降等现象。若不及时注浆填充空隙，将会对地表的邻近建筑物产生十分严重的影响，如建筑物地基倾斜和地表塌陷等后果。盾构注浆流程如下：盾构开掘地层后，通过注浆管向盾尾空隙内压入注浆材料，注浆材料在一段时间后可产生一定强度，使得注浆材料在强度能够支撑地层之前，能够具有足够的压力平衡地层地压，缓解地面沉降。

在注浆过程中，控制注浆压力是保证地层稳定的关键步骤。经过国内外大量研究表明：当注浆压力与隧道埋深处的地层应力相等时，缓解地表沉降的效果最佳。考虑到地铁隧道的埋深一般在 10~20 m 之间，采用太沙基中的土压力计算方法比较合理。对于注浆量，可采用式（7-19）计算。

$$Q = \frac{\pi}{4} ma(D_1^2 - D_2^2) \tag{7-19}$$

式中 D_1——开挖直径，m；

D_2——管片外径，m；

m——行程长度，m；

a——充填系数，即注浆量/理论开挖孔隙，主要与注浆压力、压密系数、土质、施工系数、超挖系数有关，一般取 1.3~1.8；当地层裂隙比较发育或地下水量较大时，可取 1.5~2.5。

7.5.4 管片拼装

盾构法隧道衬砌多为预制混凝土管片，即盾构向前掘进一定长度，满足一环管片拼装宽度的要求后，利用盾构机自身配备的管片配装设备将管片拼装成环；少数采用复合式衬砌，即先用预制管片拼装，后浇筑内衬。

管片选型主要受隧道线性的影响，重点考虑管片安装后有足够的盾尾间隙，防止盾尾直接接触管片。在管片安装时，必须从隧道底部开始安装，然后由下至上依次安装相邻管片，最后安装封顶块。管片拼装是隧道施工的重要工序之一，直接影响隧道质量的好坏。目前，隧道管片拼装按照其整体组合方式，可分为通缝拼装和错缝拼装，如图 7-19 所示。

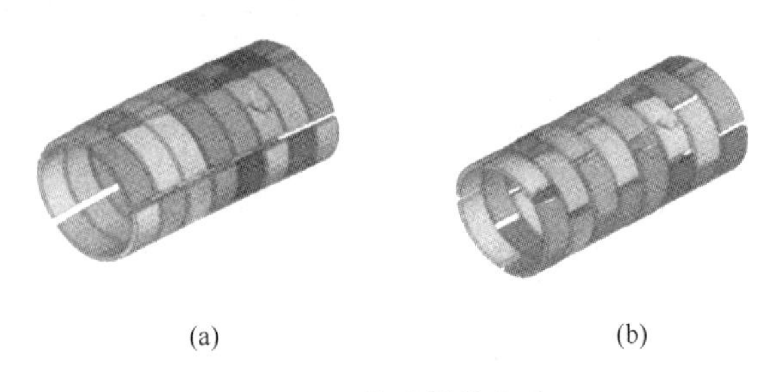

图 7-19　管片拼装方式
（a）通缝拼装；（b）错缝拼装

7.6 盾构施工地层变形

在城市地下空间采用盾构法施工时，不可避免地会对周围环境造成影响，尤其是地层沉降造成的地表变形，因此盾构隧道施工引起的地层变形需引起高度重视。

7.6.1 地表变形沉降规律

盾构推进过程中，某地段的地表变形与盾构机所处相对位置的关系曲线如图 7-20 所示。根据盾构机的相对位置进行区分，可将沉降过程分为初期沉降、开挖面前沉降（或隆起）、通过时沉降（或隆起）、尾部空隙沉降（或隆起）和后续沉降五个阶段。

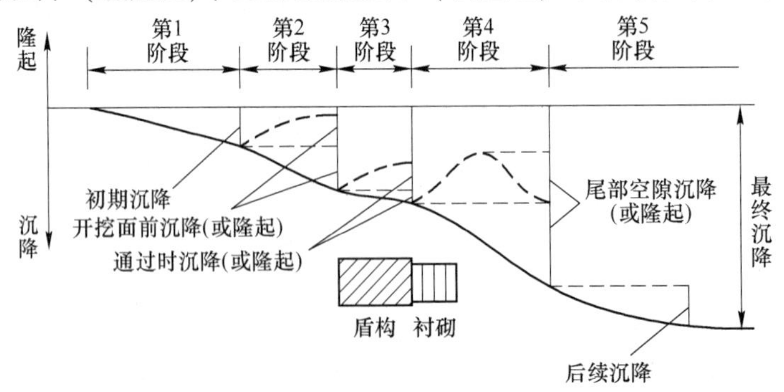

图 7-20　盾构推进时的地层沉降阶段图

（1）初期沉降。盾构推进方向的地层滑裂面以外，可能产生微小沉降。产生初期沉降的原因主要是由于盾构施工引起的地下水下降，这种沉降一般只有几毫米。

（2）开挖面前沉降（或隆起）。当采用土压平衡盾构或泥水加压盾构进行施工时，由于推进量与排土量无法完全同步，压力舱压力与外部压力不平衡，致使开挖面失去平衡状态，从而发生土体变形。开挖面的土压力和水压力小于压力舱的压力时会造成地层下沉，大于压力舱压力时产生地层隆起。

（3）通过时沉降（或隆起）。盾构在推进过程中，盾构外壳与地层之间必然会产生一个滑动面，邻近滑动面的地层中就产生了剪切应力，导致土体立即向盾尾的空隙发生位移。此外，盾构纠偏是通过压缩一部分土体，松弛另一部分土体来换取的，压缩的部分抵充了盾构的偏离，而松弛部分则带来了地面沉降。另外，盾构掘进机曲线推进时会对土体产生较大的扰动，造成土体的物理力学参数发生变化，进而造成土体产生弹塑性位移导致地面产生沉降。

（4）尾部空隙沉降（或隆起）。通常在盾壳内面至衬砌外径之间要留一定的空隙，通常盾构外径要比衬砌外径大2%左右。当盾构施工的同步壁后注浆压力和注浆量不足时，这种建筑空隙必然会引起显著的地面沉降；当然也应避免过大的注浆压力和注浆量引起隆起破坏。

（5）后续沉降。后续沉降一般在盾构通过相当长的一段时间后才能停止。产生滞后沉降的主要原因有结构变形、固结变形和隧道渗漏泥水等。

7.6.2 影响变形的因素

在盾构法隧道施工过程中，总会不可避免地产生土体扰动，造成地表沉降。从整体来看，影响地表沉降的因素是十分复杂的，但主要的关键因素有以下几个方面：

（1）盾构隧道掘进时，平衡土压力的影响。当开挖面的支护压力小于原始侧向应力时，引起地层损失而导致盾构上方地层沉降；反之引起负地层损失而导致盾构上方的土体隆起。

（2）盾尾空隙的影响。在盾构机尾部脱出后，围岩和管片之间存在一定的间隙，为土体下沉提供了发展空间。

（3）盾构机纠偏或者在曲线上掘进会使实际开挖面形状大于设计开挖面，增大对土体的扰动，引起地层损失，增加了地表沉降的可能性。

（4）注浆的影响。如果注浆量、注浆压力控制以及注浆时间掌握得不好，就会造成地表的沉降或隆起。

7.6.3 隧道变形的预测方法

（1）理论解析法。计算隧道开挖引起的地层应力应变场变化最早为理论解析法，主要包括以下几类：极坐标法、随机介质理论法、镜像理论法和复变函数法。理论解析法的计算量较小，可用于初步评估。但由于理论解析法一般都需要假设为地层均匀、轴对称的平面应变问题，且不考虑实际隧道施工过程中复杂边界条件、初始条件变化，只能针对简化的工况进行求解。

（2）经验公式法。用于预测隧道开挖引起地表沉降的经验公式最早由 Peck R. B. 提出，采用正态分布曲线描述地表沉降曲线。该公式为不排水条件下发生的沉降，其正态分布曲线如图 7-21 所示。

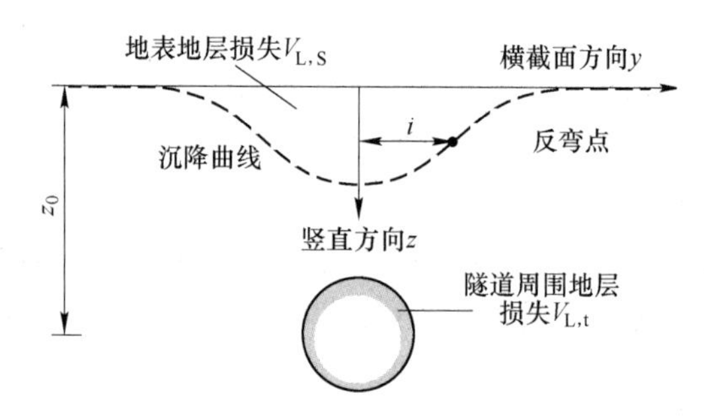

图 7-21 隧道开挖引起地表沉降的正态分布曲线图

距离隧道中心线水平距离 y 处的地层沉降 S_y，计算公式如式（7-20）所示（Peck 公式）。

$$S_y = \frac{V_{L,S}}{\sqrt{2\pi i}} e^{\frac{-y^2}{2i^2}} \tag{7-20}$$

式中 S_y——距离隧道中心线水平距离 y 处的地层沉降，mm；

$V_{L,S}$——由隧道开挖引起的地表地层损失量，m^3/m；

i——沉降槽反弯点到隧道中心线的水平距离，m，即沉降槽宽度，计算公式如下：

$$i = \frac{z_0 + D/2}{\sqrt{2\pi}\tan(45° - \varphi/2)}$$

y——距离隧道中心线的水平距离，m；

z_0——覆土厚度，m；

D——隧道直径，m；

φ——地层内摩擦角，(°)。

在隧道开挖过程中，工作面前方一定范围内的地层在纵向方向发生变形，该变形趋势会沿着开挖方向延伸。可采用 Attewell P. 等提出的用于描述隧道开挖方向的土体沉降曲线，如式（7-21）所示，位移分布曲线如图 7-22 所示。

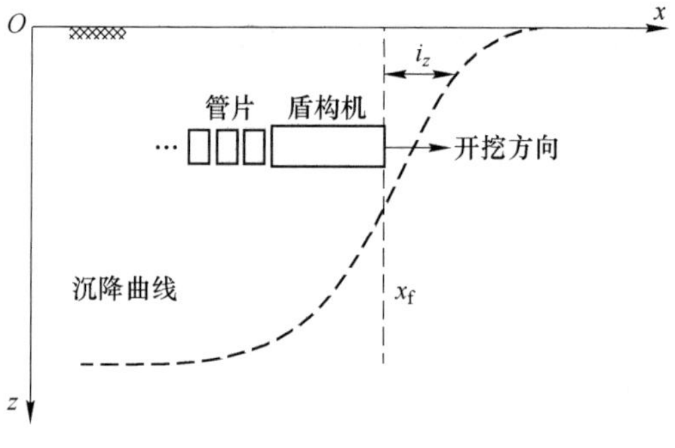

图 7-22 纵截面位移沉降示意图

$$S_{x,y,z} = S_{y,z}\left\{G\left(\frac{x - x_i}{i_z}\right) - G\left(\frac{x - x_f}{i_z}\right)\right\} \tag{7-21}$$

式中 G——由标准概率曲线确定，$G(0) = 0.5$，$G(\infty) = 1$；

x_i，x_f——隧道初始位置和当前工作面位置；

i_z——反弯点。

（3）模型实验法。该方法利用真实材料能够较为准确地反映材料的本构关系以及地层与结构之间的相互作用，具体可以分为缩尺模型试验和离心模型试验。缩尺模型试验基于相似理论，依据实际工程隧道结构尺寸、原型土参数确定模型隧道尺寸及模型材料的性能指标；离心模型试验利用离心机提供的离心力模拟重力，按相似准则，用相同物理性状的土体制成模型，使其在离心力场中的应力状态与原型在重力场中一致，以研究工程性状的测试技术。

7.6.4 隧道变形的控制方法

（1）初期沉降控制措施。初期沉降控制措施主要是保持地下水压，具体措施如下。

1）合理设定土压（泥水压）控制值并且在盾构掘进中保持压力稳定；

2）保持开挖面土压（泥水压）的稳定，对于土压平衡盾构重点是控制泥土的塑流化改良效果，应根据施工现场的土质、透水系数、地下水压、掘进长度等因素选择合理的改良材料和注入参数，对于泥水加压盾构重点是控制泥浆性能；

3）防止地下水从盾构机、盾尾及已施工好的衬砌结构处渗漏。

因此，应保持盾构机各部位密封完好，保证盾尾密封油质的注入压力和注入量，管片密封与拼装质量满足规范要求。

（2）开挖面前沉降（或隆起）控制措施。

1）根据现场地层实际地质情况，合理设定土压（泥水压）控制值并在掘进过程中保持稳定，以平衡开挖面土压和水压。

2）确保开挖面的土压（泥水压）稳定。对于土压平衡盾构以土压和塑流化改良控制为主，应根据地层条件选择合理的改良材料和注入参数。对于泥水加压盾构是泥浆性能，以泥水压和泥浆性能控制为主，应根据地层条件选择合理的泥浆材料和配合比，必要时还应对排土量进行控制。

（3）通过时沉降（或隆起）控制措施。通过时沉降（或隆起）出现在盾构通过该位置时，由于超挖纠偏、盾壳与土体的摩擦等原因造成的地层沉降（或隆起），其控制措施如下。

1）控制好盾构姿态，避免不必要的纠偏作业。出现偏差时应按照“勤纠、少纠、适度”的原则进行纠偏。

2）加强排土量控制。对于土压平衡盾构，排土量控制方法有质量控制和容积控制两种。

3）土压平衡盾构在软弱或松散地层掘进时，盾构外周与周围土体的黏滞阻力或摩擦较大时，应采取注浆减阻措施。

（4）尾部空隙沉降（或隆起）。尾部空隙沉降（或隆起）出现在盾尾通过之后。一般盾构的外径要比隧道衬砌的外径大2%，使盾壳内与衬砌间必须有一定的空隙。如果这些空隙填充不及时，造成地层应力释放，最终会形成较大的地表沉降；如果衬砌背后的填充注浆压力过大，则附加土压就会引发地层隆起。

（5）后续沉降。后续沉降是指盾构通过后在相当长一段时间内仍延续着的沉降。主要是由于盾构掘进造成的地层扰动、松弛等引起。后续沉降主要控制措施是：

1）盾构掘进、纠偏、注浆等作业时，尽可能减少对地层的扰动。

2）若后续沉降过大不满足地层沉降要求，可采取向特定部位地层内注浆的措施。

复习思考题

(1) 什么是盾构？简述盾构的基本构造及分类。

(2) 泥水加压盾构和土压平衡盾构的工作原理及适用条件是什么？

(3) 简述盾构推力的计算方法。

(4) 简述盾构机的施工流程和盾构机的安装方法。

(5) 盾构施工引起的地表变形有哪些规律？简述控制地表变形的方法。

8 城市地下工程防灾技术与风险管理

本章学习重点

(1) 了解地下工程火灾、水灾和恐怖袭击的特点、规划内容及设计要求。

(2) 了解影响地下工程防水效果的因素，了解地下工程防水等级及防水要求，掌握地下工程防水技术。

(3) 掌握工程风险管理总体内容、分级标准，并了解各个工程阶段的风险管理方法。

城市地下工程由于其赋存条件的特殊性，会导致其长期面临突发性灾害和与水有关危害的威胁。突发性灾害主要包括火灾、爆炸、水灾和恐怖袭击等，具有较强的突发性和复合性等特点。而长期性危害主要与地下水有关，如漏水、渗水等。这类危害不会像突发性灾害一样对建筑、人员造成重大损失，但是会影响城市地下工程的正常运转。因此，本章主要针对城市地下工程防灾措施、防水技术进行介绍。同时为了避免人员伤亡和财产损失等不利事件的发生，本章从建设施工角度分析城市地下工程施工过程中的风险管理问题。

8.1 防灾规划与设计

8.1.1 防火灾规划与设计

8.1.1.1 城市地下工程火灾特点

由于大多数城市地下工程都是建造在土中或岩石中，对外部因素引发的灾害具有较强的防护能力。但由于此类建筑属于埋入地下的封闭式空间，导致其发生火灾后，造成危害的特点与地表建筑不同，混乱程度比在地面上严重得多，防护的难度也大得多。地下工程内部火灾的特性主要有：

(1) 缺氧和中毒。城市地下工程由于其密闭性，通风和排烟能力相对较差，在火灾发生时大量的新鲜空气一时难以迅速补充，使空间内氧气含量急剧下降。另外，火灾发生时可燃的商品、家具和装修材料在燃烧时会产生大量有毒气体，如一氧化碳含量剧增，导致人员中毒。

(2) 烟气量大，疏散困难。城市地下工程疏散通道有限，在发生火灾时人员只能步行通过出入口或联络通道。同时，平时的出入口将成为排烟口，高温浓烟的流动方向与人员逃生方向一致，都是自下而上。而烟气的扩散流动速度比人群的疏散逃生速度快得多，烟气中的氨气、氟化氢和二氧化硫等气体会刺激眼睛，阻碍人群疏散的进程，进而造成不必要的伤亡。

(3) 高温危害。发生火灾时，地下工程室内的热量不易排出，导致环境温度很高。在长时间的高温作用下，建筑结构容易发生变形甚至倒塌，也容易使可燃物较多的地下工程发生轰燃，造成火灾迅速蔓延。另外，高温环境会对人员造成灼伤甚至导致死亡。

（4）救援困难。由于地下工程火灾烟气蔓延迅速，火灾影响范围较广，导致外部救援人员很难精准掌握内部火灾的情况，且很多适用于地面建筑的火灾救援设备和工具，在地下工程的火灾救援中难以发挥作用。并且由于出入通道有限，救援人员难以接近着火点，扑救工作面狭小。

8.1.1.2　火灾原因分析

（1）电气设备故障、短路引发火灾。如地铁、隧道及车库内各种用电设施故障和内铺电缆短路而造成火灾。

（2）运行设备故障引发火灾。如地铁内运行设备质量问题或管理维护不善，造成火灾，或隧道内车辆发生事故，造成起火。

（3）违章施工造成火灾。通常由违章电焊动用火源、违章损坏电器等引发火灾。

（4）人为事故、恐怖袭击造成火灾。

8.1.1.3　防火灾规划内容

（1）确定地下工程分层功能布局。明确各层的功能布局，如地下商业设施不得设置在地下一层以下；地下文化娱乐设施不得设置在地下二层以下。当处于地下一层时，地下文化娱乐设施的最大开发深度不得大于 10 m。具有明火的餐饮店铺应集中布置，重点防范。

（2）防火防烟分区。每个防火防烟分区范围不大于 2000 m^2，不少于 2 个通向地面的出入口，其中不少于 1 个直接通往室外的出入口。各防火防烟分区之间连通部分设置防火门、防火闸门等设施。即使预计疏散时间最长的分区，其疏散结束时间也须短于烟雾下降的时间。

（3）布置地下工程出入口。地下工程的出入口应布置均匀，地下商业空间内任何一点到最近安全出口的距离不得超过 30 m。每个出入口的服务面积大致相当，出入口宽度应与最大人流强度相匹配，从而保证快速通过能力。

（4）核定优化地下空间布局。地下空间布局尽可能简洁、规整，每条通道的折弯处不宜超过 3 处，弯折角度大于 90°，便于连接和辨认，连接通道力求直、短，避免不必要的高低错落和变化。

（5）设置照明、疏散等各类设施。依据相关规范，设置地下工程应急照明系统、疏散指示标志系统、火灾自动报警装置、应急广播视频系统，确保灾时正常使用。

8.1.2　防水灾规划与设计

8.1.2.1　水灾特点分析

洪涝自然灾害一般具有季节性和地域性，尽管水量大、来势猛、持续时间长，但洪水倒灌至地下建筑内需要一定的时间，可以预见。但对于没有预兆或难以觉察的突发性水害危害极大。地下工程水灾事故虽然不多，但一旦发生，它对地下工程所造成的危害将远远超过地上空间同类事件，若处理不善，地下工程水灾将会诱发二次和三次灾害。

水灾发生的原因如下：

（1）城市排水系统不畅或者雨量过大超过城市实际排水能力，造成水位逐渐超过地下工程在地面设置的挡水板、沙袋高度。

（2）地下工程排水系统发生故障，如断电导致排水能力丧失，造成地下工程积水受淹；或者地下工程的水泵、管道、阀门和水位开关等机械故障，造成地下工程内部漏水。

（3）未能及时落实各类孔口、采光窗、竖井、通风孔等处的防汛措施，暴雨打进和漫进地下工程，造成地下工程积水受淹。

（4）市政改造导致路面标高抬高，路面积水从地下工程窗口、出入口等部位漫入。

（5）大型地下工程的沉降缝止水带老化破裂，造成地下水涌入成灾。

（6）地下水位的抬高，加剧简易地下室的积水渗漏。

8.1.2.2　防水灾设计要点

城市地下工程防水灾应坚持“以防为主，堵、排、储、救相结合”的原则，采取各种预防措施，防止城市地下工程所在地区最高洪水位可能产生的洪涝灾害。主要设计内容如下：

（1）设置防洪排涝标准。首先应确保该地区遭遇最大洪水淹没时，洪（雨）水不会从各类室外洞孔、出入口灌入。室外出入口的地坪标高应高于该地区最大洪（雨）水淹没标高 50 cm 以上，采光窗、进排风口、排烟口等洞孔底部标高应高于室外出入口地坪标高 50 cm 以上。

（2）排水设施设置。为将地下工程内部积水及时排出，尤其及时排出室外洪（雨）水进入地下工程的积水，通常在地下工程最低处设置排水沟槽、集水井和大功率排水泵等设施。

（3）地下储水设施设置。为确保城市地下工程不受洪涝侵害，同时综合解决城市丰水期洪涝和枯水期缺水问题，可在地下工程深层处建设大规模储水系统，或结合地面道路、广场、运动场、公共绿地建设地下储水调节池。

（4）防水灾防护措施制定。为确保水灾时地下工程出入口不进水，在出入口处安置防淹门或出入口门洞内预留门槽。在出入口外设置排水沟、台阶或设置一定的坡度，直通地面的竖井、采光窗、通风口等都应做好防洪处理，并加强地下工程照明、排水泵站、电气设施等的防水保护措施。

8.1.3　防恐怖袭击规划与设计

8.1.3.1　恐怖袭击灾害形式

当前我国大城市的地下空间开发利用十分迅速，实现了城市立体化的良性生长。但历年来多次针对地铁的恐怖袭击显示，城市地下空间已经成为恐怖袭击的高危空间。主要原因有两点：人员密集程度高，恐怖分子容易混入；城市地下空间一旦遭遇袭击，疏散与救援难度较大。地下工程可能遭受的恐怖袭击威胁可归结为以下 4 种：

（1）爆炸。爆炸会造成人员伤亡和物质损害，使用爆炸物制造恐怖是最常见的恐怖威胁形式。

（2）纵火。在城市地下公共空间，特别是地铁、商场、购物中心，由于实施纵火的简便性和空间设施的易燃性，使得纵火可能成为恐怖分子最便利的利用形式。

（3）暗杀与人质劫持。在城市地下公共空间进行暗杀恐怖行为，不仅会造成现场的拥挤混乱，而且形成社会恐怖气氛，引起人们的恐慌。

（4）生化或放射性物质攻击。

8.1.3.2 防恐怖袭击设计要点

城市地下工程应对恐怖袭击规划坚持“以防为主，全面监控，遏制发生，积极应对”的原则。重在预防，采取明确、有效的事前防范措施，在恐怖行动发生前对其进行遏制，从而消除可能发生的危险。

（1）加强地下公共空间的人数控制。加强城市地下公共空间人数的控制主要包括人流量控制与人口安全检测两方面。人流的控制主要是对进入地下公共空间的人流，特别是高峰期人流的控制，减少人流拥挤和对安检的压力；人口安全检测是为了发现可能发生的恐怖行为，以便及时采取措施加以制止。

（2）引入地下公共空间的情景预防。地下公共空间的情景预防包括建筑结构设计、内部环境设计、监控设施以及限制标语等方面。具体体现为改善地下公共空间的照明，设立警示牌，设置障碍、监视警报设备以及防爆罐等反恐设备。

（3）消除地下公共空间的结构性犯罪死角。消除地下公共空间这种结构性的犯罪死角，需要加强安保人员安全意识，配备警力，配置监控视频系统，完善地下公共空间的防范网络。

（4）建立地下公共空间安全疏散机制。由于地下公共空间特定时间的人流高密度特性，对安全疏散能力的要求极高，因而地下公共空间的安全出口要有更大承载容量，便于集中疏散。另外，根据城市地下公共空间类型的不同和人流的不确定性，编制切实有效的地下公共空间安全疏散预案。

8.2 防水技术

由于所处环境的影响，地下工程经常与地下水、地表水接触。这些水以不同的方式在不同程度上对建筑物的结构造成影响，如果不及时采取可靠的防水措施，轻则影响建筑物使用或缩短使用年限，重则淹没毁坏整个地下工程，影响到地面建筑与交通的安全。因此，加强地下工程的防水措施具有十分重要的实际意义。

地下工程的防水是指阻止水进入建筑内部的综合措施。地下工程的防水是一项综合性很强的工作，与地形、气候、地质条件、水文条件、结构形式、施工方法、防水材料的性能和供应情况等有密切的关系，因此，需要根据现场的具体条件，综合考虑防水措施。

影响地下工程防水质量的因素很多，主要有如下方面：

（1）水文条件勘探不全面，没有掌握地下水的类型、形态和运动规律。

（2）制定的防水方案不完善，对设计方案考虑不周。

（3）对钢筋混凝土结构自防水功能的认识片面。

（4）施工质量达不到要求。

（5）防水材料质量不高。

8.2.1 地下工程防水等级与防水要求

8.2.1.1 防水等级

根据围护结构允许渗漏量，可将地下工程的防水等级划分为四级，见表8-1。

表 8-1 地下工程防水等级

防水等级	防 水 标 准
一级	不允许渗水，围护结构无湿渍
二级	不允许漏水，围护结构有少量的湿渍
三级	有少量漏水点，不得有线流和漏泥沙，每昼夜漏水量小于 0.5 L/m^2
四级	有漏水点，不得有线流和漏泥沙，每昼夜漏水量小于 2 L/m^2

地下工程的防水等级应根据工程的重要性和其在使用中对防水的要求确定，不同防水等级下的建筑，所选材料的性能和造价都有所区别，这样会使建筑防水工程设计更为合理。不同类别地下工程的防水等级见表 8-2。

表 8-2 各类地下工程的防水等级

防水等级	地下工程类别
一级	医院、餐厅、旅馆、影剧院、商场、冷库、粮库、金库、档案库、通信工程、计算机房、电站控制室、配电室、防水要求较高的生产车间、指挥工程、武器弹药库、防水要求较高的掩蔽部、铁路旅客站台、行李房、地铁车站、城市人行地道
二级	一般生产车间、空调机房、发电机房、燃料库、一般人员掩蔽部、电气化铁路隧道、寒冷地区铁路隧道、地铁运行区间隧道、城市公路隧道、水泵房
三级	电缆隧道、水下隧道、非电气化铁路隧道、一般公路隧道
四级	取水隧道、污水排放隧道、人防疏散干道、涵洞

8.2.1.2 防水要求

从防水的角度分析，地下工程的基本要求如下：

（1）工程位置选择和总平面布置基本要求。应尽量选择地势较高的地形，并避开地质构造比较复杂的地带，如岩石断裂带和破碎带等；与地下管道（特别是供水排水干管）保持适当的距离，同时应避开热力管道，避免防水用的沥青软化；避开污染严重的地下水地段或水质对建筑有腐蚀作用的地段，同时避开地表震动较强的地区。

（2）建筑设计方案基本要求。外形设计应尽量整齐简单，减少凹凸部位；岩石中的地下工程，主要洞室的地面标高应略高于洞口外的地面标高，以便组织有效的排水系统；附建式的地下工程，应尽量与上部建筑的面积一致，避免不均匀的结构荷载；对于防水的薄弱环节，如变形缝、穿墙管、沟坑等，应从建筑布置上为加强防水措施创造条件。

（3）结构设计基本要求。结构形式应有利于防水构造和防水施工，当顶部采用如连续的壳体、幕式屋盖等空间结构时，应防止在凹陷部位积水；根据地下水在设计水位时的静水压力，保证结构有足够的强度和刚度，当遇到承压水时，则更应慎重，同时应防止地下工程因受水的浮力而丧失稳定，使防水构造受到破坏；应防止地下工程因不均匀沉降导致的结构开裂、防水构造破坏，必要时应设沉降缝；过长的地下工程应考虑适当设温度伸缩缝；预制装配的结构，应解决好拼装缝的防水问题。

（4）施工基本要求。在主体结构和防水构造完工后，应及时回填，回填土应分层用机械夯实，如临雨季，应在基坑周围砌临时挡水墙，防止地面雨水大量灌入；岩石中地下工程的衬砌需要回填时，应有足够的操作空间，以保证回填质量；应减少热沥青的使用，必须使用时，应具备适当的操作条件；所有排水所用的明沟、盲沟、天沟、滤层等，施工后均应清理，防止因堵塞而失效。

8.2.2 地下工程防水技术

8.2.2.1 地下工程防水的基本方法

（1）隔水。隔水是利用不透水或弱透水材料，将地下水隔绝在建筑之外，既可以通过在建筑外布置防水层，也可以利用结构自身的自防水性能达到目的。

（2）排水。该方法是将水渗漏进建筑物内部之前加以疏导和排除，主要包括地表水的排出、人工降低地下水位和将水引入建筑物后再有组织地排走等方法。

（3）堵水。堵水主要包含两种做法，一是指向岩土体内注入防水材料，堵塞导水通道从而形成隔水层，又称注浆，注浆适用于大面积堵水。二是指当建筑的防水结构受到破坏时，向破坏处及其附近注入防水材料，起到修复作用，又称堵漏，主要适用于局部堵水。

（4）特殊部位的防水方法。地下工程的特殊部位，如变形缝、施工缝、穿墙管等需要特别注意防水工作。变形缝应满足密封防水要求，适应变形、施工方便等要求，其主要的防水形式有嵌缝式、粘贴式、埋入式、附贴式止水带等。地下工程中存在众多穿墙管道，容易引发渗水问题。穿墙管防水的方法主要有两种：一是在穿墙管中间缠绕一圈遇水膨胀橡胶止水条，并在管根部嵌填双组分聚硫橡胶；二是在穿墙管与墙之间的间隙喷射聚氨酯（PU）发泡填料。

8.2.2.2 土层中的防水措施

地下工程埋深较浅时，一般布置在稳定的地下水位以上，此时地下工程处于包气带中。包气带是指地面以下、地下水位线以上的地带，此范围内的土和岩石空隙中没有被水充满而包含有空气。包气带中的水主要存在的形式是气态水、吸附水、薄膜水和毛细管水，一般认为此类水是无重力水，没有水压作用，仅做防潮处理即可。但当出现降水或地表水下渗时，建筑物周围会形成具有一定静水压力的上层滞水，使防潮措施失效，从而出现渗漏。因此地下工程的防水应注意地面水下渗问题，切断重力水水源；及时排除地下工程的屋顶滞水；认真进行防水构造的细部处理，选用抗渗性好的材料进行分层夯实；重视回填层的作用。

而当地下工程处于地下水位以下时，将长期受到水分浸泡和静水压力的影响，导致全面防水相当困难。此时应注意如下问题：

（1）单体地下工程在选址时应尽量避开存在重力水带的土层范围；

（2）当采用地下连续墙法施工时，可主要依靠自身结构防水；

（3）采用明挖法施工时，施工过程中需要通过人工井点降水法将基坑内的水疏干，若仍存在少量渗漏或当建筑防水标准要求很高时，可利用在结构层内加套层的方法，将渗入的少量地下水完全与室内空间隔绝，缺点是会占用室内使用空间，增加建筑成本。

8.2.2.3 岩层中的防水措施

在岩层中构建地下工程时，首先需要开挖比建筑容积略大一些的空间（一般称为毛洞），后在毛洞表面进行衬砌，为建筑提供空间。这种施工方法导致毛洞表面和衬砌之间存在一个供地下水转移的界面，因此衬砌结构的形式、衬砌与岩壁的关系直接影响到防水措施的做法。

早期的铁路和公路隧道以及工业建筑和贮库等，采用贴壁衬砌较多。贴壁衬砌是指在回填层中均匀设置一些疏水带，在疏水带内以干砌块代替浆砌，使岩壁中渗出的水集中到疏水带内，最终通过底部的排水沟排走，如图 8-1 所示。近年来，喷射混凝土衬砌法逐渐代替了贴壁衬砌法。该方法是指在岩壁的渗水点处预先做好空腔导水管并固定在岩壁上，随后喷射混凝土，这种做法的导水、排水效果较好。

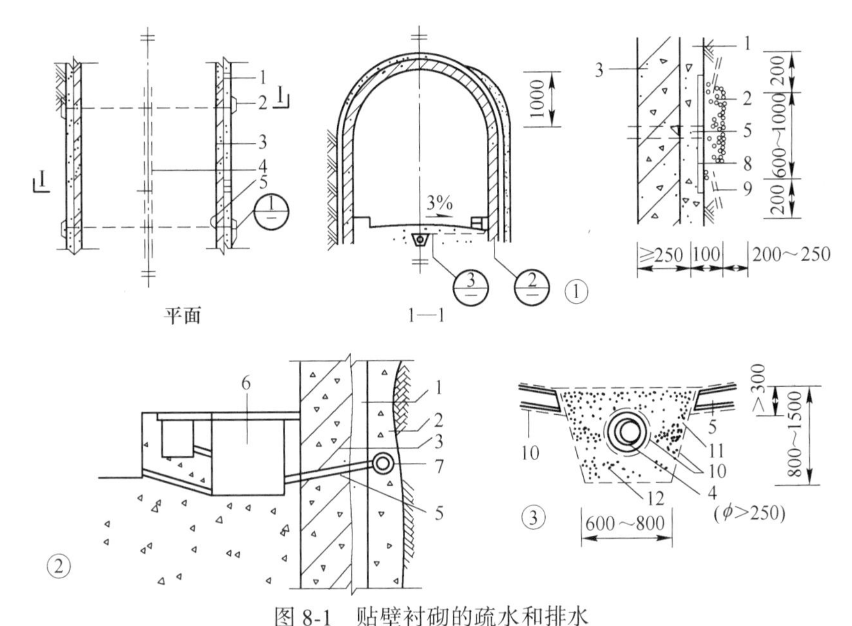

图 8-1 贴壁衬砌的疏水和排水

1—初期支护；2—盲沟；3—主体结构；4—中心排水盲管；5—横向排水管；6—排水明沟；7—纵向集水盲管；8—隔浆层；9—引流孔；10—无纺布；11—无砂混凝土；12—管座混凝土

当岩石较为完整且岩壁侧压力较小时，常常采用离壁式衬砌，防水效果更好。该方法回填时需在拱脚处留出天沟，通过预埋在顶拱内的排水管将渗出的地下水排至壁外夹层，经底部排水沟排走，如图 8-2 所示。

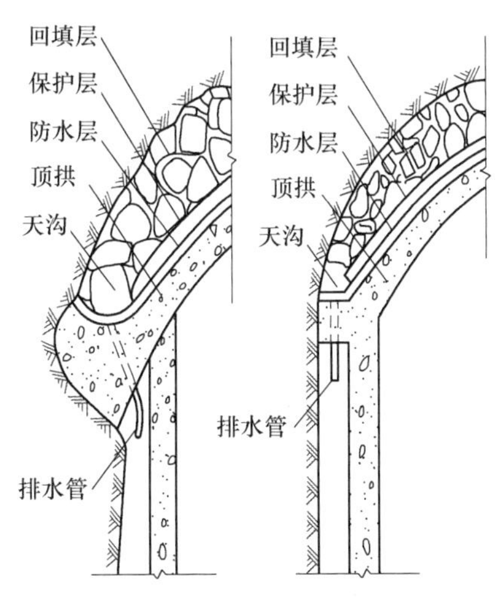

图 8-2 离壁式衬砌顶拱排水

8.3 风险管理及安全技术

城市地下工程是一项高风险工程，具有不可逆修建、投资大、建设周期长、风险管理不确定性因素多、风险损失大等特点，在管理、建设的各个方面均存在风险。而风险管理是一项复杂的系统性工作，需要在工程建设各个阶段与环节之中采用与之相匹配的约束手段。

8.3.1 工程风险管理内容

风险管理是一个针对风险进行识别、确定、度量、制定、选择和实施风险处理方案的过程，它是一个系统、完整、有序、不断循环上升的过程。工程项目风险管理是指通过风险识别、风险分析和风险评价去认识工程项目的风险，并以此为基础控制风险并完成项目总体目标的管理工作。风险管理的目标是在安全可靠、经济合理、技术可行的前提下，把地下工程中存在的各类风险降到尽可能低的水平，以确保建设安全与工程质量，控制工程成本，降低经济损失和人员伤亡，按时完成工程建设。

工程风险管理的范围包括以下几个方面：

（1）工程自身可能造成经济损失及意外损坏的风险；

（2）工程工期延长或提前完成而需承受的风险；

（3）施工人员的安全和健康风险；

（4）第三方财产损失的风险，如邻近建筑物，尤其是历史性建筑物、地表和地下基础设施的损坏风险；

（5）第三方人员的安全风险；

（6）周围区域环境破坏风险，如土地、水资源、动植物破坏及空气污染等。

根据不同建设阶段，可将工程风险管理分步骤实施，具体管理流程包括：风险界定、风险辨识、风险估计、风险评价和风险控制，具体流程如图 8-3 所示。

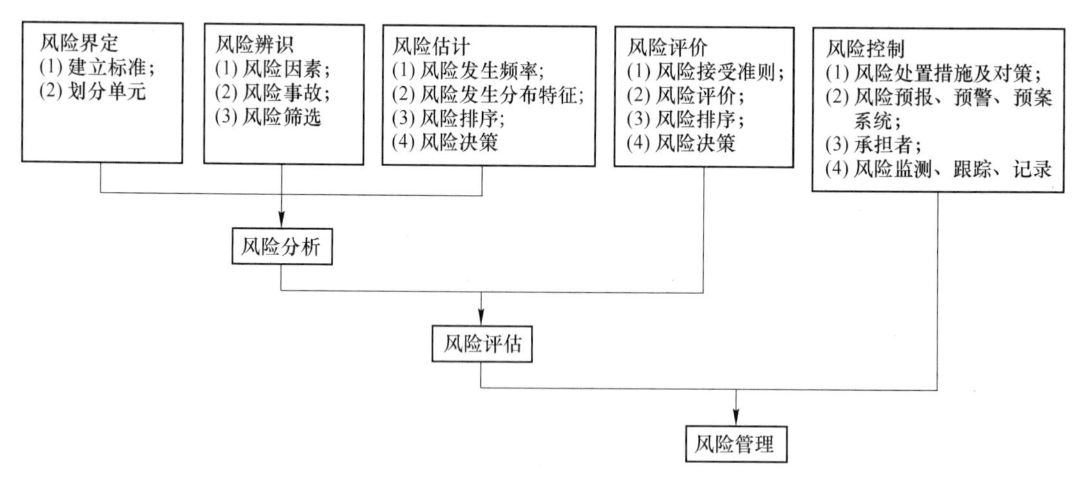

图 8-3 工程风险管理流程

风险辨识是工程风险管理的重要内容，是工程风险系统的基础。风险辨识可分为 5 个步骤：确定参与者、收集阅读相关资料及专家咨询、风险识别、风险筛选、编制风险辨识报告。进行工程风险分析时，可根据工程建设的具体内容，考虑风险发生的特点和工程施工内容来选取分析方法，主要包括：定性分析方法、半定量分析方法、定量分析法、综合分析法等。

当根据工程风险源完成风险辨识与评估后，以提高工程风险控制能力和降低风险潜在损失为原则，需要采用合适的风险管理方法应对。目前，风险规避的方法有四种，具体如下：

（1）风险消除，将工程风险发生的概率降低直至到零；

（2）风险降低，采取应对措施或修改技术方案降低工程风险发生的概率；

（3）风险转移，依法将工程风险的全部或部分转让或转移给第三方（专业单位），或通过保险等合法方式让第三方承担工程风险；

（4）风险自留，指企业自身非理性或理性地主动承担风险，其前提是潜在风险可致的损失比风险消除、风险降低和风险转移所需费用小，且需要制定可行的风险应急处置预案和必要的安全防护措施等。

地下工程应在整个项目中贯彻风险管理，结合我国地铁及地下工程建设实际情况，按照工程进度可将其划分为：规划阶段、工程可行性研究阶段、设计阶段、招投标阶段和施工阶段。不同阶段的风险管理内容详见表8-3；地下工程建设期内各个阶段的风险管理具体工作流程，如图8-4所示。

表8-3　不同工程建设阶段的风险管理内容

建设阶段划分	风险管理内容
规划阶段	（1）规划方案的风险分析； （2）工程重大风险源辨识； （3）工程投融资风险分析
可行性研究阶段	（1）工程风险管理等级标准及对策； （2）工程可行性方案风险辨识与评估
设计阶段	（1）工程设计方案与施工方法的风险辨识与评估； （2）重大风险源专项风险控制
招投标阶段	（1）招标文件的风险管理要点； （2）投标文件的风险管理要点； （3）合同签订的风险管理要点
施工阶段	（1）施工风险管理专项实施细则； （2）建立风险预报、预警、预案体系； （3）风险控制措施的实施与记录； （4）工程施工风险动态跟踪与监控

8.3.2　工程风险分级标准

地下工程建设期间潜在风险是否可接受以及接受程度如何，影响着风险控制对策及处置措施，因此在风险管理中需要预先制定明确的风险等级及接受准则。风险分级标准包括风险事故发生概率的等级标准和风险事故发生后的损失等级标准。工程风险概率等级标准见表8-4，工程风险损失等级标准见表8-5。

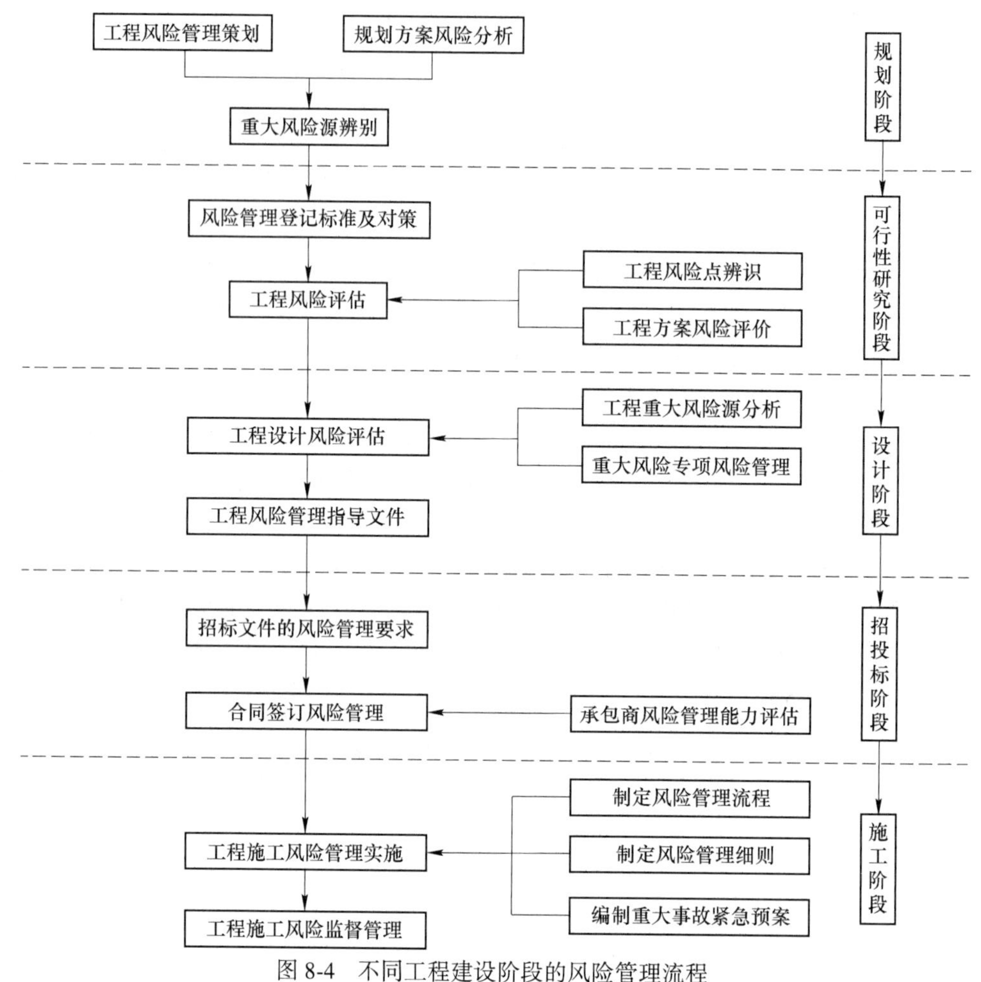

图 8-4 不同工程建设阶段的风险管理流程

表 8-4 工程风险概率等级标准

等级	A	B	C	D	E
事故频率描述	不可能	很少发生	偶尔发生	可能发生	频繁
概率	$P<0.01\%$	$0.01\%\leqslant P<0.1\%$	$0.1\%\leqslant P<1\%$	$1\%\leqslant P<10\%$	$P\geqslant10\%$

表 8-5 工程风险损失等级标准

等级	1	2	3	4	5
事故损失描述	可忽略	需考虑	严重	非常严重	灾难性

根据不同工程风险概率等级标准和风险损失标准，可建立风险分级评价矩阵将不同种类的风险分为五级，见表 8-6。当风险等级在三级以内时，是工程上可以接受的，需要加强日常防范和管理措施，并由工程建设参与各方共同应对；等级为四级的风险在工程上是不可接受的，需要立刻制定控制风险和预警措施；而当风险等级为五级时，需要立刻停止施工，要求施工单位立即整改、规避或启动紧急预案。其中，四级、五级的风险需要政府部门及工程建设参与各方共同监督、处理，避免造成无法挽回的损失。

表 8-6 工程风险评价矩阵

风险		事故损失				
		可忽略	需考虑	严重	非常严重	灾难性
发生概率	$P<0.01\%$	一级	一级	二级	三级	四级
	$0.01\% \leqslant P<0.1\%$	一级	二级	三级	三级	四级
	$0.1\% \leqslant P<1\%$	一级	二级	三级	四级	五级
	$1\% \leqslant P<10\%$	二级	三级	四级	四级	五级
	$P \geqslant 10\%$	二级	三级	四级	五级	五级

工程自身风险损失可分为直接经济损失、人员伤亡和工期损失。

(1) 直接经济损失是指工程风险事故发生后造成的各种工程直接费用的总称，包括工程建设的直接费用和事故修复所需要的费用等。

(2) 人员伤亡是指与工程直接相关的各类建设人员，在参与施工过程中所发生的伤亡。

(3) 工期损失是指工程风险事故中引起的工期建设延误的时间，根据工程实际工期长短的不同，可采用两种不同单位标准表示工期损失的等级。短期工程（建设期两年内）采用天表示，长期工程（建设期两年以上）采用月表示，具体等级标准见表 8-7。

表 8-7 工期损失等级标准

损失等级	1	2	3	4	5
延误时间Ⅰ/天	$T<10$	$10 \leqslant T<30$	$30 \leqslant T<60$	$60 \leqslant T<90$	$T \geqslant 90$
延误时间Ⅱ/月	$T<1$	$1 \leqslant T<3$	$3 \leqslant T<6$	$6 \leqslant T<12$	$T \geqslant 12$

8.3.3 工程规划阶段风险管理

工程规划阶段风险管理的目标是为了确保规划方案和城市总体规划、地理环境条件相一致，避免因规划不当造成的设计、施工与运营风险。该阶段风险管理的主要内容包括规划方案协调性风险分析、交通及客流量预测风险分析、线路选择与工程选址风险分析、水文地质与环境调查风险分析、工程重大风险源分析、工程投融资可行性风险分析、不同工程规划方案风险综合评价与控制措施。同时，在规划阶段，利用工程初勘和环境调查等技术，辨识工程自身或周边环境可能产生的重大风险影响的关键性工程非常重要。

8.3.4 工程可行性研究阶段风险管理

工程可行性研究阶段风险管理的目标在于辨识和评估工程建设风险，优化可行性方案，避免由规划方案不合理造成的风险，为工程设计、施工做好前期准备，初步制定风险控制措施，进而完成工程可行性研究阶段的风险评估。

该阶段的风险管理主要包括以下内容：

(1) 建立风险管理大纲，确定工程风险管理具体要求；

(2) 工程风险评估单元划分；

（3）工程风险分级标准和接受准则，对重要、特殊的工程结构设计和施工方案进行风险分析；

（4）方案风险综合比选，确定总体方案设计，初步制定风险处置对策。

8.3.5 工程设计阶段风险管理

城市地下工程在设计阶段主要包括地质勘查与环境调查、初步设计和施工图设计。针对该阶段的设计内容进行风险管理，是工程安全施工的技术基础。

8.3.5.1 地质勘查与环境调查阶段风险管理

地质勘查与环境调查阶段风险管理包括收集工程方案相关资料；审查工程地质勘查与环境调查单位资质、技术管理文件；地质勘查方案风险分析；工程地质勘查施工风险分析；潜在重大不良水文地质或环境风险分析等。

8.3.5.2 初步设计阶段风险管理

根据工程设计目标和需求，形成先进、安全、可靠、经济、适用的设计文件，减少因设计失误或可施工性差等因素引起的工程缺陷、结构损伤及工程事故；针对初步设计中水文地质条件、地层物理力学参数、结构计算模型等方面存在的不当或失误，分析可能导致的风险。

8.3.5.3 施工图设计阶段风险管理

根据工程的初步设计方案，结合具体施工工艺流程，细化设计方案。该阶段主要针对已辨识的风险及初步设计审查后的方案变化进行风险评估，确保可靠地识别风险源并分级管理，采取合理的施工图方案，提出重大风险专项管理方案。该阶段应针对建设的关键节点或难点工程进行专项研究，尤其需注意采用新材料、新工艺、新技术及复杂难点单项工程，并尽量采用量化评估方法对设计方案中存在的风险进行专项分析。

8.3.6 工程招、投标阶段风险管理

该阶段主要包括招、投标文件及合同签订过程的风险管理。

8.3.6.1 招标文件风险管理

在招标文件中，应包含以下内容：

（1）工程施工技术及其他方面的风险管理要求，确定各建设方应承担的风险管理责任；

（2）对投标单位的风险管理实施要求，包含投标单位在类似工程中进行风险管理的相关成果；

（3）工程风险管理组织结构与人员安排；

（4）要求投标单位概述工程施工过程的风险管理目标；

（5）工程可能涉及风险的辨识与分析；

（6）针对工程风险管理提出的措施与建议。

8.3.6.2 投标文件风险管理

投标单位的风险管理方案和措施应符合招标文件要求。

（1）说明风险管理的职位和人员组织；

（2）风险预测；

（3）施工方案风险评估、风险等级划分和风险控制措施等；
（4）风险管理日程安排；
（5）协调与其他施工单位的风险管理等。
8.3.6.3 合同签订风险管理
（1）合同条款完整性分析；
（2）以合同为依据，对可能的重点或难点技术方案须明确是否需要进行二次风险评估；
（3）工程投资费用及时到位风险；
（4）工期提前或延误风险；
（5）重要设备采购与供货风险；
（6）对于未辨识的风险，合同中应包括与之相关的风险管理责任，可通过双方商定具体实施方案，在合同条款中补充说明。

8.3.7 工程施工阶段风险管理

施工阶段风险管理包括建设单位风险管理和施工过程风险管理。

8.3.7.1 建设单位风险管理

建设单位需要参与到风险管理的全过程中，督促并检查施工单位开展风险管理的进程。主要工作内容如下：

（1）建设工程风险管理小组，组织各方共同建立风险管理体系，开展工程风险管理培训工作；
（2）负责协调、组织和布置工程建设各方开展工程风险管理工作，按合同规定及时支付工程风险管理费用；
（3）建立工程现场风险监控动态管理台账，定期对施工单位风险管理状况进行督查记录；
（4）负责对其施工单位的风险管理方案和措施进行审定，其中重大风险的控制须经建设单位评审后方可实施；
（5）定期向政府主管部门报告风险管理情况，配合政府主管单位对重要管理活动实施同步监督管理。

8.3.7.2 施工过程风险管理

工程施工阶段是风险管理过程的核心，也是工程风险能否得到有效控制的关键。风险管理具体实施包括：施工风险辨识和评估、施工对邻近建筑物影响风险、施工风险跟踪管理、施工风险预警预报、施工风险通告、重大事故处理流程、施工风险文档编写等。

复习思考题

（1）城市地下工程的防灾规划与设计主要包括哪几方面？请叙述地下工程火灾的特性。
（2）请简要叙述城市地下工程防水的基本方法。
（3）针对土层和岩层中的防水措施有何不同？
（4）地下工程的工程进度分为几个阶段？每个阶段的风险管理内容是什么？
（5）工程施工阶段建设单位的风险管理工作内容有哪些？

参考文献

[1] 陶龙光，刘波，侯公羽．城市地下工程［M］．北京：科学出版社，2011.

[2] 刘鑫，洪宝宁．城市地下工程［M］．北京：中国建筑工业出版社，2021.

[3] 杨新安，丁春林，王瑶，等．城市地下工程结构检测与评价［M］．上海：同济大学出版社，2018.

[4] 张庆贺．地下工程［M］．上海：同济大学出版社，2005.

[5] 杨晓刚，王睿，黄伟亮．基于国内典型城市对比的地下空间开发利用现状及问题分析［J］．地学前缘，2019，26（3）：69-75.

[6] 刘士林．我国城市发展现状与展望［J］．中国国情国力，2021（3）：14-18.

[7] 杨燕敏．城市大气污染现状、成因及对策研究［J］．环境与发展，2020，32（5）：52，54.

[8] 张擎翰，孙景昆．城市化发展中水污染控制与水环境综合整治技术研究［J］．低碳世界，2021，11（2）：24-25.

[9] 汪方震．浅谈城市地上地下空间的一体化开发与利用［J］．低碳世界，2016（21）：160-161.

[10] 朱合华，骆晓，彭芳乐，等．我国城市地下空间规划发展战略研究［J］．中国工程科学，2017，19（6）：12-17.

[11] 束昱，彭芳乐，王璇，等．中国城市地下空间规划的研究与实践［J］．地下空间与工程学报，2006（S1）：1125-1129.

[12] 王立新，雷升祥，汪珂，等．城市地下工程施工监测新技术［J］．铁道标准设计，2020，64（12）：101-107.

[13] 高波．地下铁道［M］．成都：西南交通大学出版社，2011.

[14] 高峰．城市地铁与轻轨工程［M］．北京：人民交通出版社，2012.

[15] 李新乐．地铁与隧道工程［M］．北京：清华大学出版社，2018.

[16] 周晓军，周佳媚．城市地下铁道与轻轨交通［M］．成都：西南交通大学出版社，2008.

[17] 赵一新．2020 中国城市轨道交通工程建设发展报告［M］．北京：中国建筑工业出版社，2020.

[18] 韩宝明，杨智轩，余怡然，等．2020 年世界城市轨道交通运营统计与分析综述［J］．都市快轨交通，2021，34（1）：5-11.

[19] 世界地铁数据·2018［J］．隧道建设（中英文），2018，38（12）：2077-2080.

[20] 曾平利．2020 年中国城市地铁客运量报告［J］．城市轨道交通，2021（2）：51-54.

[21] 陈志龙，张平．城市地下停车场系统规划与设计［M］．南京：东南大学出版社，2014.

[22] 陶灵犀．中心城区城市停车解决方案思考［J］．城市道桥与防洪，2021（3）：10，25-27，31.

[23] 童林旭．地下汽车库建筑设计［M］．北京：中国建筑工业出版社，1996.

[24] 杨艳红．浅谈城市地下停车场［J］．天津城市建设学院学报，2006（4）：241-244.

[25] 温沁月，鲁力群．国内外立体车库现状及发展综述［J］．物流工程与管理，2016，38（7）：159-161.

[26] Chow W K. On ventilation design for underground car parks［J］. Tunneling and Underground Space Technology，1995，10（2）：225-245.

[27] 陈歌．城市地下公共车库的停车方式与空间设计研究［D］．西安：西安建筑科技大学，2016.

[28] 李伟，狄育慧．地下粮仓的发展与节能优势［J］．粮食科技与经济，2015，40（1）：45-47.

[29] 王兴超．地下水库在海绵城市建设中的应用［J］．水利水电科技进展，2018，38（1）：83-87.

[30] 温永玲．地下空间与储能［J］．地下空间，1986（1）：66-81.

[31] 李倩冬．地下水封油库技术的发展及在我国的应用前景［J］．化工管理，2017（25）：16-17.

[32] 彭杨．地下水封储油研究综述［J］．化工管理，2019（35）：220-221.

[33] 张福强，曾平，周立坚，等．国内外地下储气库研究现状与应用展望［J］．中国煤炭地质，2021，33（10）：39-42，52.

[34] 李国兴．地下储气库的建设与发展趋势［J］．油气储运，2006（8）：4-6，12.
[35] 丁国生，李春，王皆明，等．中国地下储气库现状及技术发展方向［J］．天然气工业，2015，35（11）：107-112.
[36] 张小舟．气源紧张背景下天然气储气调峰问题研究［D］．北京：北京建筑大学，2020.
[37] 完颜祺琪．中国盐穴地下储气库建库地质条件评价及其对策研究［D］．成都：西南石油大学，2015.
[38] 朱建明．地下空间设计与实践［M］．北京：中国建筑工业出版社，2007.
[39] 黄小广，郭健卿，张生华，等．现代地下工程［M］．徐州：中国矿业大学出版社，2003.
[40] 杜新强，李砚阁，冶雪艳．地下水库的概念、分类和分级问题研究［J］．地下空间与工程学报，2008（2）：209-214.
[41] 李旺林，束龙仓，殷宗泽．地下水库的概念和设计理论［J］．水利学报，2006（5）：613-618.
[42] 姜金延，陈晓红．综合管廊研究综述［J］．城市道桥与防洪，2020（6）：31-32，278-282.
[43] 崔国静，周庆国，宋战平．城市地下综合管廊建设与发展探析［J］．西安建筑科技大学学报（自然科学版），2020，52（5）：660-666.
[44] 李宣，李杨，王玉娇，等．我国城市地下综合管廊建设现状分析及对策［J］．中国市场，2019（27）：42-43.
[45] 刘衡．茂名滨海新区起步区城市地下综合管廊设计实例研究［J］．低碳世界，2016（31）：172-174.
[46] 童林旭．地下建筑学［M］．济南：山东科学技术出版社，1994.
[47] 穆保岗．地下结构工程［M］．3 版．南京：东南大学出版社，2006.
[48] 张泽业．工程施工钻技术［M］．成都：成都科技大学出版社，1993.
[49] 李波．盖挖顺作法在北京地铁设计与施工中的应用［C］//中国市政工程协会，北京市政路桥建设控股（集团）有限公司．2009 中国城市地下空间开发高峰论坛论文集．北京：市政技术杂志社，2009：174-177.
[50] 韩锋，陈静．地铁隧道施工技术发展与展望［C］//中国建筑学会建筑施工分会（China Building Construction Institute）．2017 中国建筑施工学术年会论文集（综合卷）．廊坊：建筑机械化杂志社，2017：135-138.
[51] 郭院成．城市地下工程概论［M］．郑州：黄河水利出版社，2014.
[52] 刘波，李涛，陶龙光，等．城市地下空间工程施工技术［M］．北京：机械工业出版社，2021.
[53] 闫富有．地下工程施工［M］．郑州：黄河水利出版社，2018.
[54] 乔云飞，杨延忠．浅论新奥法施工的原理及其特点［J］．四川水力发电，2007，26（S2）：44-49.
[55] 肖世江．新奥法施工技术在城市排污隧道工程中的应用研究［J］．城市建筑，2019，16（32）：132-134，140.
[56] 贺长俊，蒋中庸，刘昌用，等．浅埋暗挖法隧道施工技术的发展［J］．市政技术，2009，27（3）：274-279.
[57] 朱泽民．地铁暗挖车站洞桩法（PBA）施工技术［J］．隧道建设，2006（5）：63-65，100.
[58] 郭永军．地铁暗挖车站“PBA”洞桩法施工技术［J］．科技情报开发与经济，2006（2）：291-292.
[59] 张冰，于景臣，刘巧静．城市轨道交通工程施工［M］．北京：中国铁道出版社，2014.
[60] 叶志明．土木工程概论［M］．3 版．北京：高等教育出版社，2009.
[61] 宋克志，王梦恕．浅谈隧道施工盾构机的选型［J］．铁道建筑，2004（8）：39-41.
[62] 范海龙．浅谈地铁盾构机的选型［J］．机械工程与自动化，2013（5）：223-224.
[63] 袁文华．地下工程施工技术［M］．武汉：武汉大学出版社，2014.

［64］宋天田．盾构法隧道关键技术及典型应用［M］．北京：中国铁道出版社，2020.
［65］李永贵．盾构法施工地表变形原因分析及控制措施［J］．建筑论坛，2014（5）：763.
［66］赵辰洋．盾构隧道施工引起地层变形预测方法综述［J］．隧道与地下工程灾害防治，2022，4（3）：31-46.
［67］代丽华，刘海江．城市地下工程内部火灾特点及防治措施［J］．中国科技信息，2005（20）：91-95.